高等学校机械电子信息类教材

过程控制系统
Process Control Systems

刘艳梅　陈　震　席剑辉　乔志华　胡立夫　编著

电子工业出版社
Publishing House of Electronics Industry
北京·BEIJING

内 容 简 介

过程控制是由控制理论、计算机技术和仪器仪表、工艺知识等知识相结合而构成的一门应用科学，其任务是在了解、熟悉、掌握生产工艺流程与生产过程的静态和动态特性的基础上，根据工艺要求，应用控制理论、现代控制技术，分析、设计、整定过程控制系统。通过本书的学习，使读者能够掌握过程控制系统的基本概念、基本组成环节和基本控制规律，了解过程控制系统的基本工作原理及典型过程控制系统的工程设计方法，为从事生产过程自动控制工作打下初步基础。

本书重点讨论了被控过程数学模型建立方法、简单控制系统设计与参数整定，以及复杂控制系统（如串级、前馈、比值、均匀、分程、选择、大延迟补偿、解耦等控制系统）的工作原理与设计方法；简要介绍了智能模糊控制技术的相关知识及DCS与现场总线控制系统；最后结合企业工程项目介绍了典型过程控制系统的工业应用设计实例。全书共10章，每章内容都将控制理论与过程控制实际相结合，并进行各系统的仿真实验验证，以加深对本书内容的理解。本书可作为自动化专业及石化、电力、轻工、环境工程等专业的教材或参考书，也可供设计院所和企业过程控制工程技术人员参考。

未经许可，不得以任何方式复制或抄袭本书之部分或全部内容。

版权所有，侵权必究。

图书在版编目（CIP）数据

过程控制系统 / 刘艳梅等编著. —北京：电子工业出版社，2022.10
高等学校机械电子信息类教材

ISBN 978-7-121-44313-8

Ⅰ. ①过… Ⅱ. ①刘… Ⅲ. ①过程控制—自动控制系统—高等学校—教材 Ⅳ. ①TP273

中国版本图书馆 CIP 数据核字（2022）第 170380 号

责任编辑：刘志红（lzhmails@163.com）　　特约编辑：张思博
印　　刷：三河市龙林印务有限公司
装　　订：三河市龙林印务有限公司
出版发行：电子工业出版社
　　　　　北京市海淀区万寿路173信箱　邮编　100036
开　　本：787×1 092　1/16　印张：15　字数：336千字
版　　次：2022年10月第1版
印　　次：2022年10月第1次印刷
定　　价：89.00元

凡所购买电子工业出版社图书有缺损问题，请向购买书店调换。若书店售缺，请与本社发行部联系，联系及邮购电话：(010) 88254888，88258888。

质量投诉请发邮件至 zlts@phei.com.cn，盗版侵权举报请发邮件至 dbqq@phei.com.cn。

本书咨询联系方式：18614084788，lzhmails@163.com。

前　言

过程控制工程涉及电力、炼油、化工、冶金、制药等国民经济支柱产业，已成为保证现代企业安全、平稳、优化、环保低耗和高效益生产的主要技术手段。过程控制工程为自动化及其相关专业的重要专业课程，旨在培养学生的过程控制系统设计与工程实施能力。

本书是结合作者十几年来的教学和科研实践经验，以及对过程控制问题的理解编写而成的，全书共分为10章：第1章是对过程控制工程的一些基本概念和知识的概述；第2章重点介绍了被控过程的基本建模方法；第3章重点介绍了简单过程控制系统设计方法；第4章详细介绍了典型的复杂控制方案——串级控制系统的设计；第5章讲述了前馈控制系统；第6章介绍了大滞后补偿控制系统；第7章介绍了其他复杂的过程控制系统——比值控制系统、均匀控制系统、选择性控制系统、分程控制系统、多变量解耦控制系统；第8章讲述了模糊控制系统的设计；第9章简要介绍了集散控制系统和现场总线控制系统；第10章介绍了典型的过程控制工业应用实例。

本书第1~6章由沈阳航空航天大学的刘艳梅老师编写；第7，8章由沈阳航空航天大学的席剑辉老师编写；第9，10章由沈阳航空航天大学的胡立夫老师编写；沈阳航空航天大学的乔志华老师、于洋老师，东北大学继续教育学院的刘艳慧对本书编写提供了很多基础材料；全书由辽宁省送变电工程有限公司的陈震正高级工程师统稿。

本书结构紧凑，重点突出，以若干典型过程设备为控制对象，全面地探讨了典型工业过程控制问题的提出、控制方案的设计与控制系统的实施等关键环节。与此同时，还引入了大量的应用实例，并对其进行了深入的仿真研究，增强了高校学生对过程控制知识的感性认识。

在该书的编写过程中，参阅了大量的书籍、文献，在此向其作者致谢。由于时间仓促、编者水平有限，对于书中存在的缺点和错误，恳请读者批评指正，同时，感谢所有帮助此书编写和出版的朋友。

编著者

2021年2月

目 录

第1章 绪论 ········· 001
  1.1 过程控制系统的基本概念 ········· 001
  1.2 过程控制系统的组成及分类 ········· 001
    1.2.1 被控过程 ········· 002
    1.2.2 检测变送仪表 ········· 002
    1.2.3 执行器 ········· 003
    1.2.4 控制器 ········· 003
    1.2.5 报警保护和连锁等其他部件 ········· 003
  1.3 过程控制系统的分类 ········· 003
  1.4 过程控制的特点 ········· 005
    1.4.1 控制主体复杂、控制要求高 ········· 005
    1.4.2 过程控制系统由过程检测和控制仪表组成 ········· 005
    1.4.3 被控过程是多种多样的、非电量的 ········· 006
    1.4.4 过程控制的控制过程多属慢过程,而且多数为参量控制 ········· 006
    1.4.5 过程控制方案十分丰富 ········· 006
    1.4.6 定值控制是过程控制的一种常用形式 ········· 006
  1.5 过程控制系统性能指标 ········· 007
    1.5.1 稳态与动态 ········· 007
    1.5.2 性能指标的分析和确定方法 ········· 007
    1.5.3 单项性能指标 ········· 009
    1.5.4 综合性能指标 ········· 011
  1.6 过程控制系统的典型应用 ········· 011
    1.6.1 发电厂锅炉过热蒸汽温度控制系统 ········· 012
    1.6.2 蒸汽锅炉的液位控制系统 ········· 013
    1.6.3 转炉供氧量控制系统 ········· 013
    1.6.4 谷氨酸发酵过程控制 ········· 015
  1.7 过程控制的发展过程 ········· 016
    1.7.1 基于模拟仪表控制系统的局部自动化阶段(20世纪50年代) ········· 017
    1.7.2 基于计算机集中监督控制系统的综合自动化阶段(20世纪60年代) ········· 017
    1.7.3 分散控制系统(DCS)阶段(20世纪70年代) ········· 018

        1.7.4　现场总线控制系统（FCS）阶段（20世纪90年代） ·············· 018
    1.8　过程控制发展的趋势 ·············· 020
        1.8.1　先进过程控制成为发展主流 ·············· 020
        1.8.2　过程优化受到普遍关注 ·············· 020
        1.8.3　综合自动化是当代工业过程控制的主要潮流 ·············· 020
        1.8.4　网络化发展 ·············· 021
        1.8.5　智能化发展 ·············· 021
        1.8.6　虚拟仿真化发展 ·············· 022
    思考题 ·············· 022

第2章　被控过程数学模型的建立 ·············· 023

    2.1　建立被控过程数学模型的意义 ·············· 023
        2.1.1　控制系统设计的基础 ·············· 023
        2.1.2　控制器参数确定的重要依据 ·············· 023
        2.1.3　仿真或研究、开发新型控制策略的必要条件 ·············· 024
        2.1.4　设计与操作生产工艺及设备时的指导 ·············· 024
        2.1.5　工业过程故障检测与诊断系统的设计指导 ·············· 024
    2.2　被控过程的数学模型的表达形式 ·············· 024
    2.3　描述过程特性的参数 ·············· 025
        2.3.1　放大系数 K 对系统的影响 ·············· 026
        2.3.2　时间常数 T 对系统的影响 ·············· 026
        2.3.3　滞后时间 τ 对系统的影响 ·············· 026
    2.4　建立被控过程数学模型的基本方法 ·············· 026
        2.4.1　机理法建模 ·············· 026
        2.4.2　试验法建模 ·············· 027
        2.4.3　混合法建模 ·············· 027
    2.5　液位对象的机理法建模 ·············· 028
        2.5.1　自衡单容液位对象建模 ·············· 028
        2.5.2　双容液位对象的数学模型的建立 ·············· 029
        2.5.3　三容液位对象的数学模型的建立 ·············· 030
        2.5.4　多容液位对象的数学模型的建立 ·············· 031
        2.5.5　非自衡过程建模 ·············· 032
    2.6　测试法建模 ·············· 035
        2.6.1　测定动态特性的时域法 ·············· 036
        2.6.2　阶跃响应测试法建模 ·············· 037
        2.6.3　一阶惯性环节参数的确定 ·············· 037
        2.6.4　有时滞的一阶惯性环节参数的确定 ·············· 039
        2.6.5　二阶惯性环节参数的确定 ·············· 040
        2.6.6　二阶时延环节参数的确定 ·············· 042

2.7 测定动态特性的频域方法······042
2.8 测定动态特性的统计相关法······043
2.9 动态特性测试法建模举例······043
思考题······046

第3章 简单过程控制系统······047

3.1 简单过程控制系统基本概念······047
3.2 过程控制系统设计步骤······047
    3.2.1 熟悉控制系统的技术要求或性能指标······047
    3.2.2 建立控制系统的数学模型······047
    3.2.3 确定控制方案······048
    3.2.4 根据系统的动态特性和静态特性进行分析与综合······048
    3.2.5 系统仿真与实验研究······048
    3.2.6 工程设计······048
    3.2.7 工程安装······048
    3.2.8 控制器参数的整定······048
3.3 被制变量选择······048
    3.3.1 被控变量的选择方法······049
    3.3.2 被控变量的选择原则······049
3.4 控制变量的选择······050
3.5 执行器的选择······051
    3.5.1 执行器的作用方式······051
    3.5.2 调节阀的气开、气关选择······051
3.6 测量变送环节······052
    3.6.1 测量变送中的滞后问题······052
    3.6.2 测量信号的处理······053
3.7 控制器的选择······054
    3.7.1 控制器的控制规律选择······054
    3.7.2 控制器的作用方式选择······054
3.8 PID控制······056
    3.8.1 比例对于控制质量的影响······057
    3.8.2 积分对于控制质量的影响······059
    3.8.3 微分对于控制质量的影响······061
3.9 控制器的参数整定······064
    3.9.1 经验法（凑试法）······065
    3.9.2 临界比例度法······066
    3.9.3 衰减曲线法······068
    3.9.4 响应曲线法······071
3.10 简单控制系统工程设计实例······073

思考题 ··· 076

第4章 串级控制系统 ··· 077

4.1 复杂控制系统基本概念 ··· 077
4.2 串级控制思想的提出 ··· 078
4.3 串级控制的基本概念 ··· 081
4.4 串级控制系统的特点 ··· 082
4.5 串级控制系统工作过程 ··· 089
4.5.1 扰动作用于副回路（二次扰动）——f_2、f_3 ····································· 089
4.5.2 扰动作用于主被控过程——f_1 ··· 090
4.5.3 扰动同时作用于副回路和主被控过程——f_1、f_2、f_3 ··················· 090
4.6 串级控制系统的设计 ··· 090
4.6.1 主、副回路的设计原则 ··· 090
4.6.2 主、副控制器的选择 ·· 091
4.7 串级控制系统的参数整定 ··· 092
4.7.1 两步整定法：先整定副参数、后整定主参数 ······························· 092
4.7.2 逐步整定法：先副后主，反复调节 ··· 093
4.7.3 一步整定法 ··· 093
4.8 串级控制系统在工业中的应用 ··· 093
4.8.1 应用于容量滞后较大的过程 ·· 093
4.8.2 应用于纯延时较大的过程 ·· 094
4.8.3 应用于变化剧烈且幅度较大的扰动过程 ···································· 096
4.8.4 应用于非线性过程 ··· 098
4.9 串级控制系统的设计举例 ··· 099
思考题 ··· 103

第5章 前馈控制系统 ··· 105

5.1 前馈控制系统的基本概念 ··· 105
5.2 前馈控制原理 ··· 106
5.3 前馈控制与反馈控制的比较 ··· 107
5.3.1 前馈控制系统是开环控制系统，反馈控制系统是闭环控制系统 ·········· 107
5.3.2 前馈控制系统中测量干扰量，反馈控制系统中测量被控变量 ············· 107
5.3.3 前馈控制系统需要专用调节器，反馈控制系统一般只需通用调节器 ···· 107
5.3.4 前馈控制系统只能克服所测量的干扰，
反馈控制系统则可以克服所有干扰 ··· 107
5.3.5 前馈控制系统理论上可以无差，反馈控制系统必定有差 ············· 107
5.4 前馈控制系统的结构 ··· 108
5.4.1 静态前馈控制系统 ··· 108
5.4.2 动态前馈控制系统 ··· 109

        5.4.3 前馈—反馈复合控制系统 109
        5.4.4 前馈—串级复合控制系统 111
    5.5 前馈控制系统的选用 112
    5.6 前馈控制系统的工程整定 112
        5.6.1 静态参数值 K_M 的整定 113
        5.6.2 滞后时间 τ 的整定 115
        5.6.3 时间常数 T_1、T_2 的整定 115
    5.7 前馈控制系统的工业应用实例 119
        5.7.1 锅炉汽包水位的单冲量控制 120
        5.7.2 锅炉汽包水位的双冲量控制 121
        5.7.3 锅炉汽包水位的三冲量控制 122
    思考题 123

第6章 大滞后补偿控制系统 125
    6.1 大滞后补偿过程基本概念 125
    6.2 纯滞后对象的控制问题 126
    6.3 大滞后补偿过程常规补偿控制 127
        6.3.1 微分先行控制方案 127
        6.3.2 中间微分反馈控制方案 128
    6.4 Smith 预估控制 129
    6.5 Smith 预估控制注意事项 132
    思考题 132

第7章 其他复杂过程控制系统 133
    7.1 比值控制系统 133
        7.1.1 比值控制系统的类型 133
        7.1.2 比值控制系统的设计 135
        7.1.3 比值控制系统的设计示例 136
    7.2 均匀控制系统 137
    7.3 选择性控制系统 138
        7.3.1 选择性控制系统的类型 138
        7.3.2 选择性控制系统设计及工业应用 140
    7.4 分程控制系统 141
    7.5 多变量解耦控制维 145
        7.5.1 系统的关联分析 146
        7.5.2 解耦控制系统设计 146
        7.5.3 减少与解除耦合的途径 147
        7.5.4 解耦控制系统的简化设计 150
    思考题 151

第 8 章 模糊控制 ... 152

- 8.1 模糊控制的基本概念 ... 152
- 8.2 模糊控制基础 ... 153
  - 8.2.1 模糊集合 ... 154
  - 8.2.2 模糊集合的基本运算 ... 155
- 8.3 模糊控制器设计 ... 157
  - 8.3.1 模糊控制器输入变量的模糊化 ... 157
  - 8.3.2 模糊控制规则及模糊推理 ... 159
  - 8.3.3 解模糊化方法 ... 162
- 8.4 水箱液位模糊推理系统实现 ... 163
- 8.5 水箱液位模糊控制器设计 ... 167
- 8.6 水箱液位模糊控制编程实现 ... 170
- 8.7 模糊 PID 控制 ... 171
- 8.8 模糊 PID 控制的仿真实现 ... 172
  - 8.8.1 K_p 模糊规则设计 ... 173
  - 8.8.2 K_i 模糊规则设计 ... 173
  - 8.8.3 K_d 模糊规则设计 ... 174
- 思考题 ... 176

第 9 章 网络化过程控制系统 ... 177

- 9.1 集散控制系统 ... 177
  - 9.1.1 集散控制系统产生的背景 ... 177
  - 9.1.2 集散控制系统的基本构成 ... 179
  - 9.1.3 集散控制系统的硬件结构 ... 182
  - 9.1.4 集散控制系统的软件结构 ... 185
  - 9.1.5 集散控制系统的特点 ... 187
  - 9.1.6 DCS 中的先进控制技术 ... 190
  - 9.1.7 集散控制系统的发展及趋势 ... 190
  - 9.1.8 DCS 技术的优点与缺点 ... 192
- 9.2 现场总线控制系统 ... 193
  - 9.2.1 现场总线控制系统概述 ... 193
  - 9.2.2 现场总线控制系统构成 ... 195
  - 9.2.3 现场总线的通信协议和标准化 ... 197
  - 9.2.4 现场总线控制系统的特点 ... 200
  - 9.2.5 现场总线控制的发展现状 ... 202
  - 9.2.6 现场总线控制在过程控制中的应用 ... 203
  - 9.2.7 现场总线控制在过程控制中应用的注意事项 ... 204
  - 9.2.8 现场总线控制系统的不足和未来发展 ... 205

9.3 现场总线控制系统FCS和集散控制系统DCS的比较 ·············· 206
　9.3.1 信号的传输方式不同 ·············· 206
　9.3.2 通信协议不同 ·············· 207
　9.3.3 DCS和FCS结构不同 ·············· 207
　9.3.4 DCS和FCS结构可靠性不同 ·············· 207
　9.3.5 DCS与FCS的成本不同 ·············· 208
思考题 ·············· 210

第10章 过程控制工业应用实例 ·············· 211

10.1 燃机的水冷系统介绍 ·············· 211
10.2 燃机的水冷系统结构 ·············· 211
10.3 系统建模 ·············· 212
　10.3.1 影响因素与耦合关系 ·············· 212
　10.3.2 问题描述及数学模型 ·············· 212
　10.3.3 问题特性 ·············· 213
10.4 系统解耦控制策略 ·············· 216
10.5 系统解耦控制仿真 ·············· 223
参考文献 ·············· 226

第1章 绪论

1.1 过程控制系统的基本概念

在石油、化工、冶金、电力、轻工和建材等工业生产中连续的或按一定程序周期进行的生产过程的自动控制称为生产过程自动化。生产过程自动化是保持生产稳定、降低消耗、降低成本、改善劳动条件、促进文明生产、保障生产安全和提高劳动生产率的重要手段，是科学与技术进步的特征，是工业现代化的标志。

凡是采用模拟或数字控制方式对生产过程的某一或某些物理参数进行的自动控制就称为过程控制。过程控制系统是以表征生产过程的参量为被控制量，使之接近给定值或保持在给定范围内的自动控制系统。这里的"过程"是指在生产装置或设备中进行的物质和能量的相互作用和转换过程，例如，锅炉中蒸汽的产生、分馏塔中原油的分离等。表征过程的主要参量有温度、压力、流量、液位（物位）、成分、浓度等。通过对过程参量的控制，进而控制生产过程中产品的产量增加、质量提高和能耗减少。所以，过程控制系统通常是指工业生产过程中自动控制系统的被控量是温度、压力、流量、液位、成分、粘度、湿度和 pH 值等过程变量的系统。过程控制不同于运动控制，两者的控制对象有所不同，过程控制研究化工、石油、冶金、发电等工业生产过程中的温度、压力、流量、液位（物位）、成分等变量的控制，而运动控制研究速度和位置的控制，如数控机床、机器人等。

工业过程控制的目标是使生产过程安全、平稳、优质、高效（高产、低耗），所以过程控制对确保生产安全、减少环境污染、降低原材料消耗、提高经济和社会效益具有非常重要的战略意义。

1.2 过程控制系统的组成及分类

根据被控制的过程变量不同，在生产过程中有各种各样的过程控制系统，图 1-1 所示为几个简单的过程控制系统。

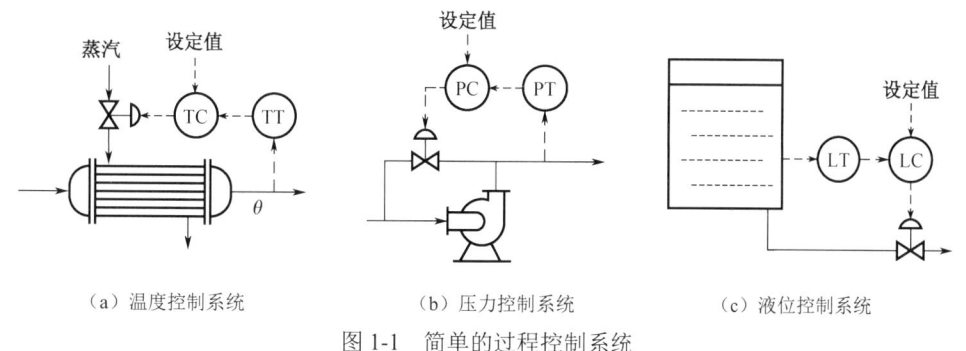

（a）温度控制系统　　　（b）压力控制系统　　　（c）液位控制系统

图 1-1 简单的过程控制系统

在这些控制系统中，对生产设备都有一个需要进行控制的过程变量，如温度、压力和液位等，这些需要进行控制的过程变量，也被称为被控变量。在系统工作时，被控变量常常偏离其所要求的理想值，被控变量偏离设定值的原因是由于过程生产中存在干扰，如蒸汽压力、泵的转速、进料量的变化等，为了使这些被控变量与其设定值保持一致，需要用一种控制器将被控变量的测量值与设定值进行比较，得出偏差信号，并按某种预定的控制规律进行运算，给出控制信号，进而改变某些变量，使得被控变量与其设定值相等。过程控制中用于调节的变量，如给水量，被称为操作变量，在系统中，用于测量变换和传送被控变量信号的仪表称为检测变送仪表，如对水箱液位的测量可以采用差压变送器或超声波传感器等检测变送器，用于实施控制命令的设备称为执行器，如阀门，图 1-2 所示为典型的过程控制系统结构框图。

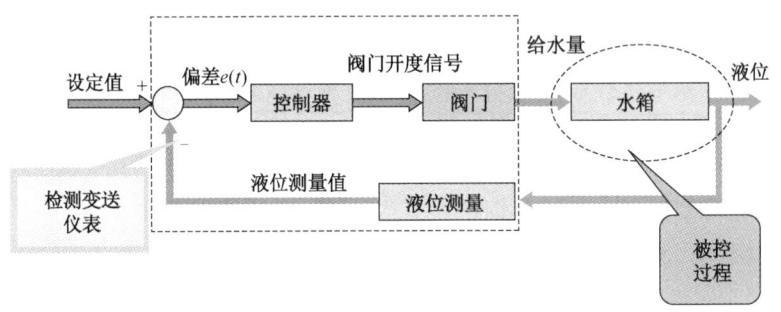

图 1-2　典型的过程控制系统结构框图

由此可见，典型的过程控制系统一般由被控过程、检测变送仪表、执行器和控制器等环节组成，其组成框图如图 1-3 所示。

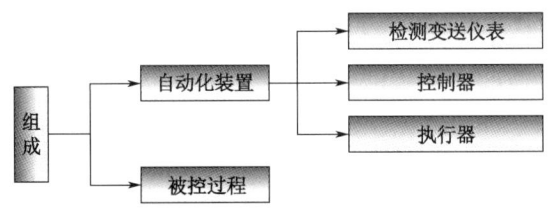

图 1-3　典型过程控制系统组成框图

1.2.1　被控过程

被控过程，也称被控对象，是指被控制的生产设备和装置。工业生产中的各种反应器、换热器、泵塔器和压缩机及各种容器储槽都是常见的被控对象，甚至一段管道也可以是一个被控对象。在复杂的生产设备中，经常有多个变量需要控制。例如，锅炉系统中的液位、压力和温度等均可作为被控参数，又如反应塔下桶中的液位进出流量和某一层塔板的温度等也可作为被控参数，这时一个装置中就存在多个被控对象和多个控制系统了。对这样的复杂系统，被控对象就不一定是生产设备的整个装置，而只有该装置中的某个与控制有关的部分才是该控制系统的被控对象。

1.2.2　检测变送仪表

检测变送仪表一般是由测量元件和变送单元组成的，其作用是测量被控变量，并按一定算法将其转换为标准信号输出,作为测量值。例如,用热电阻和热电偶测量温度,并将其测量信号通过变送器转换为统一的标准电流信号或电压信号。

1.2.3 执行器

在过程控制系统中常用的执行器有电动调节阀和气动调节阀等,执行器接收控制器送来的控制信号,直接改变操作变量,操作变量是被控对象的一个输入变量,通过操作这个变量进而克服扰动对被控变量的影响。在过程控制系统中,往往把被控对象、检测变送仪表和执行器三部分串联在一起,统称为广义被控对象。

1.2.4 控制器

控制器也称调节器,它将被控变量的测量值与设定值进行比较,得出偏差信号,并按某种预定的控制规律进行运算,给出控制信号去操纵执行器。

1.2.5 报警保护和连锁等其他部件

在过程控制系统中,为防止控制系统本身某些部件故障或其他原因引起控制失常,通常还要采用必要的报警及保护装置。对于正常的开停车及为了避免事故的扩大,系统还需要设置必要的连锁逻辑及部件。

总之,典型的过程控制系统各组成部分及功能如图 1-4 所示。

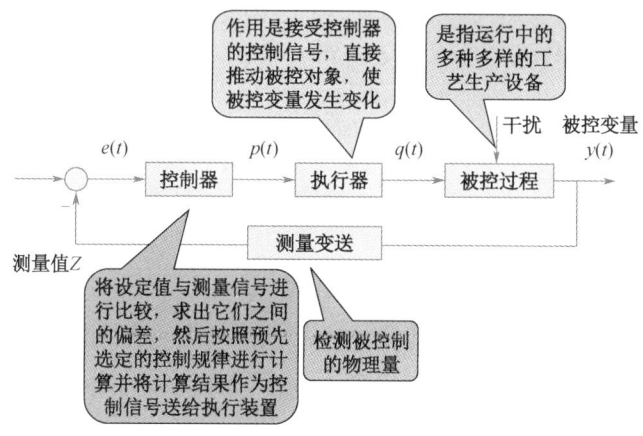

图 1-4 典型的过程控制系统各组成部分及功能

1.3 过程控制系统的分类

过程控制系统的分类方法很多:按被控参数的名称可分为温度、压力、流量、液位、成分、pH 值等控制系统;按控制系统完成的功能可分为比值、均匀、分程和选择性控制系统;按调节器的控制规律可分为比例、比例积分、比例微分、比例积分微分等控制系统;按被控量的多少可分为单变量和多变量控制系统;按采用的自动化工具可分为仪表过程控制系统和计算机过程控制系统;按控制算法可分为简单过程控制系统、复杂过程控制系统和先进和高级过程控制系统。

按设定值可分为定值控制系统、随动控制系统和程序控制系统。

(1) 定值控制系统。

定值控制系统就是系统被控量的给定值保持在规定值不变,或在小范围附近不变的控制系统,它是过程控制中应用最多的一种控制系统。这是因为在工业生产过程中,大多要求系统被控量的给定值保持在某一定值或某个很小的范围内。

(2) 程序控制系统。

程序控制系统就是被控量的给定值按预定的时间程序变化的控制系统。其控制的目的是使系统被控量按工艺要求规定的程序自动变化。例如,同期作业的加热设备,一般工艺的程序是加热升温、保温和逐次降温等,给定值就按此程序自动变化,控制系统按此给定程序自动工作,进而达到程序控制系统的目的。

(3) 随动控制系统。

随动控制系统是一种被控量的给定值随时间任意变化的控制系统。其主要作用是克服一切扰动,使被控量快速跟随给定值而变化。例如,在加热炉燃烧过程的自动控制中,生产工艺要求空气量跟随燃料量的变化成比例变化,而燃料量是随生产负荷而变化的,其变化规律是任意的随动控制系统,所以,只有使空气量跟随燃料量的变化自动控制空气量的多少,才能达到加热炉的最佳燃烧。

按过程控制系统的结构特点可分为前馈控制系统、反馈控制系统和前馈—反馈控制系统。

(1) 反馈控制系统。

反馈控制系统是过程控制系统中最基本的一种控制结构形式。反馈控制系统是根据系统被控量的偏差进行工作的,因而偏差值是控制的依据,从而达到消除或减小偏差的目的。图 1-5 所示为反馈控制系统,其中的反馈信号也可能有多个,从而构成多个闭合回路,包含多个闭合回路的系统被称为多回路控制系统。

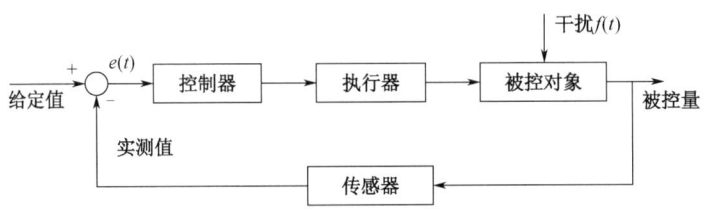

图 1-5　反馈控制系统

(2) 前馈控制系统。

前馈控制系统在原理上完全不同于反馈控制系统,前馈控制系统是以不变性原理为理论基础的。前馈控制系统是直接根据扰动量的大小进行工作的,扰动是其控制的依据。由于前馈控制系统没有被控量的反馈,所以也被称为开环控制系统。图 1-6 所示为前馈控制系统框图。扰动 $f(t)$ 是引起被控量 $y(t)$ 变化的原因,前馈调节器是根据扰动 $f(t)$ 进行工作的,可以及时克服扰动对被控量 $y(t)$ 的影响。但是,由于前馈控制是一种开环控制,最终不能检查控制的精度,因此,在实际工业自动化生产过程中是不能单独应用的。

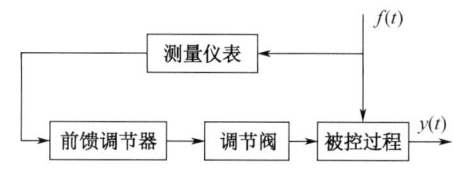

图 1-6　前馈控制系统框图

（3）前馈—反馈控制系统。

在工业生产过程中引起被控参数变化的扰动是多种多样的，前馈控制最主要的优点是能针对主要扰动，及时迅速地克服其对被控参数的影响，对于其余次要扰动则利用反馈控制予以克服，从而使控制系统在稳态时能准确的使被控量保持在给定值上。因为过在实际生产过程中将两者结合起来使用，充分利用前馈控制与反馈控制的优点，在反馈控制系统中引入前馈控制，从而构成如图 1-7 所示的前馈—反馈控制系统，进而大大提高控制质量。

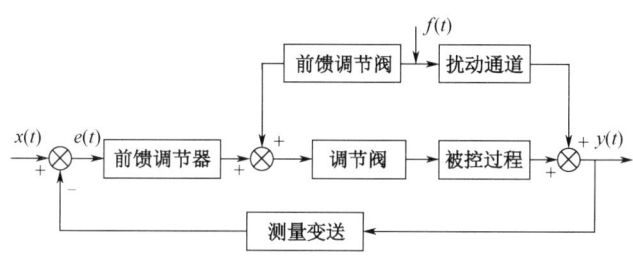

图 1-7　前馈—反馈控制系统

1.4　过程控制的特点

工业生产过程中的过程控制对生产工艺的要求很高，工业生产的现场环境普遍比较恶劣，对过程控制中的一些可控变量造成了巨大的干扰，也直接影响了过程控制的精度、速度及成本。在此背景下，过程控制在应用的过程中与其他自动控制系统相比，差别可归纳如下。

1.4.1　控制主体复杂、控制要求高

过程控制一般是指对连续生产过程的自动控制，对其被控量须定量控制，而且被控量应是连续可调的。连续生产过程具有多样化的特点，生产规模大小各异，对生产工艺的要求也不尽相同，再加上生产产品的多元化和复杂化，造成了过程控制主体的复杂性。每个连续生产过程需要控制的参数都存在一定的差异，对生产产品的质量和型号也提出了不同的要求，这些参数之间的异同和关联性都为过程控制的实施带来了巨大的挑战，也在无形中提高了对过程控制的要求。

1.4.2　过程控制系统由过程检测和控制仪表组成

过程控制是通过各种检测仪表、控制仪表（包括电动仪表和气动仪表，模拟仪表和智能仪表）和电子计算机（此处可看作一台仪表）等自动化技术工具，对整个生产过程进行的自动检测、自动监督和自动控制。一个过程控制系统是由被控过程和过程检测控制仪表

两部分组成的。过程检测控制仪表包括检测元件、变送器、调节器（包括计算机）、调节阀等。过程控制系统是根据工业过程的特性和工艺要求进行设计的，通过选用过程检测控制仪表构成系统，再设计合适的控制规律，进而实现对生产过程的最佳控制。

1.4.3 被控过程是多种多样的、非电量的

在现代工业生产过程中，工业过程很复杂。由于生产规模大小不同、工艺要求各异、产品品种多样，因此过程控制中的被控过程也是多种多样的。例如，石油化工过程中的精馏塔、化学反应器、流体传输设备，热工过程中的锅炉、热交换器，冶金过程中的转炉、平炉，机械工业中的热处理炉，等等。它们的动态特性多数具有大惯性、大滞后、非线性特性。由于有些机理复杂的过程（如发酵、生化等）至今尚未被人们认识，很难用目前的过程辨识方法建立其精确的数学模型，因此设计出能适应各种过程的控制系统并非易事。

1.4.4 过程控制的控制过程多属慢过程，而且多数为参量控制

在石油、化工、电力、冶金、轻工、建材、制药等工业生产过程中，过程控制的评定标准往往采用一些物理量和化学量（如温度、压力、流量、液位、成分、pH值等）来表征其生产过程是否正常，因此需要对上述过程参量进行自动检测和自动控制。工业生产过程中表现的各种物理参数指标都具有一定的惯性和滞后性，因此决定了过程控制的控制过程多属慢过程，具有一定的时滞，控制并不能在极短的时间内完成。

1.4.5 过程控制方案十分丰富

随着现代工业生产的迅速发展，工艺条件越来越复杂，对过程控制的要求也越来越高。过程控制方案的制定需要根据生产过程的复杂情况和工艺的使用情况进行适当的调整，生产工艺的多样化和生产过程的复杂化决定了过程控制方案的丰富性。过程控制系统的设计是以被控过程的特性为依据进行的，过程控制方案就是为满足不同生产过程的实施及生产工艺的有效应用而制定的，由于工业过程的复杂、多变，因此其特性多数属于多变量、分布参数、大惯性、大滞后和非线性等。为了满足上述特点与工艺要求，过程控制中的控制方案也随之变得十分丰富了。通常有单变量控制系统，也有多变量控制系统，有仪表过程控制系统，也有计算机集散控制系统，有复杂控制系统，也有满足特定要求的控制系统。总之，过程控制方案随着生产过程和生产工艺的发展而发展，两者是相辅相成、互相支撑的，缺一不可。

1.4.6 定值控制是过程控制的一种常用形式

定值控制是过程控制中一个比较明显且主要的特点。与一般的航空器姿态控制或机器人动作控制相比，过程控制通常将设定值维持在一个相对恒定或变化极小的范围内。在石油、化工、电力、冶金、轻工、环保和原子能等现代工艺生产过程中，过程控制的主要目的在于消除和减小外界干扰对被控量的影响，使被控量能稳定在给定值上，使工业生产能实现优质高产和低功耗的目标，使生产过程长期保持在一个相对稳定的状态，从而有效提高生产效率和生产质量。定值控制仍是目前过程控制的一种常用形式。

1.5 过程控制系统性能指标

当被控对象受到干扰、被控变量发生变化时，控制系统抵制干扰、纠正被控变量的过程，便反映了控制系统的优劣。为此，要有能评价控制系统的性能指标，控制系统的性能指标是根据工艺对控制的要求来制定的，可概括为稳定性、准确性和快速性。一个性能良好的过程控制系统，在受到外来扰动作用或给定值发生变化时，应能迅速（快）、平稳（稳）、准确（准）地回到或趋近给定值，其过渡过程如图1-8所示。

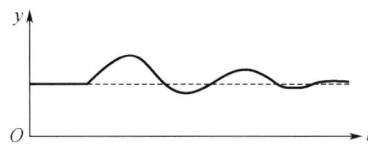

图1-8 过渡过程曲线

1.5.1 稳态与动态

1. 稳态是被控变量不随时间变化的平衡状态（静态）

当自动控制系统的输入和输出均恒定不变时，系统就处于一种相对稳定的平衡状态，系统的各个环节也都处于稳定状态，但生产还在进行，物料和能量仍然有进有出。

2. 动态是被控变量随时间变化的不平衡状态

动态是控制系统从一个平衡状态过渡到另一个平衡状态的过渡过程。当干扰破坏系统的平衡时，被控变量就会发生变化，而控制器、控制阀等自动化装置就要产生控制作用来使系统恢复平衡。系统输出响应稳态与动态过程如图1-9所示。

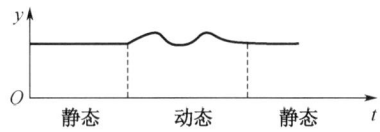

图1-9 系统输出响应稳态与动态过程

过程控制系统性能的评价指标可概括为：

系统必须是稳定的，稳定是系统性能中最重要、最根本的指标，只有在系统稳定的前提下，才能讨论静态和动态指标；系统应提供尽可能优良的稳态调节（静态指标）；系统应提供尽可能优良的过渡过程（动态指标）。

1.5.2 性能指标的分析和确定方法

过程控制系统的性能是由组成系统的结构、被控过程与过程仪表（测量变送、执行器和控制器）各环节特性所共同决定的。包括被控过程特性（滞后、非线性、时变性和耦合特性）；检测环节特性（非线性、间接测量）；执行环节特性（非线性）；控制器特性。

控制系统结构框图如图1-10所示，当系统结构和上述三个环节都确定后，控制器特性就是决定控制系统性能指标的唯一因素，此时就需要对控制器参数进行优化整定了。

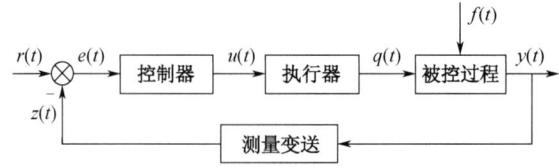

图 1-10 控制系统结构框图

生产中，出现的干扰信号是随机的。但在分析和设计控制系统时，为了充分体现系统的特性和分析方便，常会选择一些特定的输入信号，其中常用的是阶跃信号和正弦信号。

阶跃信号的输入突然，对被控变量的影响也较大。如果一个控制系统能够有效地克服这种干扰，那么对其他比较缓和的干扰也能很好地克服。

阶跃信号的形式简单，容易实现，便于分析、实验和计算，故多使用阶跃信号进行系统性能的分析，阶跃信号如图 1-11 所示。

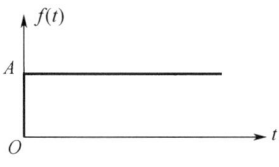

图 1-11 阶跃信号

阶跃响应分为给定值阶跃响应和干扰阶跃响应两类，其阶跃响应曲线有所不同，如图 1-12 所示，但反映的控制系统的性能指标是一致的。

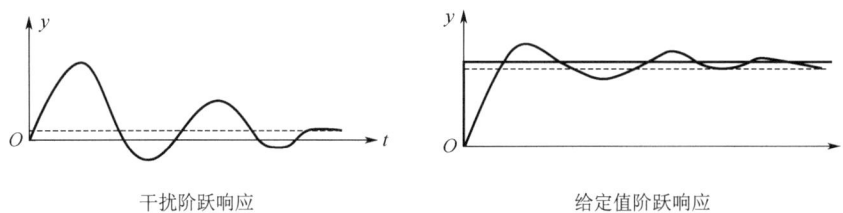

干扰阶跃响应　　　　　　　　　　　给定值阶跃响应

图 1-12 阶跃响应曲线

阶跃扰动作用下控制系统过渡过程曲线分为如图 1-13 所示的几种典型情况：发散振荡过程、非振荡发散过程、等幅振荡过程、衰减振荡过程、非振荡衰减过程。

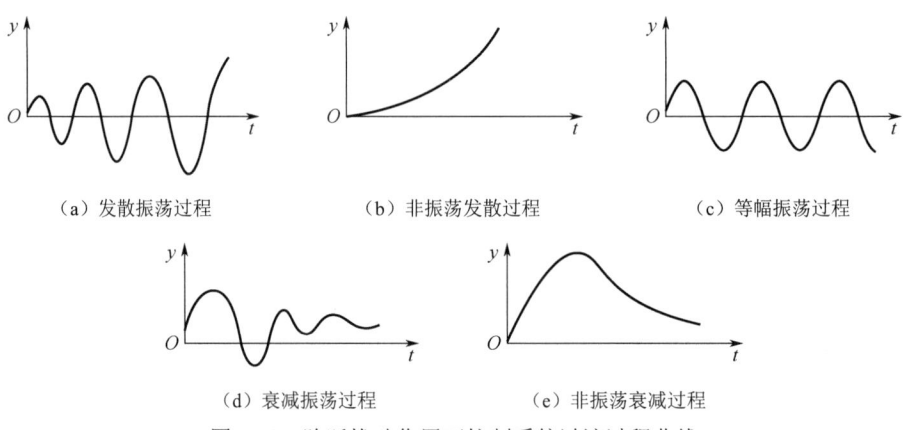

（a）发散振荡过程　　　　（b）非振荡发散过程　　　　（c）等幅振荡过程

（d）衰减振荡过程　　　　（e）非振荡衰减过程

图 1-13 阶跃扰动作用下控制系统过渡过程曲线

给定值阶跃变化时过渡过程的典型曲线如图 1-14 所示。

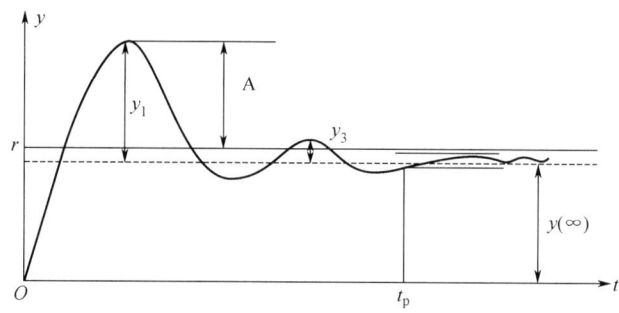

图 1-14　给定值阶跃变化时过渡过程的典型曲线

1. 静态性能指标

稳态误差是描述系统静态性能的唯一指标,是指系统过渡过程终了时给定值与被控参数的稳态值之差,一般稳态误差为零或越小越好。

2. 动态性能指标

生产过程中干扰无时无处不在,控制系统时时刻刻都处在一种频繁的、不间断的动态调节过程中。所以,在过程控制中,了解或研究控制系统的动态比静态更重要、更有意义。在描述系统动态性能时,主要以阶跃响应曲线的几个特征参数作为性能指标,包含了对控制系统的稳定性、准确性和快速性三方面进行的定量和定性评价,包括单项性能指标和综合性能指标。

1.5.3　单项性能指标

1. 衰减比和衰减率

衰减比是衡量一个振荡过程衰减程度的指标,它等于系统阶跃响应曲线两个相邻的同向波分值之比。图 1-14 所示的衰减比可表示为

$$n = y_1 : y_3$$

衡量振荡过程衰减程度的另一种指标是衰减率,它是指每经过一个周期后波动幅度衰减的百分数,可表示为:

$$\varphi = \frac{y_1 - y_3}{y_1}$$

衰减比与衰减率之间有简单的对应关系。如果衰减比 n 为 4:1,则相当于衰减率等于 0.7。为了保证控制系统有一定的稳定裕度,在过程控制中,一般要求衰减比 n 为 4:1~10:1,这相当于衰减率为 75%~90%,这样大约经过两个周期后就趋于稳定了。其中,衰减比 4:1 常作为评价过渡过程动态性能的一个理想指标。对于缓慢变化过程,可取到 10:1。

2. 最大动态偏差和超调量

最大动态偏差是指被控参数第一个峰值与给定值之差,如图 1-14 所示的 A,可表示为:

$$M_p = \frac{y_1}{y(\infty)}$$

一般来说,图 1-14 所示的阶跃响应并不是真正的二阶振荡过程,因此最大动态偏差只

能近似地反映过渡过程的衰减程度。超调量更能直接反映在被控变量的生产运行记录曲线上，因此它是控制系统动态准确性的一种衡量指标，可表示为：

$$\sigma = \frac{y(t_p) - y(\infty)}{y(\infty)} \times 100\%$$

对于定值控制系统来说，超调量越小越好。

3. 调节时间

调节时间是从过渡过程开始到结束所需的时间，理论上它需要无限长的时间，但一般认为，当被控变量进入稳态值的±5%（或±2%）范围内，就算过渡过程结束。因此调节时间就是从扰动开始到被控变量进入新稳态值的±5%（或±2%）范围内的这段时间，在图1-14中以 t_s 表示。调节时间是衡量控制系统快速性的一个指标。过渡过程的振荡频率也可以作为衡量控制系统快速性的指标，而且调节时间应越小越好。

各指标之间是既有联系，又相互矛盾的，如超调量与调节时间，过分减小最大动态偏差，会使过渡时间变长。对于不同的过程控制系统，性能指标各有其侧重性，应根据工艺生产的具体要求，分清主次，统筹兼顾，保证优先满足主要的性能指标要求。

【例1-1】 某换热器的温度控制系统给定值为200℃，在阶跃干扰作用下的过渡过程曲线如图1-15所示。试求最大动态偏差、稳态误差、衰减比和调节时间。

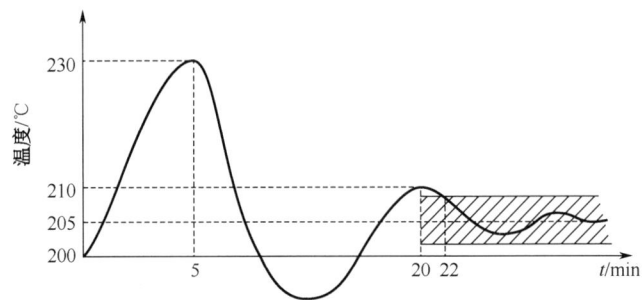

图1-15 某换热器的温度在阶跃干扰作用下的过渡过程曲线

解：最大动态偏差：$A = 230 - 200 = 30$℃

稳态误差：$e_{ss} = 205 - 200 = 5$℃

衰减比：$n = y1 : y3 = 25 : 5 = 5 : 1$

调节时间：$T = 22$ min（误差带为±2%）

【例1-2】 某发酵过程工艺规定操作温度为 40 ± 5℃，在阶跃干扰作用下的过渡过程曲线如图1-16所示。试确定该系统的稳态误差、衰减比、超调量和调节时间。

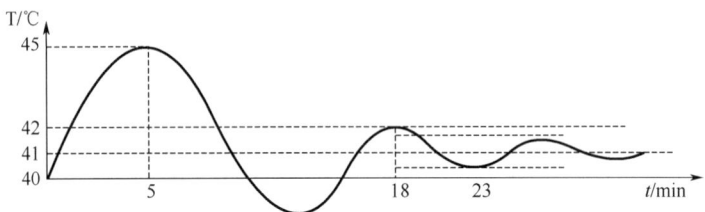

图1-16 某发酵过程的温度在阶跃干扰作用下的过渡过程曲线

解：稳态误差：$e_{ss} = 41 - 40 = 1℃$

衰减比：$n = 4:1$

第一个波峰值：$45 - 41 = 4℃$

第二个波峰值：$42 - 41 = 1℃$

超调量：$\sigma = (45 - 41) / 41 \times 100\% = 9.75\%$

调节时间：$t_s = 23\min$（误差带为±2%）

1.5.4 综合性能指标

虽然阶跃响应性能指标中各单项指标清晰明了，但统筹考虑还是比较困难。而误差幅度和误差存在的时间都与误差积分有关，因此用误差积分指标就可以全面反映控制系统的品质。误差积分是过渡过程中，被控变量偏离其新稳态值的误差沿时间轴的积分。无论是误差幅度增大，还是时间延长，都会使误差积分增大，因此它是一类综合指标，而且越小越好。

误差积分可以有各种不同的形式，常用的有以下四种。

1. 误差积分 IE（Integral of Error）：

$$IE = \int_0^\infty e(\infty) \mathrm{d}t$$

2. 误差绝对值积分 IAE（Integral of Absolute Error）：

$$IAE = \int_0^\infty |e(t)| \mathrm{d}t$$

适用于衰减和无静差系统，不易用分析方法来求值，但用计算机计算很方便。

3. 误差平方积分 ISE（Integral of Squared Error）：

$$ISE = \int_0^\infty e^2(t) \mathrm{d}t$$

4. 误差绝对值与时间乘积的积分 ITAE（Integral of Time and Absolute Error）：

$$ITAE = \int_0^\infty t|e(t)| \mathrm{d}t$$

以上各式中，误差 $e(t) = y(t) - y(\infty)$。

采用不同的积分公式意味着，在评估整个过渡过程和优良程度时的侧重点不同。例如，ISE 着重惩罚过渡过程中的大误差，而 ITAE 则着重惩罚过渡过程拖得太长。人们可以根据生产过程的要求，特别是结合经济效益的考虑加以选用，对于不同的系统，采用不同的指标。例如，定值控制系统，要求被控量很快衰减，调节时间短，采用 IAE 指标；对于燃烧控制，空气量快速跟随燃料量变化，不产生大幅度振荡，采用 ITAE 指标。

一般来说，阶跃响应性能指标便于工程整定，在工程中应用更广泛，而偏差积分性能指标则更便于计算机仿真和理论分析。

1.6 过程控制系统的典型应用

过程控制系统在石油、化工、冶金、航天、电力、纺织、印刷、医药、食品等众多工业领域具有广泛的应用,如水库液位控制、谷氨酸发酵控制、油田石油采集控制和电厂锅炉温度、压力控制等。几类典型的工业过程控制系统如下。

1.6.1 发电厂锅炉过热蒸汽温度控制系统

锅炉是电力、冶金、石油化工等工业部门不可缺少的动力设备,其产品是蒸汽。例如,发电厂从锅炉汽鼓(汽包)中出来的饱和蒸汽经过过热器继续加热成为过热蒸汽,其原理图如图1-17所示。

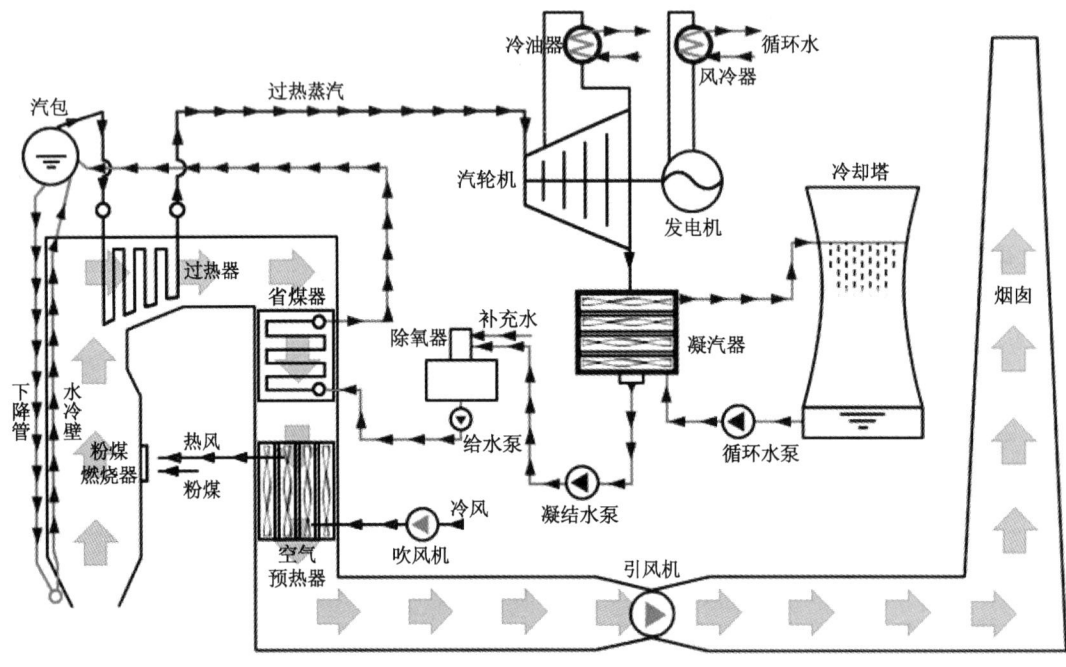

图1-17 发电厂锅炉过热蒸汽温度控制系统原理图

过热蒸汽的温度是火力发电厂(含其他厂矿企业的余热发电)生产工艺的重要参数。过热蒸汽温度控制是保证汽轮机组(发电设备)正常运行的一个重要条件。通常过热蒸汽的温度应达到460℃左右才能去推动汽轮机做功。每种锅炉与汽轮机组都有一个规定的运行温度,在这个温度下运行,机组的效率才最高。如果过热蒸汽的温度过高,会使汽轮机的寿命大大缩短;如果温度过低,当过热蒸汽带动汽轮机做功时,会使部分过热蒸汽变成小水滴,小水滴会冲击汽轮机叶片,进而造成生产事故,所以必须对过热蒸汽的温度进行控制。通常在图1-18(a)所示的过热器之前或中间部分串接一个减温器,通过控制减温水流量的大小来控制过热蒸汽的温度,所以设计出如图1-18(a)所示的温度控制系统。本系统采用DDZ-III型电动单元组合仪表。系统中过热蒸汽温度采用热电阻温度计1来测量,并经温度变送器2将测量信号送至调节器3的输入端,与过热蒸汽温度的给定值进行比较得到其偏差,调节器按此输入偏差以某种控制规律进行运算后输出控制信号,以控制调节阀4的开度,从而改变减温水流量的大小,进而达到控制过热蒸汽温度的目的,图1-18(b)为该系统的框图。

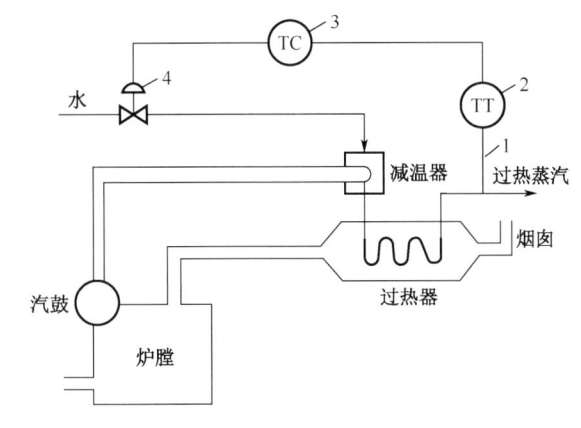

(a) 控制流程图

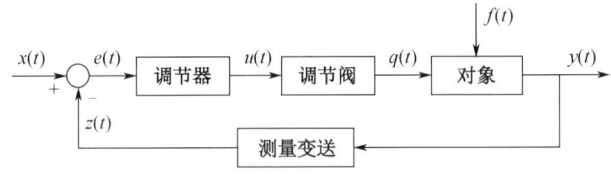

(b) 控制系统框图

1—热电阻；2—温度变送器；3—温度调节器；4—调节阀

图 1-18 过热蒸汽温度控制系统

1.6.2 蒸汽锅炉的液位控制系统

锅炉的汽包水位是另一个重要的被控参数，若调整不当，将造成生产事故：若锅炉汽包水位高于正常运行水位，则会使锅炉蒸汽严重带水，从而发生水冲击，损坏管道和汽轮机组；若锅炉水位低于正常水位，则会使蒸汽温度急剧上升，从而发生过热爆管。蒸汽锅炉的液位控制系统是过程控制系统的一个典型例子（见图 1-19）。当产生蒸汽的耗水量与锅炉进水量相等时，液位会保持在给定的正常标准值。蒸汽量的增加或减少会引起液位的下降或上升。差压传感器将液、汽间的压差（代表实际液位）与给定压差（代表给定液位）比较，得到两者的差值，称为偏差（代表实际液位与给定液位之差）。控制器根据偏差值按照指定规律发出相应信号，控制调节阀的阀门，使液位恢复到给定的标准位置，从而实现对液位的自动控制。

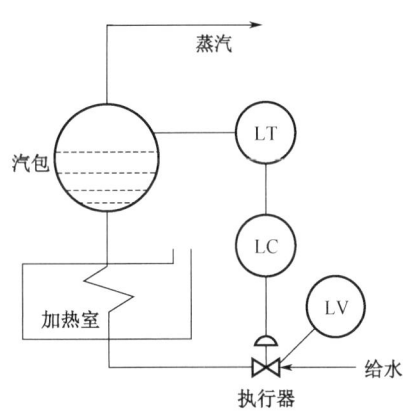

图 1-19 蒸汽锅炉的液位控制系统原理图

1.6.3 转炉供氧量控制系统

转炉是炼钢工业生产过程中的一种重要设备，将熔融的铁水装入转炉后，可以通过氧枪供给转炉一定的氧气量，在氧气的作用下，铁水中的碳逐渐氧化燃烧，从而使铁水中的含碳量不断地降低，控制吹氧量和吹氧时间就可以控制冶炼钢水的含碳量，于是就可以获得不同品种的钢,为了冶炼各种不同品种的钢材,设计了如图 1-20(a)所示的转炉供氧量控制系统。

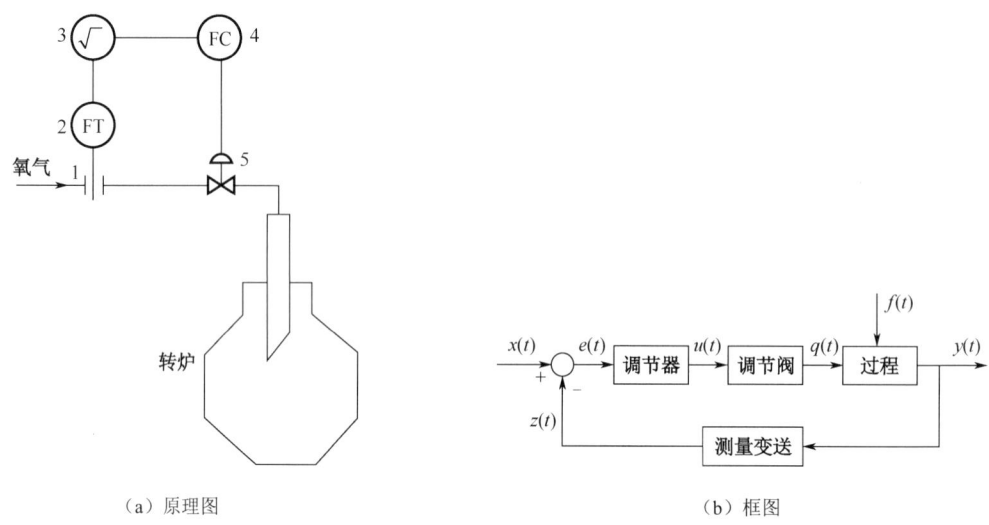

(a)原理图　　　　　　　　　　　　　　　(b)框图

图 1-20　转炉供氧量控制系统

本系统采用 DDZ-Ⅲ型仪表,采用节流装置 1 来测量氧气流量,并送至流量变送器 2,再经开方器 3 后作为流量调节器 4 的测量值,其测量值与供氧量的给定值进行比较得到偏差,调节器按此偏差输入信号以 PID 某种控制规律进行运算并输出控制信号去控制调节阀 5 的开度,从而改变供氧量的大小,以满足生产工艺要求。图 1-20(b)为供氧量控制系统框图。

在图 1-20(b)中每个框表示组成该系统的一个(设备或装置)环节,两个框之间的一条带有箭头的连线表示其相互关系和信号传递方向,但是不表示方框之间的物料联系。在该图中的温度测量元件、变送器、调节器和调节阀等各环节是单向作用的,即环节的输入信号会影响输出信号,但是输出信号不会反过来去影响输入信号。应该指出,在过程控制中,调节阀控制的介质流量可以是输入过程的,也可以是从过程输出的。如果被控的物料是流入过程的,则正好与框图中的箭头方向一致;如果被控物料是从过程输出的,则图中信号的传递方向与物料的流动方向就不一致了。

在图 1-20(b)中的过程(又称对象)方框指某些被控制的装置或设备,在本例中表示测量温度的热电阻温度计到调节阀之间的管道设备,即包括过热器、减温器及到调节阀前的一段管道 $y(t)$ 表示过热蒸汽的温度,是过热蒸汽温度控制系统的被控参数,是过程的输出信号。在本例中进入过热器的烟道气温度的高低及环境温度的变化(如刮风、降温)情况都是会引起被控参数波动的外来因素,称其为扰动作用,可用 $f(t)$ 表示,它是过程的输入信号。减温水流量的改变是由于调节阀动作(开度改变)所致,它也是影响过热蒸汽温度变化的因素,是调节阀的输出信号,也是过程的输入信号,可用 $q(t)$ 表示,称其为操作变量,也称控制参数,最终实现控制作用。调节器的输出 $u(t)$ 称为控制作用,它是调节阀的输入信号。测量变送器的作用是把被控变量 $y(t)$ 成比例地转换为测量信号 $z(t)$,它是调节器的输入信号。

应当指出,调节器是根据 $y(t)$ 测量值的变化与给定值 $x(t)$ 进行比较得出的偏差值对被控过程进行控制的。过程的输出信号,即温度控制系统的输出通过温度测量元件与变送器的作用,将输出信号反馈到输入端,构成一个闭环控制回路,称为闭环控制系统。

在生产过程中,由于扰动不断产生,控制作用也在不断地进行。若因扰动(如冬天刮风降温)使过热蒸汽的温度下降时,测量元件(如热电阻温度计)将温度的变化值测量出来,经变送器送至调节器的输入端,并将其与给定值进行比较得到偏差,调节器按此偏差并以某种控制规律发出控制信号。去关小调节阀的开度,使减温水减小,从而使过热蒸汽的温度逐渐升高,并趋向于给定值,反之亦然。

以上介绍的是由模拟仪表构成的过程控制系统。如果由计算机代替模拟调节器,就构成了计算机过程控制系统,见图1-21。控制系统中引入微型计算机,则可以充分利用其具有的计算速度快、运算精度高、存储信息容量大、逻辑判断功能强、灵活通用等特点,同时运用微处理器提供的各种指令。设计生产工艺要求的控制程序、管理程序与微处理执行程序,就能实现对生产过程的控制和管理(如打印、显示等)。在仪表过程控制系统中控制规律是由硬件来实现的,而在微机过程控制系统中改变控制规律,只要改变程序就可以实现了,非常灵活方便。

在计算机过程控制系统中,计算机的输入与输出信号均是数字信号,所以系统中设有将模拟信号转换为数字信号的A/D转换器,以及将数字信号转换为模拟信号的D/A转换器。在图1-21中,如果把计算机看作一台仪表,则该系统仍由过程检测控制仪表和被控过程两部分组成。

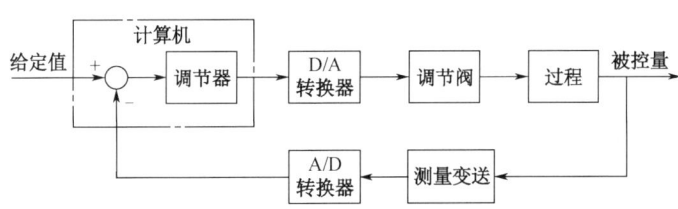

图1-21 计算机过程控制系统

1.6.4 谷氨酸发酵过程控制

发酵过程是借助微生物在有氧或无氧条件下的生命活动来繁殖微生物菌体本身或制备直接代谢产物及次级代谢产物的过程。通过发酵过程可以产生出许多人类通过其他途径无法获得或很难获得的合成物质。发酵过程控制技术则是运用相关技术手段来控制温度、pH值等相关环境参数以改善生物反应过程的,它对于整个发酵过程的实验或生产至关重要。近年来随着微电子技术、检测技术、自动控制技术和计算机技术的蓬勃发展,微生物发酵过程控制也将向自动化、数字化、智能化方面发展。

如图1-22所示为味精生产线上谷氨酸的发酵过程控制系统,在发酵过程中,氧、温度、pH值等的调节和控制如下:①氧。谷氨酸产生菌是好氧菌,通风和搅拌不仅会影响菌种对氮源和碳源的利用率,而且会影响发酵周期和谷氨酸的合成量。尤其是在发酵后期,加大通气量有利于谷氨酸的合成。②温度。菌种生长的最适温度为30~32℃。当菌体生长到稳定期后,适当提高温度有利于产酸,因此,在发酵后期,可将温度提高到34~37℃。③pH值。谷氨酸产生菌发酵的最适pH值在7.0~8.0。但在发酵过程中,随着营养物质的利用和代谢产物的积累,培养液的pH值会不断变化。例如,随着氮源的利用,放出氨,

pH 值会上升；当糖被利用生成有机酸时，pH 值会下降。如图 1-22 所示谷氨酸的发酵过程控制系统，首先将糖液由泵打到谷氨酸发酵罐，不断搅拌，利用冷水使罐内的温度保持在 32℃，利用液氨控制 pH 值。在发酵过程中需要提供空气，补充 30%的糖，经过 37 小时的周期后，完成发酵。在这一过程中，发酵罐中的温度、pH 值、罐内的压力及空气的流量需要进行控制。

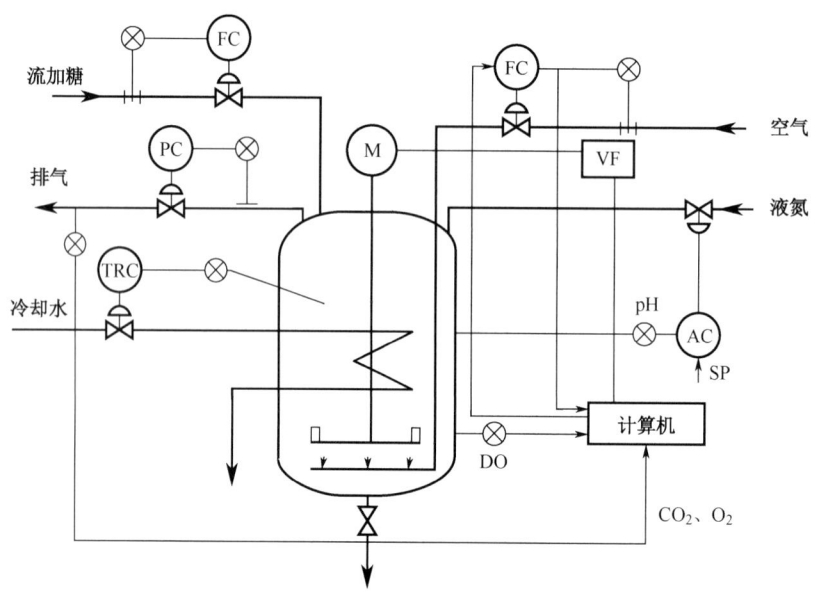

图 1-22 谷氨酸的发酵过程控制系统

谷氨酸发酵生产是谷氨酸产生菌在其生命活动过程中分解、代谢营养物质，合成所需产物、谷氨酸的生化过程。谷氨酸产生菌既是谷氨酸发酵反应过程的主体，也是反应过程的生物催化剂。在这个过程中，影响谷氨酸产生菌生长、繁殖、代谢及合成产物的因素有很多，通过人工干预有目的地控制这些因素，最终使其满足谷氨酸菌种的代谢合成需要，进而达到增加产物、降低消耗的目的。

1.7 过程控制的发展过程

过程控制是一门与工业生产过程联系十分紧密的学科，随着科学技术的飞速发展，过程控制的发展也日新月异。它不仅在传统的工业改造中起到了提高质量、节约原材料和能源、减少环境污染等十分重要的作用，而且正在成为新建的、大规模的、结构复杂的工业生产过程中不可缺少的组成部分。生产过程自动化是保持生产稳定、降低消耗、减少成本、改善劳动条件、保证安全和提高劳动生产率的重要手段，在社会生产的各个行业起着极其重要的作用。过程控制的发展有两个明显的特点：同步性，控制理论的开拓、技术工具和手段的发展、工程应用的实现三者的相互推动、相互促进，三者之间显现了明晰的同步性；综合性，自动化技术是一门综合性的技术，控制论更是一门广义的学科，它在自动化的各个领域移植借鉴、交流汇合，表现了强烈的综合性。

过程控制技术是现代工业控制中一个历史较为久远的分支,在上世纪 30 年代就已有应用。过程控制技术发展至今天,在控制方式上经历了人工控制和自动控制两个发展时期。在自动控制时期内,过程控制系统又经历了四个发展阶段,它们是:分散控制阶段、集中控制阶段、集散控制阶段和现场总线控制阶段。几十年来,工业过程控制取得了惊人的发展,无论是在大规模的、结构复杂的工业生产过程中,还是在传统的工业过程改造中,过程控制技术对于提高产品质量、节省能源等均起着十分重要的作用。

在信息社会、知识经济时代的今天,面对计算机技术的挑战,回顾过程控制技术的历史进程,对明确今后工业生产过程控制的发展方向是很必要的。如今过程控制正朝高级阶段发展,不论是从过程控制的历史和现状来看,还是从过程控制发展的必要性、可能性来看,过程控制都是朝综合化、智能化方向发展,以智能控制理论为基础,以计算机及网络为主要手段,对企业的经营、计划、调度、管理和控制全面综合,实现从原料进库到产品出厂的自动化、整个生产系统信息管理的最优化。过程控制技术的发展,大致经历了以下几个阶段。

1.7.1　基于模拟仪表控制系统的局部自动化阶段(20 世纪 50 年代)

20 世纪 50 年代前后,一些工矿企业率先实现了基于仪表的局部自动化,这是过程控制发展的早期阶段。这个阶段的主要特点是,采用的过程检测控制仪表大多为基地式模拟仪表或部分单元组合式仪表,而且多数是气动仪表(即用气压源作为驱动源);过程控制系统的结构绝大多数是单输入—单输出系统;被控参数主要是温度、压力、流量和液位(物位)等工艺参数;控制的目的主要是保证这些工艺参数稳定在期望值,消除或减小主要扰动对生产过程的影响,以确保生产安全;过程控制系统分析、综合的理论基础是基于传递函数的,以频率法和根轨迹法为主体的经典控制理论和微分方程解析方法;过程控制研究对象主要是解决单输入、单输出的定值控制系统的分析和综合问题。

1.7.2　基于计算机集中监督控制系统的综合自动化阶段(20 世纪 60 年代)

20 世纪 60 年代前后,随着工业生产的不断发展,对过程控制的要求不断提高;随着电子技术的迅速发展,自动化技术工具也得到了不断的完善,从此过程控制进入了综合自动化阶段。这一阶段的主要特点是:过程控制大量采用气动和电动单元组合式仪表,为了满足定型、灵活、多功能的要求,又开发了组装仪表,它将各个单元划分为更小的功能块,以适应比较复杂的模拟和逻辑规律相结合的控制系统的需要;在过程控制系统方面,为了提高控制质量和实现一些特殊的工艺要求,相继开发和应用了各种复杂的过程控制系统。例如,串级控制、前馈—反馈复合控制、史密斯预估控制及比值、均匀、分程、自动选择性控制等也相继出现,不仅提高了控制质量,也满足了一些特殊工艺的控制要求;与此同时,计算机开始应用于过程控制领域,出现了直接数字控制(Direct Digital Control,DDC)和计算机监督控制(Supervisory Computer Control,SCC);在过程控制理论方面,除了仍然采用经典控制理论来解决实际工业生产过程中遇到的问题,现代控制理论也开始得到应用,如状态空间、动态规划、极小值原理,它们为实现高水平的过程控制奠定了理论基础,使过程控制由单变量系统转向多变量系统,在此期间,工厂企业实现了车间或大型装置的集中控制。现代控制理论虽然在航空、航天、制导领域取得了辉煌的成果,但是,由于过程机理复杂、过程建模困难等原因，它一时还难以应用于复杂的工业生产过程。

1.7.3 分散控制系统（DCS）阶段（20世纪70年代）

20世纪70年代以来，过程控制得到了很大发展，随着现代工业生产的迅猛发展，很多大规模集成电路相继问世，使得功能丰富的计算机的可靠性大大提高，进而使其性价比也提高，尤其是工业控制机采用的冗余技术和软硬件的自诊断措施，使其满足了工业控制的应用要求。随着微型计算机（以下简称微机）的开发、应用和普及，生产过程自动化的发展达到了一个新的水平。过程控制发展到现代过程控制的新阶段——计算机时代，这是过程控制发展的第三个阶段。这一阶段的主要特点是：对全工厂或整个工艺流程进行集中控制，应用计算机系统进行多参数综合控制，或者由多台计算机对生产过程进行控制和经营管理。在自动化技术工具方面有了新的发展，诸如以微处理器为核心的智能单元组合仪表（包括可编程调节器和DDZ-S系列智能仪表）的开发和广泛应用；在线成分检测与数据处理的测量变送器的应用；在DDZ-III型仪表方面，不仅产品品种增加，而且可靠性有了很大提高，适应了各种复杂控制系统的要求。随着现代工业的迅速发展，生产规模不断扩大，控制要求越来越高，过程参数日益增多，控制回路更加复杂。为了满足工业生产过程自动化新的更高的要求，20世纪70年代中期，集散控制系统（又称分布式控制系统）开发问世了。集散控制系统（DCS）是把自动化技术、计算机技术、通信技术、故障诊断技术、冗余技术和图形显示技术融为一体的系统。这种系统在结构上是分散的，就是将计算机分装到工段或装置，这不仅使系统危险分散，消除了全局性的故障点，提高了系统的可靠性，同时能方便灵活地实现各种新型的控制规律与算法。由于这种系统是分级的，因此更便于实现现代化的最佳管理，并使工业生产过程自动化开始进入控制管理一体化的新模式。

1.7.4 现场总线控制系统（FCS）阶段（20世纪90年代）

20世纪80年代以后，工业过程控制得到了飞速发展。一方面，现代控制理论与主要解决单回路控制系统的经典控制理论相比较，从本质上解决了一般多变量系统的控制问题，包括线性系统、时变系统、非线性系统、微分—差分系统等，从而大大促进了过程控制的发展。另一方面，过程控制的结构已从包括许多手动控制的分散局部控制改变为具有高度自动化的集中控制，它不仅包括数据采集与管理、基本过程控制，而且包括先进的管理系统、调度和优化等。柔性化、分散化和集成化的综合自动化系统，已被应用于实际工业过程。控制理论和研究方法主要是大系统控制理论、人工智能、鲁棒控制、模糊控制、神经网络、预测控制、多变量频域，过程控制研究对象是基于知识的专家系统、模糊控制、人工神经网络控制、智能控制、故障诊断、生产计划和调度、优化控制等先进控制系统，非线性和分布参数系统，大大地促进了过程控制的发展。

自20世纪90年代以来，在现代工业生产过程自动化中，过程控制技术正在为实现各种最优技术经济指标、提高经济效益和社会效益、提高劳动生产率、节约能源、改善劳动条件、保护环境卫生、提高市场竞争能力等方面起着越来越巨大的作用。目前，世界各工业发达国家，正集中全力进行工厂综合自动化技术的研究。所谓综合自动化，就是在自动化技术、信息技术、计算机控制和各种生产加工技术的基础上，从生产过程的全局出发，通过生产活动所需的各种信息的集成，把控制、优化、调度、管理、经营、决策融为一体，形成一个能适应各种生产环境和市场需求、多变性的、总体最优的高质量、高效益、高柔性的管理生产系统。现场总线是顺应综合自动化技术而发展起来的一种开放型的数字通信技术，把数字通信网络延伸到工业过程现场。随着现场总线技术与智能仪表管控一体化（仪表调校、控制组态、诊断、报警、记录）的发展，这种开放型的工厂底层控制网络构造了新一代的网络集成式全分布计算机控制系统。FCS 作为新一代控制系统，采用了基于开放式、标准化的通信技术，突破了 DCS 采用专用通信网络的局限；同时进一步变革了 DCS 中"集散"系统结构，形成了全分布式系统架构，把控制功能彻底下放到现场。控制系统从"分散控制"发展到"现场控制"，数据的传输方式也相应的从"点到点"到"总线"，从而建立了过程控制系统中的大系统概念，大大推进了控制系统的发展。

按过程控制技术发展所基于的控制理论、分析方法、过程控制研究对象、采用的仪表，过程控制的发展过程如表 1-1 所示。

表 1-1　过程控制的发展过程

阶段	大致时间	控制理论和研究方法	过程控制研究对象	采用仪表
第一阶段	20 世纪 40—50 年代	经典控制理论 微分方程解析方法	控制系统稳定性，单输入单输出系统	基地式大型仪表 部分气动单元组合仪表
第二阶段	20 世纪 50—60 年代	经典控制理论 频域法，根轨迹法等	从随动控制到定值控制；从单回路控制到复杂控制；从 PID 控制规律到特殊控制规律	基地式仪表为主，大量气动单元组合仪表
第三阶段	20 世纪 60—70 年代	现代控制理论 状态空间，动态规划，极小值理论	复杂控制系统开发和应用，在航天、航空和制导等领域取得成功	组合式仪表广泛应用，气动和电动单元组合仪表成主流
第四阶段	20 世纪 70—80 年代	大系统控制理论 人工智能，鲁棒控制，模糊控制，神经网络，预测控制，多变量控制	基于知识的专家系统，模糊控制人工神经网络控制，智能控制，故障排除生产计划和调动，非线性和分布参数系统	集散控制系统 可编程控制系统 信息管理系统
第五阶段	20 世纪 80 年代以后	管控一体化，综合自动化过程控制系统，制造执行系统和企业资源计划结合	综合自动化系统 网络集成，数据集成，直到信息集成和应用集成先进过程控制，卓越运行操作	现场总线控制系统 无线仪表 网络化仪表

就目前的国内企业来说，自动化水平还未完全达到 100%，而智能化却还处于起步阶段。在进入 21 世纪信息社会、知识经济时代的今天，以计算机技术、网络技术和通信技术等为代表的信息技术、云计算、大数据、人工智能、移动互联、物联网，生物技术及新材料技术、新的人机交互技术……被应用于生产过程的各个领域，工业自动化走向智能化的特征越发明显，工业过程控制已进入全新的时代。可以预见，过程控制将在我国现代化建设过程中得到更快的发展并发挥越来越重要的作用，过程控制发展的趋势如下。

1.8 过程控制发展的趋势

1.8.1 先进过程控制成为发展主流

早期的简单控制由于受经典控制理论和常规仪表的制约，难于解决生产过程控制中的系统耦合、非线性和时变性等问题，随着企业对过程控制高柔性和高效益的要求，简单控制系统较难适应生产过程控制的要求，先进控制正受到过程工业界的普遍关注。先进过程控制指在动态环境下，基于模型、充分借助计算机能力，为工厂获得最大利润而实施的一类运行和技术策略。这种先进过程控制策略的实施，能使工厂运行在最佳工况。先进过程控制的控制策略包括模型预测控制、时滞补偿控制、多变量预测控制、解耦控制、统计质量控制、自适应控制、推断控制及软测量技术、优化控制、智能控制（专家控制、模糊控制、神经网络控制等）、鲁棒控制等，尤其以智能控制作为开发、研究和应用的热点，备受关注。

1.8.2 过程优化受到普遍关注

过程优化正受到过程工业界的普遍关注，通常，连续过程工业生产中上游装置的部分产品是下游装置的原料，整个生产过程存在装置间的物流分配、物料平衡、能量平衡等一系列问题。生产过程优化是在各种约束条件下，寻求目标函数最优值时生产过程变量的设定值，借助过程优化可使整个生产过程获得很大的经济和社会效益。过程优化主要寻找最佳工艺操作参数的设定值，使生产过程获得最大经济效益，这也称为稳态优化。稳态优化是采用静态模型进行离线或在线优化计算的。离线优化是在约束条件下采用各种建模优化方法寻求最优工艺操作参数，提供操作指导。在线优化是周期进行模型计算、模型修正和参数寻优，并将参数值直接送到控制器作为设定值。为获得稳态最优，要求系统工作在一种保守程度较小的特定工况下，一旦偏离该工况，各项指标会明显变差，操作难度增加，并导致生产不安全。随着对稳态优化的深入研究，直接影响过程动态品质的最优动态控制也显示出其重要性。由于生产过程的复杂性，通常，生产过程的优化解并不一定是全局的最优解，但应是在约束条件下的满意解。为此，可以在进行工艺设计的同时，考虑控制方案的实施和控制效果，消除可能导致控制失效的制约因素，使工艺和控制结合。

1.8.3 综合自动化是当代工业过程控制的主要潮流

综合自动化控制系统以生产过程的整体优化为目标，以计算机为主要技术工具，以生产过程的管理和控制的自动化为主要内容，是由生产计划和调度、操作优化、先进控制和基层控制等内容组成的递阶控制系统，又称计算机集成过程控制系统（CIMS）。在 DCS 和 FCS 的基础上，采用先进的控制策略，同时兼顾生产过程控制任务和企业管理任务，构成计算机集成控制系统（CIPS），可实现低成本综合自动化系统的方向发展。综合自动化是当代工业自动化的主要潮流，计算机集成制造系统在连续工业中的具体体现就是综合自动化。综合自动化是在计算机通信网络和分布式数据库的支持下，实现信息和功能的集成的，把控制、优化、调度、管理、经营、决策等集成在一起，最终形成一个能适应生产环境的不确定性、市场需求的多变性、全局优化的高质量、高效益、高柔性的智能生产系统。以企业整体优化为目标（包括市场营销、生产计划调度、原材料选择、产品分配、成本管理及工艺过程的控制、优化和管理等），以计算机及网络为主要技术工具，以生产过程的管理与控制为主要内容，将过去传统自动化的"孤岛"模式集成为一个有机整体，而网络技术、数据库技术、分布式控制、先进过程控制策略、智能控制等则是实现新型过程控制的重要基础。

1.8.4　网络化发展

自动化装置将采用全数字、智能的、具有双向通信功能的现场总线智能仪表，现场总线是开放式的互联网络，是连接智能现场设备和自动化系统的数字式、双向传输、多分支结构的通信网络。它的特点是可靠性高、维护性好、抗扰性强、精度高、安装费用低等，而且具有良好的互操作性、彻底的分散控制和丰富的检测、控制和运算功能。Internet 和 Intranet 在综合自动化系统中发挥重要作用，普及应用具有智能 I/O 模块、功能强、可靠性高的可编程控制器（PLC），广泛使用智能化调节器，采用以位总线（Bitbus）、现场总线（Fieldbus）技术等先进网络通讯技术为基础的新型 DCS 和 FCS 控制系统。在工业生产过程中，及时应用互联网平台能够为实际生产提供更多机会。随着我国网络信息技术的不断发展，互联网平台能够为工业生产提供更多帮助。比如依靠互联网信息技术及时反馈生产过程中的各项数据信息，利用自动化仪表有效降低生产过程中的劳动强度，但却能在原有生产效率基础上达到进一步提高生产效率、生产质量的目的。从发展趋势可以看出，未来工业生产过程中，需要使用互联网平台的几率只会越来越多，而不会越来越少。

1.8.5　智能化发展

智能控制是一种无需人的干预就能够自主驱动智能机器实现其目标的过程，也是用机器模拟人类智能的又一重要领域。智能控制系统的类型主要包括分级梯阶智能控制系统、模糊控制系统、专家控制系统、学习控制系统、人工神经网络控制系统和基于规则的仿人工智能控制系统等。经济的快速发展和科技的不断进步，决定了各个产业的发展都逐渐朝着自动化、智能化的方向发展，智能管控、智能设计、智能生产、智能统计等许多智能化应用领域。过程设备是各个生产领域生产制造管理控制的重点，控制系统的智能化更是各领域智能化发展的核心内容，所以过程装备与控制工程未来的发展离不开智能化发展。对比传统的手工生产业和制造业，智能化系统能够提高生产效率，降低生产成本，提高生产过程的安全性。各行各业的生产过程都需要自动控制技术，自动控制技术是安全可靠生产及过程装备高效运行的保障。智能化发展的核心要点是优化自动控制过程，实现远程的自动监测、诊断、维修的管控过程，同时自动人机交互，利用大数据库实现资源、数据共享。化工、机械、食品等生产加工产业应用智能化控制系统不仅可以提高生产加工的能力，提高生产效率，降低时间、场地及人工成本。军事领域、航空航天等高科技领域应用智能化控制系统，可以提升精确定位的能力及精准识别能力。智能化发展已经成为过程装备与控制工程专业未来发展的一个大趋势，将过程装备、控制工程的理论与机械设备操作相结合，通过智能化媒介来完成生产，能够降低生产加工过程的安全隐患，大大提升人身、财产安全，同时提高生产的经济效益及稳定运行，智能化发展将会广泛应用。

1.8.6 虚拟仿真化发展

工业生产过程中，各项操作进行虚拟化处理，无须人力参与操作，可完全通过计算机达到操作目的。在充分实现虚拟化操作后，可有效提高化工生产的效率，及时整理、反馈生产过程中的相关数据，保证相应工作人员能够及时发现生产过程中存在的问题，有效保证生产质量。建立过程安全仿真系统对工业生产中的动态模拟和实物仿真模拟及计算机模拟等技术工艺的信息采集进行综合性分析，建立更明确和专业的安全仿真综合体系，从而实现全过程动态模拟技术，制定与验证安全技术操作流程及监控实施的可行性方案，并对相关人员的安全技能和操作能力进行培训。由于仿真平台的基本用途与拓展范围较广，在硬件结构设计中采取分布式的方法，能将多台计算机及高端服务器等专业设备利用网络连接组成安全体系。其主要内容包含控制系统、信息数据的采集站点及现场信号捕捉站点等仿真体系，主要由数字化信息控制站或仿真分散的控制系统等部件组合而成。建设生产过程安全控制仿真体系软件平台中心的系统就是电脑微软操作系统，该系统能支持所选全部商品转为核心软件操作运行。在化工生产软件中，可以置入动态性仿真软件、事情的触发软件及记录事情的软件和对危险状态进行识别的软件等，在信息管理中进行及时切换。通过构建完善的安全方案系统，可以全方位模拟事故发生与危险状态的过程，并完善与验证操作实施的基本方案与突发情况的处理预案，应用于实际安全操作仿真训练，从而有效提高工作人员安全操作水平和事故突发情况处理能力。总之，过程控制在石油、化工、冶金、航天、电力、纺织、印刷、医药、食品等众多工业领域中得到广泛的应用。过程控制系统将会随着计算机软硬件技术、控制技术和通讯技术的进一步发展而得到更大的发展，并深入生产的各部门。

思考题

1. 什么是过程控制？
2. 试举例说明过程控制系统的组成。
3. 过程控制的总目标是什么？
4. 一个简单过程控制系统由哪几部分组成？各个部分的作用是什么？
5. 过程控制系统最基本的分类方法有哪几种？
6. 与其他自动控制系统相比，过程控制有哪些主要特点？
7. 过程控制系统中有哪些类型的被控量？
8. 过程控制系统与运动控制系统有无区别？
9. 简述过程控制系统的发展。
10. 衰减比 η 和衰减率 ψ 可以表征过程控制系统的什么性能？
11. 最大动态偏差与超调量有何异同之处？

第 2 章 被控过程数学模型的建立

2.1 建立被控过程数学模型的意义

过程控制中应用最多的，也是最基本的控制系统如图 2-1 所示。

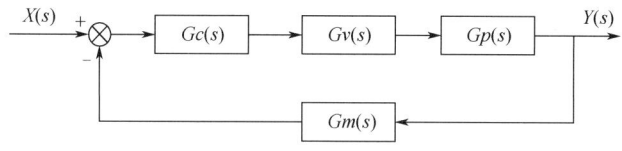

图 2-1 典型过程控制系统

图中，$Gc(s)$ 是控制器的传递函数，$Gv(s)$ 是执行机构的传递函数，$Gm(s)$ 是测量变送器的传递函数，$Gp(s)$ 是被控对象的传递函数。控制器、执行机构、测量变送器都属于自动化仪表，他们都是围绕被控对象工作的，被控对象是控制系统的主体。因此，对被控对象的动态特性进行深入了解是过程控制的一个重要任务。只有深入了解被控对象的动态特性，了解它的内在规律，了解被控变量在各种扰动下变化的情况，才能根据生产工艺的要求，为控制系统制定一个合理的动态性能指标。性能指标确定后，设计出合理的控制方案，也离不开对被控动态特性的了解。不顾被控对象的特点，盲目进行设计，往往会导致设计的失败。尤其是在一些复杂控制方案的设计中，不清楚被控对象的特点根本就无法进行设计。有了正确的控制方案，控制系统中控制器、测量变送器、执行器等仪表的选择，必须以被控对象的特性为依据。在控制系统组成后，合适的控制参数的确定及控制系统的调整，也完全依赖于对被控对象动态特性的了解。由此可见，在控制工程中，了解被控对象是必须做好的一项工作。

过程控制的被控对象涉及的范围很广。被控对象不一定是指一个具体的设备，不少情况下被控对象是指一个过程，有些过程可能涉及好几种设备，而在有些设备内部可能包括了几个过程。被控过程数学模型的建立在过程控制系统设计中的重要作用，归纳起来主要有以下几点：

2.1.1 控制系统设计的基础

全面、深入地掌握被控过程的数学模型是控制系统设计的基础。在确定控制方案时，被控变量及检测点的选择、控制（操作）变量的确定、控制规律的确定等都离不开被控过程的数学模型。

2.1.2 控制器参数确定的重要依据

过程控制系统一旦投入运行后，如何整定调节器的参数，必须以被控过程的数学模型为重要依据。尤其是在对生产过程进行最优控制时，如果没有充分掌握被控过程的数学模型，就无法实现最优化设计。

2.1.3 仿真或研究、开发新型控制策略的必要条件

在用计算机仿真或研究、开发新型控制策略时，其前提条件是必须知道被控过程的数学模型，如补偿控制、推理控制、最优控制、自适应控制等都是在已知被控过程数学模型的基础上进行的。

2.1.4 设计与操作生产工艺及设备时的指导

通过对生产工艺过程及相关设备数学模型的分析或仿真，可以事先确定或预测有关因素对整个被控过程特性的影响，从而为生产工艺及设备的设计与操作提供指导，以便提出正确的解决办法。

2.1.5 工业过程故障检测与诊断系统的设计指导

利用数学模型可以及时发现工业过程中控制系统的故障及其原因，并提供正确的解决途径。

2.2 被控过程的数学模型的表达形式

对象特性是指生产过程在各输入量（包括控制量 $q(t)$ 和扰动量 $f(t)$ ）作用下，其相应输出量（被控量 $y(t)$ ）变化的函数关系式，即：

$$y(t)=F(q(t),f(t))$$

这种关系既可以用各种参数模型（如微分方程、差分方程、状态方程、传递函数等）表示，也可以用非参数模型（如阶跃响应曲线、脉冲响应曲线、频率特性曲线）表示。

典型的 RLC 电路如图 2-2 所示，输入 u，输出 u_c。

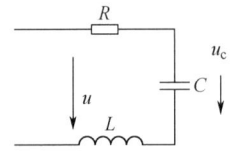

图 2-2 典型的 RLC 电路

用方程列写的数学模型：

$$u = LC\frac{d^2u_c}{dt^2} + RC\frac{du_c}{dt} + u_c$$

用图形表示的数学模型如图 2-3 所示。

被控对象的数学模型的表达形式，按系统的连续性可划分为：连续系统模型和离散系统模型；按数学模型的结构可划分为：输入/输出模型和状态空间模型；输入/输出模型又可按论域划分为：时域表达（阶跃响应、脉冲响应）和频域表达（传递函数）。在控制系统的设计中，所需的被控对象数学模型在表达方式上是因情况而异的。各种控制算法无不要求

过程模型以某种特定形式表达出来。例如，一般的 PID 控制要求过程模型用传递函数表达；二次型最优控制要求用状态空间表达；基于参数估计的自适应控制通常要求用脉冲传递函数表达；预测控制要求用阶跃响应或脉冲响应表达，等等。

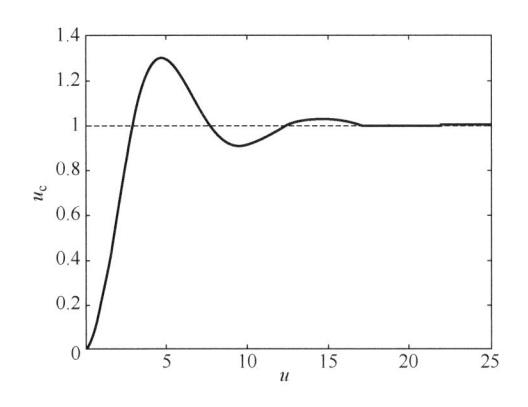

图 2-3　典型的 RLC 电路的数学模型

2.3　描述过程特性的参数

描述过程特性的参数用放大系数 K、时间常数 T、滞后时间 τ 三个物理量来定量的表示。

放大系数 K 的物理意义：如果有一定的输入变化量 ΔQ 作用于过程，通过过程后将被放大 K 倍，变为输出变化量 ΔW。在数值上等于对象处于稳定状态时输出的变化量与输入的变化量之比。由于放大系数 K 反映的是对象处于稳定状态下的输出和输入之间的关系，所以放大系数是描述对象静态特性的参数。

时间常数 T 的物理意义：是指当对象受到阶跃输入作用后，被控变量如果以初始速度变化，达到新的稳态值所需的时间。或者是当对象受到阶跃输入作用后，被控变量达到新的稳态值的 63.2% 所需的时间。时间常数 T 是反映被控变量变化快慢的参数，因此它是对象的一个重要的动态参数。

滞后时间 τ 的物理意义：是纯滞后时间和容量滞后时间的总和。输出变量的变化落后于输入变量变化的时间称为纯滞后时间，纯滞后一般是由于介质的输送或热传递需要时间引起的。容量滞后一般是因为物料或能量的传递需要通过一定的阻力而引起的。滞后时间也是反映对象动态特性的重要参数。

过程通道是被控过程输入量与输出量的信号联系，过程通道的特性是由过程特性的参数决定的，如图 2-4 所示。

控制通道：被控变量与控制变量之间的关系。

扰动通道：扰动变量与被控变量之间的关系。

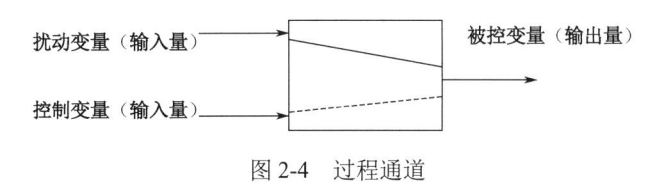

图 2-4　过程通道

2.3.1 放大系数 K 对系统的影响

1. 控制通道

放大系数越大，控制变量的变化对被控变量的影响就越大，即控制作用对扰动的补偿能力就越强，有利于克服扰动的影响，余差也就越小；反之，放大系数小，控制作用的影响不显著，被控变量变化缓慢。但放大系数过大，会使控制作用对被控变量的影响过强，进而使系统稳定性下降。

2. 扰动通道

放大系数越大，当扰动频繁出现且幅度较大时，被控变量的波动就会越大，使得最大偏差也增大；而放大系数小，即使扰动较大，对被控变量也不会产生多大影响。

2.3.2 时间常数 T 对系统的影响

时间常数 T 是标志系统动态过程响应快慢的参数，如图 2-5 所示。曲线 A_2 的时间常数大于曲线 A_1 的时间常数。

1. 控制通道

T 大，则系统响应平稳，系统较稳定，但调节时间长；T 小一点对控制有利，若时间常数太小，则被控变量的变化速度快，控制过程比较灵敏，不易控制。时间常数太大或太小，对控制都不利。

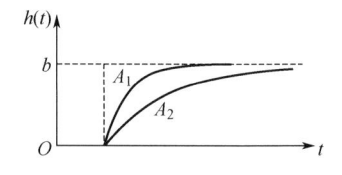

图 2-5　不同时间常数的系统输出响应

2. 扰动通道

当时间常数 T 大时，扰动作用比较平缓，被控变量的变化也比较平稳，过程较易控制。

2.3.3 滞后时间 τ 对系统的影响

1. 控制通道

由于存在滞后时间，所以控制作用总是落后于被控变量的变化，从而使被控变量的最大偏差增大，控制质量下降。而且滞后时间越大，控制质量越差。

2. 扰动通道

对于扰动通道，如果存在纯滞后，相当于扰动延迟了一段时间才进入系统，并不影响控制系统的品质。如果扰动通道中存在容量滞后，可使阶跃扰动的影响趋于缓和，对控制系统是有利的。

2.4　建立被控过程数学模型的基本方法

2.4.1　机理法建模

机理法建模的基本原理是通过分析生产过程的内部机理，找出变量之间的关系，如物料平衡方程、能量平衡方程、动量平衡方程、化学反应定律、电路基本定律及反映流体流动、传热、传质、化学反应等基本规律的运动方程、物性参数方程和某些设备的特性方程等，从而导出对象的数学模型。

由此可见，用机理法建模的首要条件是需要建模生产过程的机理必须已经为人们充分掌握，并且可以比较确切地进行数学描述。其次，很显然，除非是非常简单的被控对象，否则很难得到以紧凑的数学形式表达的模型。正因为如此，在计算机尚未得到普及应用前，几乎无法用机理法建立实际工业过程的数学模型。近年来，随着电子计算机的普及，对工业过程数学模型的研究也有了迅速的发展。可以说，只要机理清楚，就可以利用计算机求解几乎任何复杂系统的数学模型。根据对模型的要求，合理的近似总是必不可少的。模型应该尽量简单，同时保证达到合理的精度，有时还需要考虑实时性的问题。在用机理法建模时，有时也会出现模型中某些参数难以确定的情况，这时可以用过程辨识方法把这些参数估计出来。

2.4.2 试验法建模

机理法建模需要一定的条件，但多数工业过程机理复杂，难以通过理论分析建立模型。而试验法建模却不需要了解对象的工作机理，只需依据输入输出实验数据，通过过程辨识和参数估计的方法就可以建立被控对象数学模型。为了获得被控对象的动态特性和输入输出数据，必须使被研究的过程处于被激励的状态，如图 2-6 所示。根据获取的输入输出数据不同，可以通过以下试验法建立被控过程数学模型。

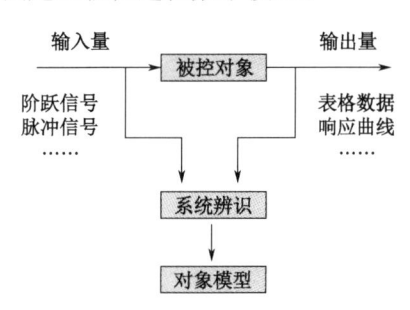

图 2-6 试验法建模

（1）响应曲线法：输入阶跃或方波信号，测被控量随时间变化的阶跃响应曲线，求取过程输入输出之间的数学关系。

（2）频域法：输入正弦波或近似正弦波，测对象输出与输入幅值比和相位差。

（3）相关统计法：输入随机噪音信号，测对象输出参数的变化。

（4）最小二乘估计法：获得被控过程的输入输出数据，利用最小二乘估计法求取模型参数。

2.4.3 混合法建模

（1）对被控过程机理已经非常熟悉的部分，采用机理法推导出相应数学模型尚不十分熟悉或不很肯定的部分，则采用试验法得出其数学描述。

（2）先通过机理分析，确定模型的结构形式，再通过实验数据确定模型中各个参数的具体数值。

2.5 液位对象的机理法建模

只有一个储蓄容器的对象称为单容控制对象,依此类推,具有两个及以上储蓄容器的控制对象则称为多容控制对象。

液位对象被控过程数学模型的建立遵循动态物料(或能量)平衡关系。

(1)静态物料(或能量)平衡关系:

单位时间内进入被控过程的物料(或能量)等于单位时间内从被控过程流出的物料(或能量)。

(2)动态物料(或能量)平衡关系:

单位时间内进入被控过程的物料(或能量)减去单位时间内从被控过程流出的物料(或能量)等于单位时间内被控过程中物料(或能量)存储量的变化率。

下面以单容液位对象为例展开讨论,结论适用于其他的单容被控对象(如热容、气容和电容)。

2.5.1 自衡单容液位对象建模

所谓自衡过程,是指当被控对象在扰动作用下,偏离原平衡状态时,能够不采用人为干预或控制装置干预,依靠自身的能力重新恢复平衡状态,这样的对象就是具有自平衡能力的对象。自衡单容过程,是指只有一个贮蓄容量的又具有自平衡能力的过程。图 2-7 所示为一个自衡单容液位对象,图 2-8 所示为单容液位对象的阶跃响应曲线。

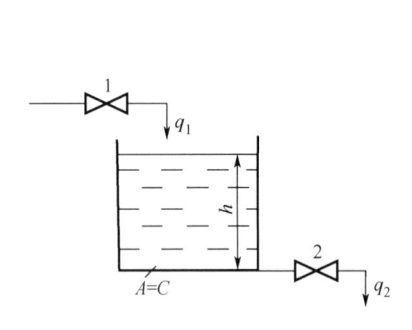

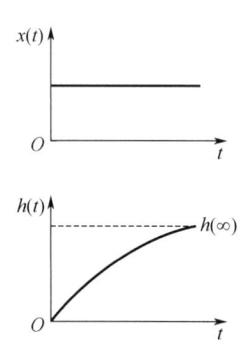

图 2-7 自衡单容液位对象   图 2-8 单容液位对象的阶跃响应曲线

由图 2-7 可知,其流入量为 q_1,改变阀 1 的开度可以改变 q_1 的大小;其流出量为 q_2,它取决于用户的要求及液位 h 的高低,改变阀 2 的开度可以改变 q_2;液位 h 越高,水箱内的静压力越大,q_2 也越大,液位 h 的变化反映了 q_1 与 q_2 不等而引起的水箱中蓄水或泄水的过程。若 q_1 作为被控过程的输入量,h 为其输出量,则该被控过程的数学模型就是 h 与 q_1 之间的数学表达式。

根据动态物料平衡关系有:

$$q_1 - q_2 = A\frac{dh}{dt} \tag{2-1}$$

将式（2-1）表示成增量形式为：

$$\Delta q_1 - \Delta q_2 = A\frac{d\Delta h}{dt} = C\frac{d\Delta h}{dt} \qquad (2\text{-}2)$$

式中 Δq_1、Δq_2、Δh 分别为偏离某一平衡状态 q_{10}、q_{20}、h_0 的增量；A 为水箱截面积。

当系统处于静态时，$q_1 = q_2$，$\frac{dh}{dt} = 0$；当 q_1 发生变化时，液位 h 随之变化，水箱出口处的静压也随之变化，由流体力学可知，q_2 也发生变化，流体在紊流情况下，液位 h 与流量之间为非线性关系，但为了简化起见，经线性化处理，则可近似认为在工作区域内，q_2 与 h 成比例关系，进而与阀 2 的阻力 R_2 成反比，即：

$$\Delta q_2 = \frac{\Delta h}{R_2} \text{ 或 } R_2 = \frac{\Delta h}{\Delta q_2} \qquad (2\text{-}3)$$

式中 R_2 为阀 2 的阻力，称为液阻。

为了求单容液位过程的数学模型，将式（2-1）、式（2-2）进行拉氏变换后，画出如图 2-9 所示的框图。

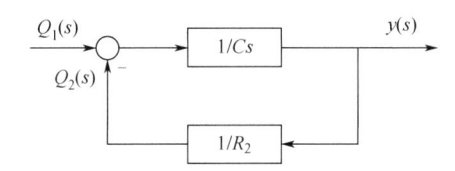

图 2-9 单容液位过程的数学模型框图表示

单容液位过程的传递函数为：

$$W_0(S) = \frac{H(s)}{Q_1(s)} = \frac{R_2}{R2Cs+1} = \frac{K_0}{T_0s+1} \qquad (2\text{-}4)$$

式中 T_0 为液位过程的时间常数，K_0 为液位过程的放大系数，C 为液位过程的容量系数或称为过程容量。

单容液位过程的两个重要特征参数：

（1）放大系数 K_0：放大系数 K_0 只与被控量的两个稳态值有关，是描述对象静态特性（稳态性能）的参数。K_0 小，则自平衡能力强。K_0 的倒数称为自平衡率，是衡量对象自平衡能力强弱的一个参数。

（2）时间常数 T_0：时间常数 T_0 是表征调节对象惯性大小的参数，由对象的容量和阻力决定。可以反映对象受到扰动后达到新平衡点的快慢。

被控过程都具有一定贮存物料（或能量）的能力，其贮存能力的大小称为容量或容量系数，其物理意义是引起单位被控量变化时，被控过程贮存量变化的大小。

从上面分析可知，液阻 R_2 不但影响过程的时间常数 T_0，而且影响过程的放大系数 K_0，而容量系数 C 仅影响过程的时间常数。

2.5.2 双容液位对象的数学模型的建立

图 2-10 所示为两只水箱串联工作的双容过程。

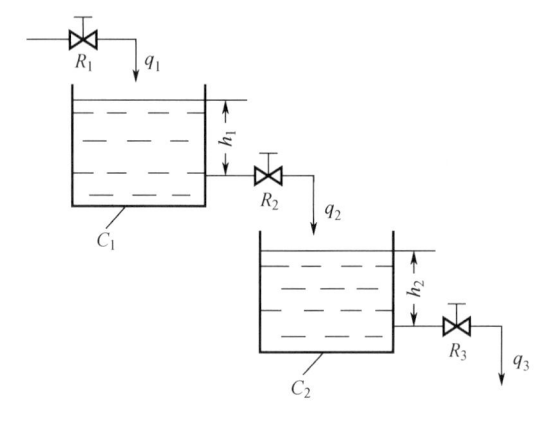

图 2-10 双容液位过程

设其被控量是第二只水箱的液位 h_2，输入量为 q_1，与上述分析方法相同，根据物料平衡关系，可以列出如下方程：

$$\begin{cases} q_1 - q_2 = C_1 \dfrac{\mathrm{d}h_1}{\mathrm{d}t} \\ q_2 = \dfrac{h_1}{R_2} \\ q_2 - q_3 = C_2 \dfrac{\mathrm{d}h_2}{\mathrm{d}t} \\ q_3 = \dfrac{h_2}{R_3} \end{cases} \quad (2\text{-}5)$$

根据上述方程的拉氏变换，可画出框图（见图 2-11）。

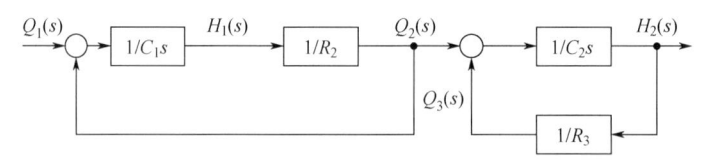

图 2-11 双容液位过程框图

双容液位过程的数学模型为

$$W_0(s) = \frac{H_2(s)}{Q_1(s)} = \frac{K_0}{(T_1 s + 1)(T_2 s + 1)} \quad (2\text{-}6)$$

式中，T_1 为第一只水箱的时间常数，$T_1 = R_2 C_1$；T_2 为第二只水箱的时间常数，$T_2 = R_3 C_2$；K_0 为过程的放大系数，$K_0 = R_3$；C_1、C_2 分别为两只水箱的容量系数。

2.5.3 三容液位对象的数学模型的建立

具有三个储蓄容器的控制对象称为多容控制对象，如图 2-12 所示。

第 2 章 被控过程数学模型的建立

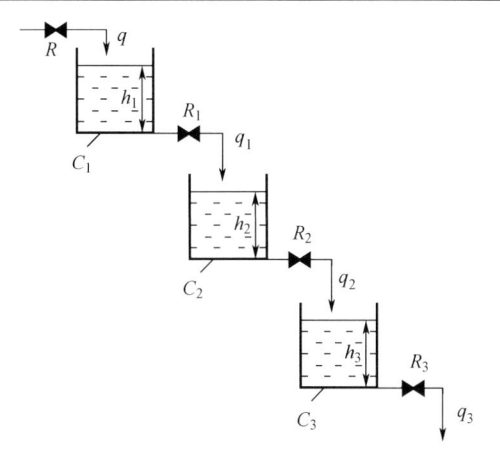

图 2-12 三容液位过程

根据动态物料平衡关系，建立三容过程数学模型的微分方程：

$$q - q_1 = C_1 \frac{dh_1}{dt}$$

$$q_1 = \frac{h_1}{R_1}$$

$$q_1 - q_2 = C_2 \frac{dh_2}{dt}$$

$$q_2 = \frac{h_2}{R_2}$$

$$q_2 - q_3 = C_3 \frac{dh_3}{dt}$$

$$q_3 = \frac{h_3}{R_3}$$

则三容过程的数学模型为：

$$W_0(s) = \frac{H_3(s)}{Q(s)} = \frac{K_0}{(T_1 s + 1)(T_2 s + 1)(T_3 s + 1)}$$

2.5.4 多容液位对象的数学模型的建立

具有两个及以上储蓄容器的控制对象称为多容控制对象，如图 2-13 所示。
则 n 容对象数学模型为：

$$W(S) = \frac{H_n(S)}{Q(S)} = \frac{R_n}{(R_1 C_1 S + 1)(R_2 C_2 S + 1) \cdots (R_n C_n S + 1)}$$

多容过程的传递函数为

$$W_0(s) = \frac{K_0}{(T_1 s + 1)(T_2 s + 1) \cdots (T_n s + 1)} \qquad (2\text{-}7)$$

如果 $T_1 = T_2 = \cdots = T_n = T_0$，则上式可表示为

$$W_0(s) = \frac{K_0}{(T_0 s + 1)^n} \qquad (2\text{-}8)$$

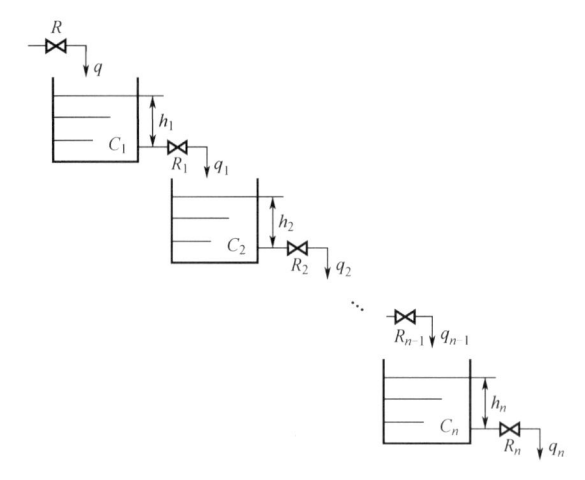

图 2-13　多容液位过程

图 2-14 所示为多容液位过程，流入量有一阶跃变化时被控量液位 h_2 的响应曲线。与单容过程相比，多容过程受到扰动后，被控量 h_2 的变化速度并不是一开始就最大，而是要经过一段滞后时间之后才达到最大值，即多容过程对于扰动的响应在时间上存在滞后，被称为容量滞后，产生容量滞后的原因主要是两个容积之间存在着阻力，所以 h_2 的响应时间向后推移，容量滞后时间可用作图法求得，即通过 h_2 响应曲线的拐点 D 作切线与时间轴相交于 A 点，与 $h_2(\infty)$ 相交于 C 点，C 点在时间轴上的投影为 B，OA 为容量滞后时间 τ_C，AB 为过程的时间常数 T_0。

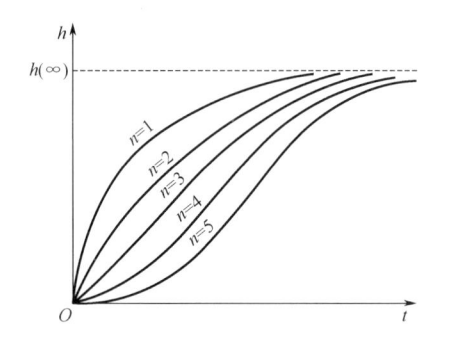

图 2-14　多容过程阶跃响应曲线

如果过程的容量系数越大，则容量滞后时间 τ_c 也越大；容量个数越多（阶数 n 越多），也会使 τ_c 增大，阶跃响应曲线上升越慢，图 2-15 为 n 取不同值时多容过程（$n=1\sim5$）的阶跃响应曲线。

2.5.5　非自衡过程建模

在阶跃扰动下，对象的原有稳态被破坏，被控量发生变化，而被控量对流出量（或流入量）没有影响，这种对象被称为无自平衡能力的对象，它们只能依靠控制装置的作用才能重新恢复平衡状态。若将图 2-12 所示的水箱出口阀 R_2 换成定量泵，则如图 2-15（a）所示，这样其流出量 q_2 与液位 h 无关。当流入量 q_1 发生阶跃变化时，液位 h 也发生变化。由于流出量是不变的，所以水箱液位或者等速上升，直至液体溢出，或者等速下降，直至液体被抽干。其阶跃响应曲线如图 2-15（b）所示。

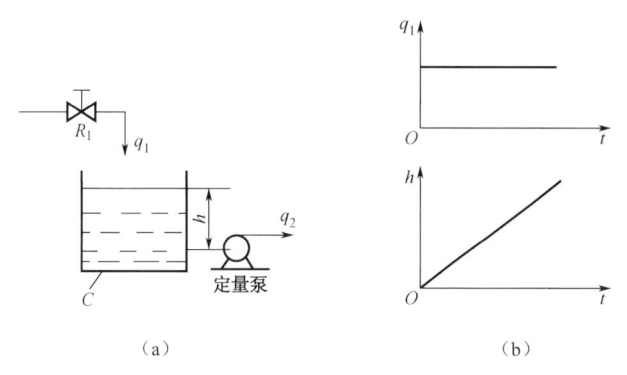

图 2-15　非自衡单容液位过程及其阶跃响应

同上述分析图 2-15（a）所示的微分方程为：

$$C\frac{\mathrm{d}\Delta h}{\mathrm{d}t} = \Delta q_1 \tag{2-11}$$

式中 C 为水箱的容量系数，过程的传递函数为：

$$W_0(s) = \frac{1}{T_a s} \tag{2-12}$$

式中 T_a 为过程的积分时间常数，T_a 等于 C。

对于无自平衡能力的多容过程，以图 2-16 所示的双容过程为例，来讨论其建立数学模型的方法，图中 h_2 为过程的被控量，q_1 为其输入量，当 q_1 产生阶跃变化时，液位 h_2 并不会立即以最大的速度变化，由于中间水箱具有容积和阻力，h_2 对扰动 q_1 的影响有一定的滞后和惯性。

同上所述，图 2-16 所示的过程的数学模型为

$$W_0(s) = \frac{H_2(s)}{Q_1(s)} = \frac{1}{T_a s(Ts+1)} \tag{2-13}$$

式中 T_a 为双容过程积分时间常数，T 为第一只水箱的时间常数。

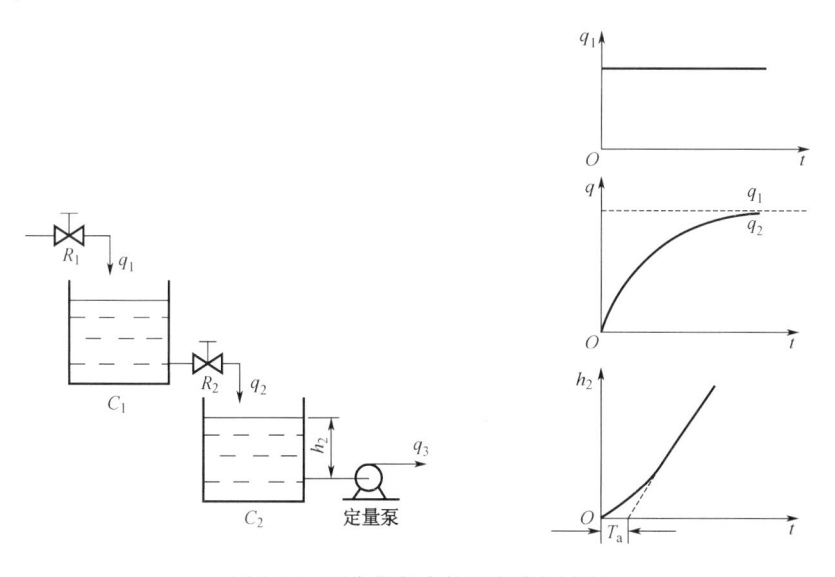

图 2-16　无自衡能力的双容液位过程

同理，无自衡能力多容过程数学模型为

$$W_0(s) = \frac{1}{T_a s (Ts+1)^n} \tag{2-14}$$

【例2-1】 某水槽如图2-17所示，其中F为槽的截面积，R_1、R_2和R_3均为线性液阻，Q_1为流入量，Q_2和Q_3为流出量。要求：

（1）写出以水位H为输出量，Q_1为输入量的对象的动态方程；

（2）写出对象的传递函数$G(s)$，并指出其增益K和时间常数T的值。

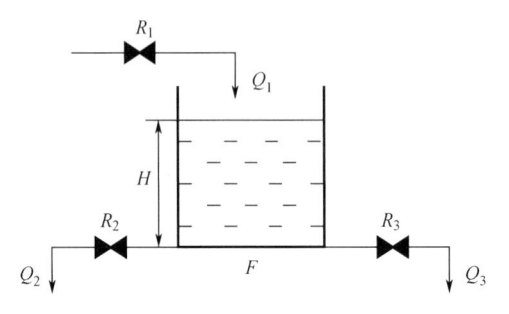

图2-17 水槽液位过程

解：（1）根据物料平衡方程，可列写如下微分方程：

$$\begin{cases} q_1 - q_2 - q_3 = C\dfrac{dh}{dt} \\ q_2 = \dfrac{h}{R_2} \\ q_3 = \dfrac{h}{R_3} \end{cases}$$

由拉氏变换得：

$$\begin{cases} Q_1(s) - Q_2(s) - Q_3(s) = CsH(s) \\ Q_2(s) = \dfrac{H(s)}{R_2} \\ Q_3(s) = \dfrac{H(s)}{R_3} \end{cases}$$

（2）推导可得水槽的传递函数为：

$$W_0(s) = \frac{H(s)}{Q_1(s)} = \frac{\dfrac{1}{Cs}}{1 + \dfrac{1}{Cs}\left(\dfrac{1}{R_2} + \dfrac{1}{R_3}\right)} = \frac{K}{Ts+1}$$

增益K和时间常数T的值如下：

$$K = R_2 R_3 / (R_2 + R_3)$$
$$T = R_2 R_3 C / (R_2 + R_3)$$

2.6 测试法建模

测试法建模是根据工业过程的输入和输出的实测数据进行某种数学处理后得到的模型。它的主要特点是把被研究的工业过程视为一个黑匣子，完全从外特性上测试和描述它的动态特性，因此不需要深入掌握其内部机理。然而，这并不意味着可以对内部机理一无所知。只有当过程处于变动状态下时，它的动态特性才会表现出来，在稳态下是表现不出来的。因此为了获得动态特性，必须使被研究的过程处于被激励的状态，如施加一个阶跃扰动或脉冲扰动等。为了有效地进行这种动态特性测试，仍然有必要对过程的内部机理有明确的定性了解，如究竟有哪些主要因素在起作用，它们之间的因果关系如何等。丰富的先验知识无疑会有助于成功地用测试法建立数学模型。那些内部机理尚未被人们充分了解的过程，如复杂的生化过程，也是难以用测试法建立其动态数学模型的。

用测试法建模一般比用机理法建模要简单和省力，尤其是对于那些复杂的工业过程。如果机理法和测试法两者能达到同样的目的，一般采用测试法建模。

根据加入的激励信号和结果的分析方法不同，测试对象动态特性的实验方法也不同，主要有以下几种。

1. 测定动态特性的时域法

时域法是指运用对象的时域飞升曲线的实验数据来建立模型，是对被控对象施加阶跃输入，测出被控对象输出变量随时间变化的响应曲线，或者通过施加脉冲输入测出输出的脉冲响应曲线。分析响应曲线的结果，进而确定被控对象的传递函数。这种方法测试设备简单，测试工作量小，因此应用广泛，但测试精度不高。

2. 测定动态特性的频域法

频域法是通过对被控对象施加不同频率的正弦波，测出输入量与输出量的幅值比和相位差，从而获得对象的频率特性，进而来确定被控对象的传递函数。这种方法在原理和数据处理上都较简单，测试精度比时域法更高，但此法需要用专门的超低频测试设备，且测试工作量较大。

3. 测定动态特性的统计相关法

统计相关法是对被控对象施加某种随机信号或直接利用对象输入端本身存在的随机噪声进行观察和记录，由于它们能引起被控对象各参数的变化，故可采用统计相关法研究对象的动态特性。这种方法可在生产过程正常状态下进行，可以在线辨识，精度也较高。但统计相关法需要使用大量数据，而且需要用相关仪表和计算机对这些数据进行计算和处理。

上述三种测试动态特性的方法，是以时间或频率为自变量的实验曲线为表现形式的，称为非参数模型。这种建立数学模型的方法称为非参数模型辨识方法或经典的辨识方法。这种方法假定过程是线性的，不必事先确定模型的具体结构，因而这类方法可适用于任意复杂的过程，应用也较广泛。

4. 参数模型辨识方法

此外，还有一种参数模型辨识方法（又称现代的辨识方法）。该方法必须假定一种模型结构，通过极小化模型与过程之间的误差准则函数来确定模型的参数。根据不同的基本原理，这类辨识方法又可分为最小二乘法、梯度校正法、极大似然法三种类型。

2.6.1 测定动态特性的时域法

当输入为阶跃函数时，可用下面的实验方法测定其输出量变化曲线。实验时，先让被控过程工作于某一稳态一段时间，然后将选定的输入量做一阶跃变化，使对象达到另一稳态，记录输出量的变化，所得到的记录曲线就是被控过程的阶跃响应曲线。

有时输入阶跃时，输出的变化达到不允许的数值，此时，可以采用输入方波测量输出的方法，再由方波响应得飞升曲线。当输入为脉冲方波时，输出的反应曲线被称为"方波响应特性曲线"。方波响应特性曲线与阶跃响应特性曲线有着密切的关系，可将矩形脉冲看成正负两个等幅的阶跃信号，据此而得到输出的阶跃响应，如图 2-18 所示。

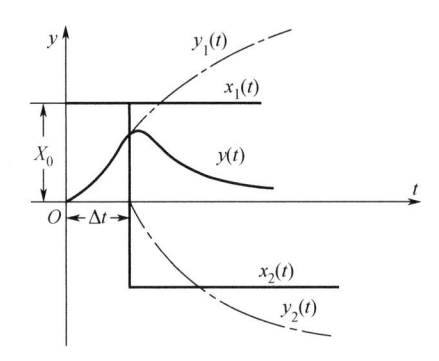

图 2-18 方波响应特性曲线

$$x(t) = x_1(t) + x_2(t) = x_1(t) - x_1(t-t)$$

则
$$y(t) = y_1(t) - y_1(t-t)$$

或
$$y_1(t) = y(t) + y_1(t-t)$$

时域法测定对象动态特性的一般步骤：

（1）测定对象的飞升特性。

飞升特性测定：通过测试方波响应或阶跃响应获取对象的飞升特性。使用脉宽为 Δt 的方脉冲得到的响应曲线称为"方波响应"，方波响应与飞升曲线具有密切的关系，一旦测得方波响应，就能很容易地求出它的飞升曲线。运用方波响应比运用阶跃响应更能减少对过程的冲击影响，故方波响应是工程中常用的方法。

测试条件：测试信号幅度一般取额定值的 8%～10%。在稳定工况下，于对象最小、最大及平均负荷下，重复测试两三次，取其平均值作为对象的动态特性。

（2）选定对象时域模型的结构形式，运用实验数据确定模型参数。

首先根据实验所获得的对象飞升曲线的特点，选择适当的数学模型结构形式（阶数，纯滞后性和自衡性），既适合工程应用又有足够的精度，然后运用实验数据确定模型参数。数学模型应力求简单，对多数过程，可近似看作一阶、二阶及其延时结构：

$$G(s) = \frac{K_0}{T_0 s + 1} \; ; \; \frac{K_0}{T_0 s + 1} e^{-\tau s}$$

$$G(s)=\frac{K_0}{(T_1s+1)(T_2s+1)}\ ;\ \ G(s)=\frac{K_0}{(T_1s+1)(T_2s+1)}e^{-\tau s}$$

对象具有容量系数、阻力、传输距离，故表现为惯性、自平衡和迟延这三个重要的动态特性。运用实验数据需要确定描述对象动态特性的三个特征参数为：放大系数 K，时间常数 T，迟延时间 τ。

2.6.2 阶跃响应测试法建模

响应曲线法建模常用阶跃响应曲线，在稳态时，改变输入，测出响应曲线，称为阶跃响应测试法建模，如图 2-19 所示。

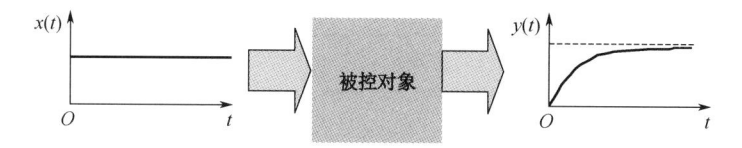

图 2-19 阶跃响应曲线测试法建模

阶跃响应的获取

在被控过程处于开环、稳态时，将选定的输入量作一阶跃变化（如将阀门开大），测试记录输出量的变化数据，所得到的记录曲线就是被控过程的阶跃响应曲线。

为了能够得到可靠的测试结果，在试验时应注意以下几点：

（1）试验测试前，被控过程应处于相对稳定的工作状态。否则，就容易将被控过程的其他动态变化与试验时的阶跃响应混淆在一起，影响辨识结果。

（2）在相同条件下应重复多做几次试验，从几次的测试结果中选择两次以上比较接近的响应曲线作为分析依据，以减少随机干扰因素的影响。

（3）分别做阶跃输入信号为正、反方向时的试验并进行对比，以反映非线性对过程的影响。

（4）完成一次试验测试后，应使被控过程恢复原来的工况并稳定一段时间，然后再做第二次试验测试。

（5）输入的阶跃变化量不能过大，以免对生产的正常进行造成影响。也不能过小，以防其他干扰影响的比重相对较大。一般取阶跃变化在正常输入信号最大幅值的 5%~15%，多取 10%。

在进行阶跃响应试验后，根据试验结果先假定数学模型的结构，再确定具体参数。

2.6.3 一阶惯性环节参数的确定

若过程的阶跃响应曲线如图 2-20 所示，$t=0$ 时的曲线斜率最大，之后斜率减小，逐渐上升到稳态值 $y(\infty)$，则该响应曲线可用一阶无时延环节来近似：

$$W_0(s)=\frac{K_0}{T_0S+1}$$

对一阶无时延环节，需要确定的参数为 K_0 和 T_0。设过程输入信号的阶跃量为 x_0。

（1）放大系数 K_0：在数值上等于对象处于稳态时输出变化量与输入变化量之比，如图 2-21 所示。

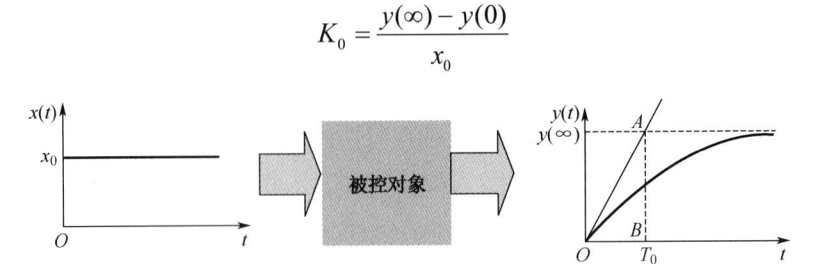

$$K_0 = \frac{y(\infty) - y(0)}{x_0}$$

图 2-20 阶跃响应曲线

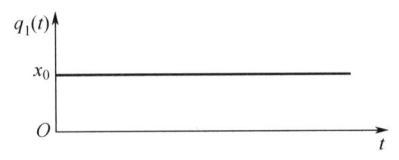

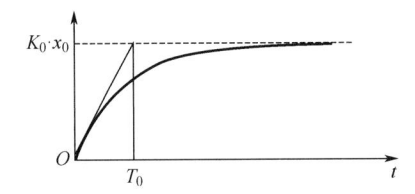

图 2-21 对象输出随输入的变化曲线

（2）时间常数可通过以下方法求得。

① 切线法：

过 O 点作阶跃响应曲线的切线，交稳态的渐近线 $y(\infty)$ 于 A 点，其投影 OB 即为过程的时间常数 T_0。或者作 63.2%线求取。

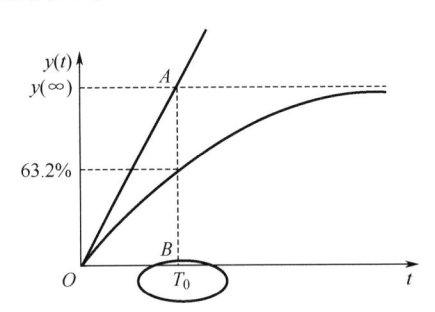

图 2-22 切线法确定一阶惯性环节时间常数

② 计算法：

先将阶跃响应曲线标准化：

$$y^*(t) = \frac{y(t)}{y(\infty)}$$

$y^*(t)$ 的解为：

$$y^*(t) = 1 - e^{\frac{t}{T_0}}$$

取自然对数得：

$$T_0 = \frac{-t}{\ln[1-y^*(t)]}$$

在标准化曲线上选择两点：

$$y^*(t_1) = 0.632, \quad y^*(t_2) = 0.33$$

则 $T_1 = t_1$，$T_2 = 2.5t_2$。

（4）T_0 取平均值，$T_0 = (T_1 + T_2)/2$

2.6.4 有时滞的一阶惯性环节参数的确定

有时滞的一阶惯性环节传递函数为：

$$W_o(s) = \frac{K_o}{(T_o S + 1)} e^{-\tau s}$$

对应的被控过程如图 2-23 所示。

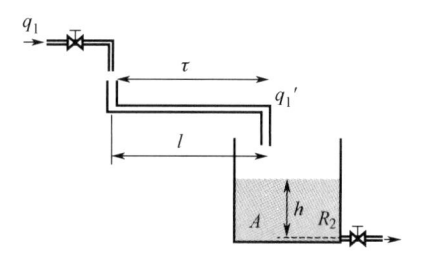

图 2-23 带有时滞的单容液位过程

1. 切线法

在阶跃响应曲线拐点处作一切线，如图 2-24 所示，交时间轴于 C 点，交稳态值于 A 点。OC 即为过程的滞后时间，CA 在时间轴上的投影 BC 即为过程的时间常数 T_0。

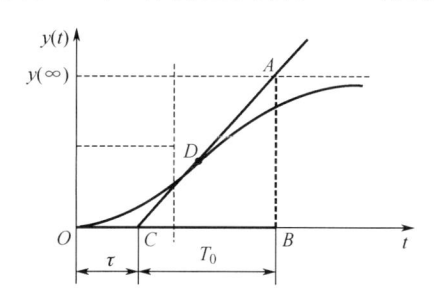

图 2-24 切线法确定带有时滞的一阶惯性环节时间常数

2. 计算法

（1）先将阶跃响应曲线标准化：

$$y^*(t) = \frac{y(t)}{y(\infty)}$$

（2）$y^*(t)$ 的解为：

$$y^*(t) = 0 \quad t < \tau$$
$$y^*(t) = 1 - e^{\frac{t-\tau}{T_0}} \quad t \geq \tau$$

（3）在标准化曲线上选择两点，t_1 和 t_2 分别对应 $y^*(t_1)$、$y^*(t_2)$ 联立求解，即可确定参数。

（4）为了计算方便，取 $y^*(t_1) = 0.39$，$y^*(t_2) = 0.63$，

则可得：

$$T_0 = 2(t_2 - t_1)$$
$$\tau = 2t_1 - t_2$$

【例2-2】 测定某物料干燥筒的特性，突然加阶跃输入，物料出口温度记录仪得到的阶跃响应曲线如图2-25所示，写出描述物料干燥筒数学模型（温度变化量为输出，加热蒸汽量的变化为输入；温度测量仪的范围 0～200℃；流量测量仪的范围 40m³/h）。

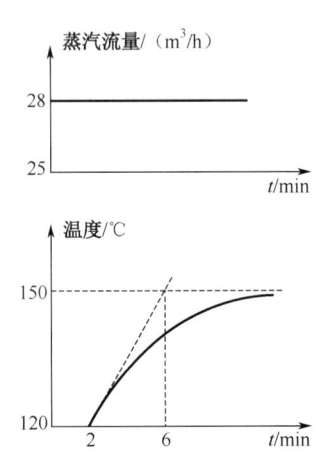

图 2-25 物料干燥筒的阶跃响应曲线

解：由阶跃响应曲线可知：

放大系数 K：

$$K = \frac{(150 - 120) / 200}{(28 - 25) / 40} = 2$$

时间常数：$T = 4$

滞后时间：$\tau = 2$

物料干燥筒特性的传递函数：

$$W_o(s) = \frac{K_o}{(T_o S + 1)} e^{-\tau s}$$

其中 $K = 2$，$T = 4$，$\tau = 2$。

2.6.5 二阶惯性环节参数的确定

二阶惯性环节的传递函数为：

$$W(s) = \frac{K}{(T_1 s + 1)(T_2 s + 1)}$$

假设 $K = 1$，则其单位阶跃响应特性方程为：

$$y(t) = 1 + \frac{T_1}{T_2 - T_1} e^{-t/T_1} - \frac{T_2}{T_2 - T_1} e^{-t/T_2}$$

其响应曲线如图 2-26 所示。

在曲线上取两点，如图 2-27 所示。

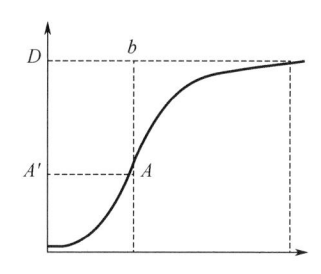

图 2-26 二阶惯性环节阶跃响应曲线

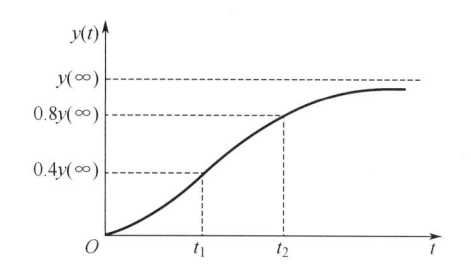

图 2-27 两点法求解二阶惯性环节时间常数

两点法求解：

$$y(t) = 1 + \frac{T_1}{T_2 - T_1} e^{-t/T_1} - \frac{T_2}{T_2 - T_1} e^{-t/T_2}$$

T_1、T_2 可根据阶跃响应曲线上两个点的位置来确定：

作 $y(t)$ 稳态值的渐近线 $y(\infty)$，读取曲线 $y(t_1) = 0.4 y(\infty)$ 所对应的时间 t_1 值，取曲线 $y(t_2) = 0.8 y(\infty)$ 所对应的时间 t_2 值。

当 $0.32 < t_1/t_2 < 0.46$ 时：

$$T_1 + T_2 \approx \frac{t_1 + t_2}{2.16}$$

$$\frac{T_1 T_2}{(T_1 + T_2)^2} \approx 1.74 \frac{t_1}{t_2} - 0.55$$

当 $\frac{t_1}{t_2} = 0.32$ 时：

$$T_0 = \frac{t_1 + t_2}{2.12} \quad (相当于一阶环节)$$

$$W_0*(s) = \frac{1}{T_0 s + 1}$$

当 $\frac{t_1}{t_2} = 0.46$ 时：

$$T_1 = T_2 = T_0 = \frac{t_1 + t_2}{2 \times 2.18}$$

$$W*(s) = \frac{1}{(T_0 s + 1)^2}$$

当 $t_1 / t_2 > 0.46$ 时：

$$T_0 \approx \frac{t_1 + t_2}{2.16 n} \quad (n 位阶次)$$

$$W*(S) = \frac{1}{(T_0 S + 1)^n}$$

式中的 n 可根据 t_1/t_2 的值从下表中查得，高阶过程的 n 与 t_1/t_2 的关系如表 2-1 所示。

表 2-1　高阶过程的 n 与 t_1/t_2 的关系

n	1	2	3	4	5	6	7	8	10	12	14
t_1/t_2	0.32	0.46	0.53	0.58	0.62	0.65	0.67	0.685	0.71	0.735	0.75

2.6.6　二阶时延环节参数的确定

二阶时延环节的传递函数为：

$$G(s) = \frac{K_0 e^{-\tau s}}{(T_1 s + 1)(T_2 s + 1)}$$

式中需要确定的参数有 T_1、T_2、K_0 和 τ。

在如图 2-28 所示的阶跃响应曲线上，通过拐点 F 作切线，得纯时延 $\tau_0 = OA$，容量时延 $\tau_C = AB$，以及 $T_A = BD$，$T_C = ED$。

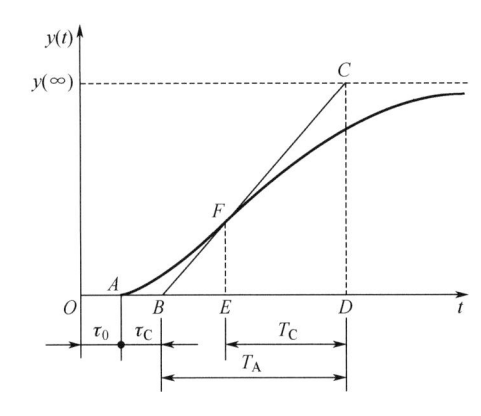

图 2-28　阶跃响应曲线

推导可得：

$$\frac{T_C}{T_A} = (1+x)x^{\frac{x}{1-x}}$$

$$\frac{T_1}{T_2} = x$$

同时应有 $T_1 + T_2 = T_C$。

K_0 的求法同前，$\tau = \tau_0 + \tau_C$。

2.7　测定动态特性的频域方法

测定动态特性可使用正弦波方法，所谓正弦波方法就是在所研究对象的输入端施以某个频率的正弦波信号，当输出稳定后，记录输出信号的稳定振荡波形，测出输入和输出的振荡幅度及它们的相位差。逐点测量并绘出曲线，即可测出精确的频率特性。此外，还应对所选的各个频率逐个地进行实验。

优点：方法简单，并且容易在测试过程中发现干扰的作用，因为干扰会引起正弦波的变形。

缺点：在过程控制环境中，难以得到正弦输入，需专门的功率信号源；一般测试时，时间较长，从而被调量会出现较大的零点漂移；常需要调谐式的带通滤波器。

对于简单的情况，可以通过绘制幅相频率特性或对数频率特性来确定系统的传递函数。若系统的幅相频率特性近似于半圆，则相应的传递函数便可以用一阶环节来近似。

被控过程的动态特性用频率特性来表示：

$$G(j\omega) = \frac{y(j\omega)}{x(j\omega)} = |G(j\omega)| \angle G(j\omega)$$

正弦波方法辨识过程数学模型步骤：

第一步：在对象的输入端加特定频率的正弦信号。
第二步：同时记录输入和输出的稳态波形（幅度与相位），如图 2-29 所示。
第三步：在选定范围的各个频率点上重复上述测试，便可测得该对象的频率特性。

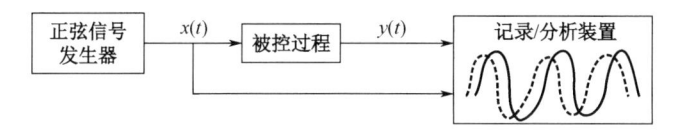

图 2-29　输入和输出的频率特性

得到被测过程的奈奎斯特图或波特图，如某最小相位系统开环对数频率特性曲线如图 2-30 所示，进而获得被控过程的传递函数 $G(s)$。

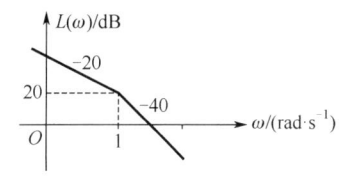

图 2-30　最小相位系统开环对数频率特性曲线

$\omega < 1$ 的低频段斜率为-20，故低频段为 K/S，$\omega > 1$ 时，斜率由-20 转为-40，增-20，所以 $\omega = 1$ 应为惯性环节的转折频率，故所求传递函数为：

$$G(s) = 10/s(s+1)$$

2.8　测定动态特性的统计相关法

测定动态特性的统计相关法是对被控对象施加某种随机信号，或者直接利用对象输入端本身存在的随机噪声进行观察和记录，可以在生产过程正常运行状态下进行，在线辨识，可直接利用正常运行所记录的数据进行统计分析，由此获得过程的数学模型。

统计相关法辨识过程数学模型时先将 M 序列伪随机信号输入被控过程，然后计算其输出信号与输入信号的互相关函数，这样就能求得过程的脉冲响应函数，从而获得其数学模型。

2.9　动态特性测试法建模举例

记录的某液位过程的阶跃响应实验数据如表 2-2 所示。

表 2-2 液位过程的阶跃响应实验数据

t/s	0	10	20	40	60	80	100	140	180	250	300	400	500	600
h/mm	0	0	0.2	0.8	2.0	3.6	5.4	8.8	11.8	14.4	16.6	18.4	19.2	19.6

其中阶跃扰动量 $\Delta u = 20\%$

（1）画出液位过程的阶跃响应曲线。

（2）若该水位对象用一个一阶惯性加滞后环节近似，试确定其 K_0、T_0 和 T。（计算法）

解：（1）求 K_0

$$K_0 = \frac{\frac{y(\infty) - y(0)}{y(\infty)}}{\Delta u} = \frac{1}{20\%}$$

（2）数据标准化，标准化后的数据如表 2-3 所示。

表 2-3 标准化后的液位过程的阶跃响应实验数据

t/s	0	10	20	40	60	80	100	140	180	250	300	400	500	600
h/mm	0	0	0.01	0041	0.102	0.184	0.276	0.449	0.602	0.735	0.847	0.939	0.98	1

（3）画出的标准化的阶跃响应曲线如图 2-31 所示。

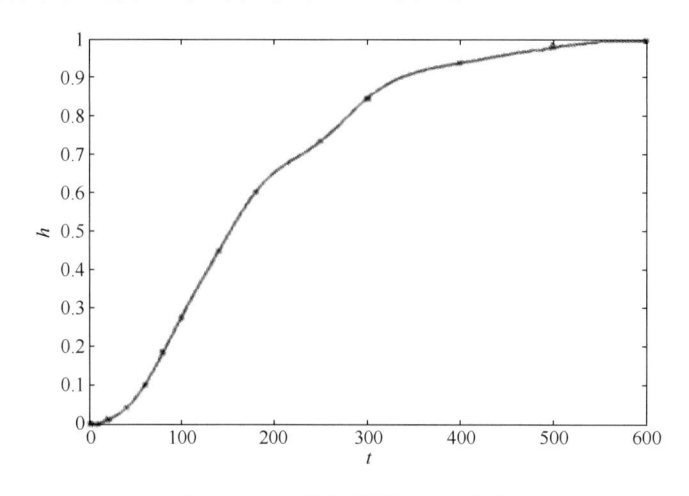

图 2-31 标准化的阶跃响应曲线

（4）在标准化曲线图上读 $h(t_1) = 0.39$，$h(t_2) = 0.63$ 对应的 t_1、t_2，如图 2-32 所示，由图可知：$t_1 = 126.05$，$t_2 = 190.45$。

则有：

$$\tau = 2t_1 - t_2 = 61.65$$
$$T_0 = 2(t_2 - t_1) = 128.8$$

可得系统传递函数为：

$$W_0(s) = \frac{5}{128.8s + 1} e^{-61.65s}$$

（5）模型正确性校验：在标准化后的阶跃响应曲线上任取两点，如图 2-33 所示。

$$h(0.8T_0 + \tau) = h(164.69) = 0.5497 \approx 0.55$$

$$h(2T_0+\tau)=h(319.25)=0.8796\approx 0.865$$

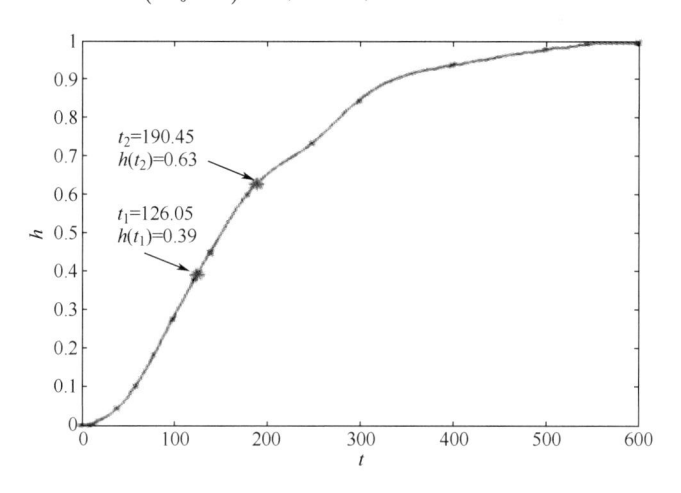

图 2-32 标准化的阶跃响应曲线上取两点

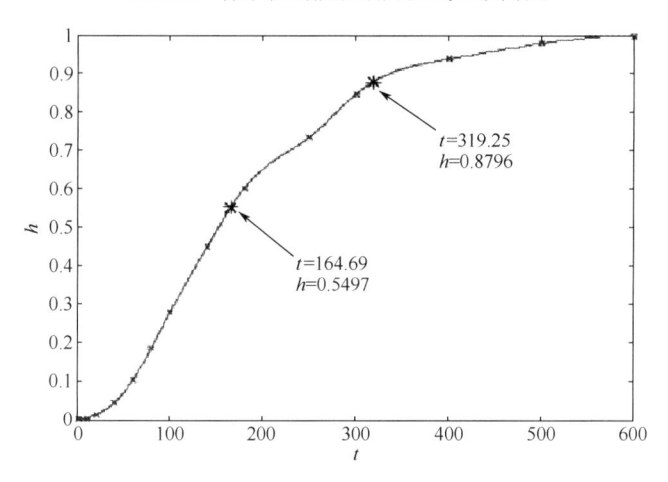

图 2-33 标准化的阶跃响应曲线

根据得到的系统传递函数，可建立被控过程仿真模型，如图 2-34 所示，阶跃响应曲线如图 2-35 所示。

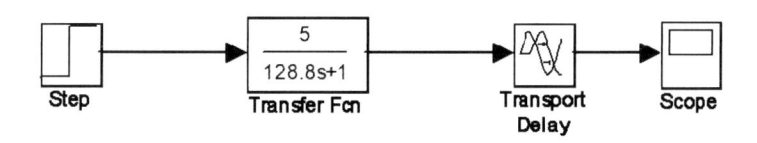

图 2-34 被控过程仿真模型

在得到的仿真曲线上找到对应的两点，与实验数据进行对比，可以发现结果误差很小，从而所建立模型的正确性得到验证。

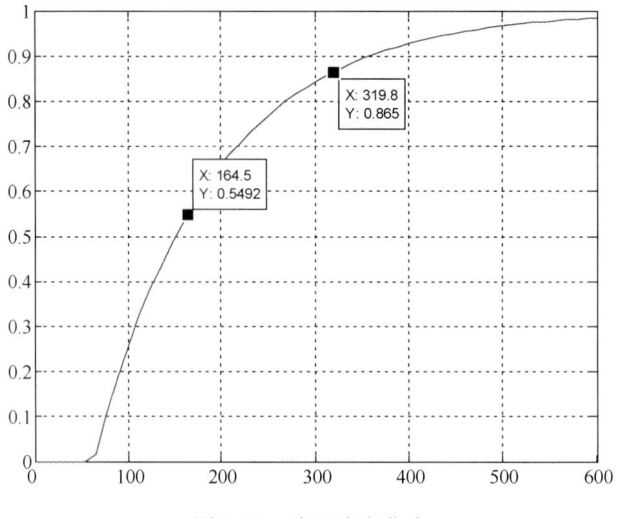

图 2-35　阶跃响应曲线

思考题

1. 什么是被控过程的数学模型？
2. 为什么要研究被控过程的数学模型？
3. 试说明目前研究数学模型的方法及其应用场合。
4. 从阶跃响应曲线来看，大多数工业生产过程有何主要特点？
5. 对被控过程特性通常可用那些参数来描述？
6. 什么是控制通道和扰动通道？
7. 什么是单容过程和多容过程？
8. 什么是过程的自衡特性和非自衡特性？

第 3 章 简单过程控制系统

3.1 简单过程控制系统基本概念

定义：针对一个被控过程（调节对象），采用一个测量变送器监测被控过程，采用一个控制（调节）器来保持一个被控参数恒定（或在很小范围内变化），其输出也只控制一个执行机构（调节阀）的控制系统，称为简单控制系统。简单控制系统又称单回路负反馈控制系统，简单控制系统框图如图 3-1 所示。

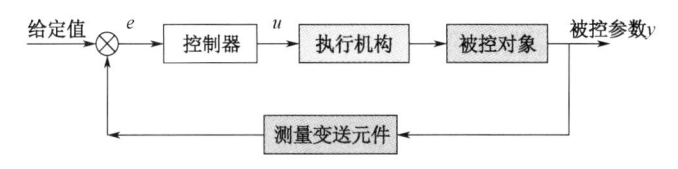

图 3-1 简单控制系统框图

简单控制系统是生产过程控制中最常见、应用最广泛、应用数量最多的控制系统。它是由被控对象、测量对象的测量变送单元、调节器和执行器组成的单回路控制系统。简单控制系统结构简单，投资少，易于调整和投运，能满足一般生产过程控制的要求，因而被广泛应用。尤其适用于被控对象滞后和时间常数小、负荷和干扰变化比较平缓，或者对象被控变量要求不太高的场合。

简单控制系统约占控制系统总数的 85%。由于简单控制系统是最基本的、应用最广泛的系统，因此，学习和研究简单控制系统的结构、原理及使用是十分必要的。同时，简单控制系统是复杂控制系统的基础，学会对简单控制系统进行分析，将会为复杂控制系统的分析和研究提供很大的方便。

3.2 过程控制系统设计步骤

3.2.1 熟悉控制系统的技术要求或性能指标

控制系统的技术要求或性能指标通常是由用户或被控过程的设计制造单位提出的。控制系统设计者对此必须全面了解和掌控。这是控制方案设计的主要依据之一。技术要求必须切合实际。

3.2.2 建立控制系统的数学模型

控制系统的数学模型是对控制系统进行理论分析和设计的基础，只有用符合实际的数学模型来描述系统，尤其是被控过程，才能深入分析和设计系统的理论。因此，建立数学模型的工作就显得十分重要，必须给予足够的重视。模型的精度越高，越符合被控过程的实际，方案设计就越合理。

3.2.3　确定控制方案

系统的控制方案包括系统的构成，控制方式和控制规律的确定，这是控制系统设计的关键。控制方案的确定不仅要依据被控过程的特性，技术指标和控制任务的要求，还要考虑方案的简单性、经济性及技术实施的可行性，而且须进行反复研究与比较后，才能指定出比较合理的控制方案。

3.2.4　根据系统的动态特性和静态特性进行分析与综合

在系统的控制方案确定的基础上，根据技术指标要求和系统的动、静态特性进行分析与综合，以确定各组成环节的相关参数。系统理论分析与综合的方法有很多，如经典控制理论中的频率特性法和根轨迹法。

3.2.5　系统仿真与实验研究

系统仿真与实验研究是检验系统理论正确与否的重要步骤。许多理论设计中难以考虑的问题，可以通过仿真与实验研究加以解决，以便最终确定系统的控制方案和各环节的有关参数。

3.2.6　工程设计

工程设计是在理论设计控制方案合理，各环节的有关参数确定的基础上进行的。它涉及的主要内容包括测量方式与测量点的确定、仪器仪表的选型与订购、控制室及仪表盘的设计、仪表供电与供气系统的设计、信号连锁与安全保护系统的设计、电缆的敷设及保证系统正常运行的有关软件的设计等。

3.2.7　工程安装

工程安装是依据施工图对控制系统的具体实施。系统安装前后，均要对每个检测和控制仪表进行调校，并对整个控制回路进行联调，以确保系统的正常运行。

3.2.8　控制器参数的整定

控制器的参数整定是在控制方案设计合理、仪表正常、系统安装无误的前提下进行的，是使系统运行在最佳状态的重要步骤。

3.3　被制变量选择

被控变量选择是控制系统设计的核心问题，被控变量选择的正确与否是控制系统有无价值的关键。对任何一个控制系统，总是希望其能够在稳定生产操作、增加产品产量、提高产品质量、保证生产安全及改善劳动条件等方面发挥作用，如果被控变量选择不当，配备再好的自动化仪表，使用再复杂、再先进的控制规律也不能达到预期的控制效果。另外，对于一个具体的生产过程，影响其正常操作的因素往往有很多个，但并非所有的影响因素都要加以自动控制。所以，设计人员必须深入实际、调查研究、分析工艺，从生产过程对控制系统的要求出发，将影响生产的关键变量作为被控变量。

3.3.1 被控变量的选择方法

生产过程中的控制大体上可以分为三类：物料平衡控制和能量平衡控制、产品质量或成分控制及限制条件的控制。毫无疑问，被控变量应足以表征物料和能量平衡、产品质量或成分及限制条件的关键状态变量。所谓"关键"变量，是指这样些变量，它们对产品的产量或质量及安全具有决定性作用，而人工操作又难以满足要求，或者人工操作虽然可以满足要求，但是这种操作既紧张又频繁，劳动强度又很大。

根据被控变量与生产过程的关系，可将其分为两种类型的控制形式：直接参数控制与间接参数控制。

1. 选择直接参数作为被控变量

选择直接参数作为被控变量能直接反映生产过程中产品的产量和质量，以及安全运行的参数称为直接参数。大多数情况下，被控变量的选择往往是显而易见的。例如，对于以温度、压力、流量、液位为操作指标的生产过程，很明显被控变量就是温度、压力、流量、液位。这是很容易理解的，也无须讨论。

2. 选择间接参数作为被控变量

质量指标是产品质量的直接反映。因此，选择质量指标作为被控变量应是首先要考虑的，如果工艺上是按质量指标进行操作的，理应以产品质量作为被控变量进行控制，但是，采用质量指标作为被控变量，必然要涉及产品成分或物性参数（如密度、黏度等）的测量问题，这就需要用到成分分析仪表和物性参数测量仪表。有关成分和物性参数的测量问题，目前国内外尚未得到很好地解决。其原因有两个，一是缺乏合适的检测手段，二是虽有直接参数可测，但信号微弱或测量滞后太大。

因此，当直接选择质量指标作为被控变量比较困难或不可能时，可以选择间接指标，即间接参数作为被控变量，但是需要注意，所选用的间接指标必须与直接指标有单值的对应关系，并且还需具有足够大的灵敏度，即随着产品质量的变化，间接指标必须有足够大的变化。恰当的选择对于稳定生产、提高产品产量和质量、改善劳动条件有很大的作用。若选择不当，则不论组成什么样的控制系统，选择多么先进的过程检测控制仪表，都不能达到良好的控制效果。

3.3.2 被控变量的选择原则

在实践中，被控变量的选择以工艺人员为主，以自控人员为辅，因为对控制的需求是从工艺角度提出的，但自动化专业人员也应多了解工艺，多与工艺人员沟通，从自由控制的角度提出建议。工艺人员与自控人员之间的相互交流与合作，有助于选择好控制系统的被控变量。

在工业过程装置中，为实现预期的工艺目标，往往有许多个工艺变量或参数可以作为被控变量，也只有在这种情况下，被控变量的选择才是重要的问题。从多个变量中选择一个变量作为被控变量应遵循下列原则：

（1）被控变量应能代表一定的工艺操作指标或能反映工艺操作状态，一般都是工艺过程中比较重要的变量。

（2）应尽量选择那些能直接反映生产过程的产品产量和质量，以及安全运行的直参数作为被控变量。当无法获得直接参数信号，或者其测量信号微弱（或滞后很大）时，可以选择一个与直接参数有单值对应关系且对直接参数的变化有足够灵敏度的间接参数作为被控变量。

（3）选择被控变量时，必须考虑工艺合理性和国内外仪表产品的现状。

3.4 控制变量的选择

当生产过程中有多个因素能影响被控参数变化时，应分析过程扰动通道特性与控制通道特性对控制质量的影响，正确地选择可控性良好的变量作为控制变量。一般希望控制通道克服扰动能力强，动态响应比扰动通道快，如图 3-2 所示。

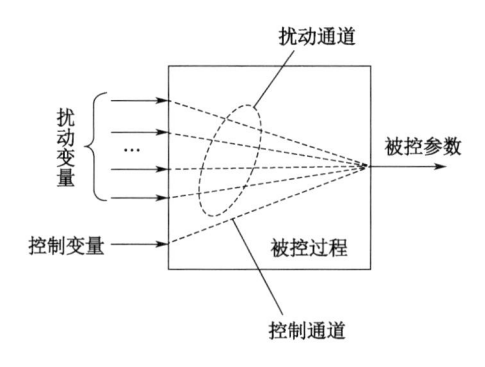

图 3-2　扰动通道与控制通道

选择控制参数的一般原则如表 3-1 所示。

控制通道的放大系数 K 要适当选大一些；时间常数 T 要适当小一些；纯滞后时间 τ 越小越好，τ 与 T 之比应小于 1。

扰动通道的放大系数 K_f 应尽可能小；时间常数 T_f 要大；扰动引入系统的位置要远离控制过程（即靠近调节阀）；容量滞后越大，越有利于对系统的控制。

表 3-1　选择控制参数的一般原则

	干扰通道	控制通道
K（放大倍数）	小，越小越好	尽可能地大
T（时间常数）	大，越大越好	适当地小
τ（纯滞后）	无关	小，越小越好

选择控制参数的注意事项。

（1）控制变量应是可控的，即在工艺上是允许调节的变量。

（2）控制变量一般应比其他干扰对被控变量的影响更灵敏。

（3）在选择控制变量时，除了从自动化角度考虑，还要考虑工艺的合理性与生产的经济性。

3.5 执行器的选择

执行器通常专指阀门，在工业自动化过程控制领域中，通过接受调节控制单元输出的控制信号，借助动力操作自动控制阀门的开度，从而达到介质流量、压力和液位的调节。一般由执行机构和阀门组成。

按行程特点，调节阀可分为直行程和角行程；按所配执行机构使用的动力，调节阀可分电动调节阀、气动调节阀和液动调节阀，即以压缩空气为动力源的气动调节阀，以电为动力源的电动调节阀，以液体介质（如油等）压力为动力源的电液动调节阀；按功能和特性调节阀可分为线性特性调节阀、等百分比特性调节阀及抛物线特性调节阀三种。

执行器是控制系统必不可少的环节。执行器工作，使用条件恶劣，它也是控制系统最薄弱的环节。正确合理选择调节阀的作用方式，对确保生产安全、提高产品质量和减少经济损失是至关重要的。

3.5.1 执行器的作用方式

正作用：当输入信号增大时，执行器的开度也增大，即流过执行器的流量增大，此类调节阀通常称为气开阀。

反作用：当输入信号增大时，流过执行器的流量减小，无输入信号时，调节阀处于全开状态，此类调节阀通常称为气关阀。

3.5.2 调节阀的气开、气关选择

调节阀作用方式的选择应根据生产工艺要求来决定，考虑当信号压力中断（如调节阀故障、仪表供电中断或气源中断）时，视调节阀所处开启或关闭的位置，对生产工艺造成的危害性大小而定。如果调节阀处于打开位置时危害小，则应选用气关式；反之，则选用气开式。在选择调节阀时通常考虑以下因素。

1. 考虑人身和设备的安全

当出现气源供气中断、仪表供电中断、调节系统内各环节有故障及执行机构的膜片破裂等情况，使调节阀无法正常工作，以致使阀芯处于无能源状态时，调节阀所处的开启或关闭位置，应能保证人身和设备的安全，不致于发生事故。

2. 考虑介质的特性

在调节进入工艺设备的介质流量时，若介质为易燃、易爆或有毒气体，应选为气开式，这样可以在信号压力中断时，调节阀处于全关状态，避免有害气体外泄；若介质为易结晶、易凝固物料，为防止堵塞，应选为气关式。

3. 考虑保证质量和减少经济损失

当调节阀信号压力中断而不能正常工作时，调节阀所处的开启或关闭状态，不应造成产品质量下降和原料及半成品的浪费。

上述因素是有轻重缓急的，应特别注意、调节阀作用方式选择应考虑的首要因素是人身和设备的安全。

调节阀的执行机构和调节机构组合起来可以实现调节阀气开式和气关式。由于气动执行机构有正、反两种作用方式，调节机构（调节阀体）也有正装、反装两种结构类型，因此就有四种组合方式组成气开式或气关式，如图3-3所示。

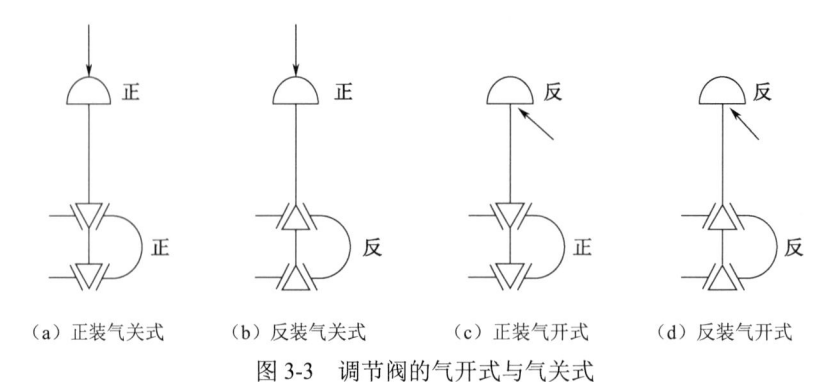

（a）正装气关式　　（b）反装气关式　　（c）正装气开式　　（d）反装气开式

图3-3　调节阀的气开式与气关式

例如，一般加热器应选用气开式，这样当控制信号中断时，执行器处于关闭状态，停止加热，使设备不致因温度过高而发生事故或危险；又如，锅炉进水的执行器则应选用气关式，即当控制信号中断时，执行器处于打开状态，保证有水进入锅炉，不致产生烧干或爆炸事故。

【例3-1】　某加热炉温度控制系统如图3-4所示，请分析燃料油调节阀的作用方式。

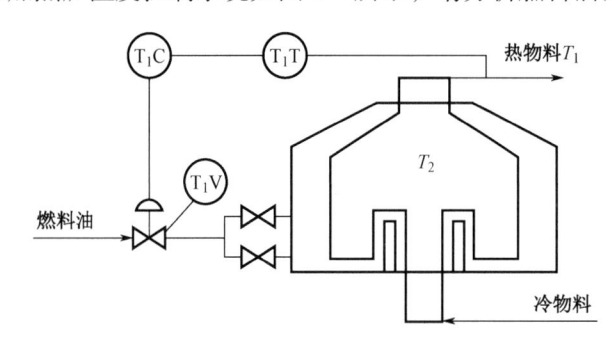

图3-4　某加热炉温度控制系统

解：从生产安全方面考虑，在事故状态下，断电、断气情况下，调节阀应全关，防止干烧，所以应选择气开阀。

3.6　测量变送环节

测量变送环节在系统设计时需考虑以下几个问题。

3.6.1　测量变送中的滞后问题

1. 纯滞后问题

由于测量元件安装位置不当所造成的不能及时反应被控参数变化的问题。测量过程中，存在纯滞后，会降低过程控制系统的控制质量，使系统的超调增大，甚至降低系统的稳定性。

正确选择测量元件的安装位置减小测量过程中的纯滞后,可将其安装在被控参数变化较灵敏的位置。

2. 测量滞后问题

测量滞后主要是由测量元件本身的特性造成的。

例如,在温度测量过程中,由于热电偶或热电阻自身存在传热阻力和热容,因此,测量值往往滞后于被测温度的实际变化,如图 3-5 所示。

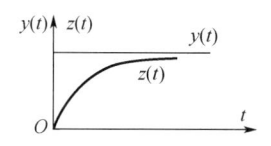

图 3-5　温度传感器测量输出

为了克服测量滞后的影响,可以采取如下办法。

选用快速测量元件,一般选用时间常数为控制通道时间常数 1/10 以下的为宜。在测量变送器的输出端引入微分环节,如图 3-6 所示。

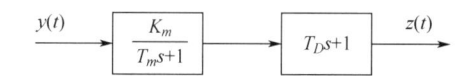

图 3-6　在测量变送器的输出端引入微分环节

若 $T_D = T_M$,则 $Z(t) = K_m y(t)$。

3. 信号传输滞后

在生产过程中,测量元件、变送器和调节阀是安装在现场设备上的,调节器安装在控制室,彼此之间有一定的传输距离,因此就会产生测量信号的传输滞后。

克服信号传输滞后,可以采用下述措施:

(1)尽量缩短信号传递线路,传递线路一般不超过 300m。

(2)使用气—电转换器,将气压信号转变为电信号传输。

(3)在气压管线上安装气动继电器,提高气压信号的传输功率,减小信号的传输滞后。

3.6.2　测量信号的处理

1. 测量信号的滤波

实际应用中通常需要对含有噪声的测量信号进行滤波处理。通常可采用模拟滤波,如用 RC 电路。而对于计算机控制,可采用数字滤波。

采用高通滤波器可滤除低频干扰信号;采用低通滤波器可滤除高频干扰信号;对于跳变脉冲干扰信号,应采用剔除跳变信号的措施,等等。

2. 测量信号的线性化

当变送器输出信号与工艺控制指标之间成非线性关系时,为了使广义对象具有一定的线性,需要对测量参数作线性化处理。

3.7 控制器的选择

3.7.1 控制器的控制规律选择

控制器的控制规律是指控制器的输出信号与输入信号的关系,在研究控制器的控制规律时,经常是假定控制器的输入信号是一个阶跃信号,然后来研究控制器的输出信号随时间的变化规律。常用的控制规律有比例(P)、比例微分(PD)、比例积分微分(PID)。

比例控制规律是控制器的输出信号与输入信号(给定值与测量值的偏差)成比例。它的特点是控制及时,克服干扰能力强,但在系统负荷变化后,控制结果会有余差。这种控制规律适用于对象控制通道滞后较小、负荷变化不大、对控制要求不高的场合。

比例积分控制规律是控制器的输出信号不仅与输入信号成比例,而且与输入信号对时间的积分成比例。它的特点是能够消除余差,但是积分控制作用比较缓慢、控制不及时。这种控制规律适用于对象滞后较小、负荷变化不大、控制结果不允许有余差存在的系统。

比例微分控制规律是控制器的输出信号不仅与输入信号成比例,而且与输入信号的变化速度成比例。它的特点是能提高系统的稳定性、抑制过渡过程的动态偏差(或超调),提高系统的响应速度,属于有差调节,因为在稳态情况下,微分部分不起作用。这种控制规律一般只适用于时间常数较大或多容过程,不适用于流量、压力等一些变化剧烈的过程;其次,当微分作用太强时,会导致系统中调节阀的频繁开启,容易造成系统振荡。

比例积分微分控制规律是在比例积分的基础上再加上微分作用,微分作用是控制器的输出与输入的变化速度成比例,它对克服对象的容量滞后有显著的效果。这种控制规律适用于对象容量滞后较大、负荷变化较大、控制质量要求较高的系统。

各种控制规律比较如表 3-2 所示。

表 3-2 各种控制规律比较

控制规律	优 点	缺 点	应 用
P	灵敏、简单,只有一个整定参数	存在静差	应用于负荷变化不显著,工艺指标要求不高的系统
PI	能消除静差,又控制灵敏	对于滞后较大的对象,比例积分控制太慢,效果不好	应用于滞后较小、负荷变化不大、精度要求高的系统。例如,流量调节系统
PD	增进控制系统的稳定度,可调小比例度,而加快控制过程,减小动态偏差和静差	系统对高频干扰特别敏感,系统输出易夹杂高频干扰	应用于滞后较大,但调节精度要求不高的对象
PID	综合了各类控制作用的优点,所以有更高的控制质量	对于滞后很大、负荷变化很大的对象,PID 控制也无法满足要求,应设计更复杂的控制系统	应用于滞后较大、负荷变化较大、精度要求较高的系统

3.7.2 控制器的作用方式选择

控制器的作用方式分正、反作用两种方式,所谓正作用实际就是输入增加输出值也随之增加的控制方式;而反作用就是输入增加输出值随之减小的控制方式。一个控制器选择什么样的作用方式是由系统本身的特性决定的,这包括被控对象的属性,执行机构的操作特性等。

控制器正、反作用与放大系数 K_c 的正负：

单回路控制系统框图如图 3-7 所示。

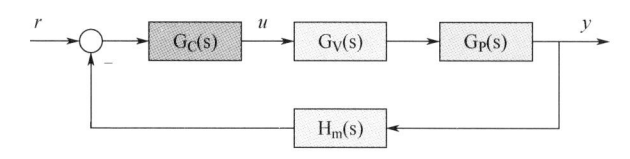

图 3-7 单回路控制系统框图

控制器输出：$u = K_c(r-y)$，K_c 为控制器静态放大系数。

正作用控制器：当系统的测量信号增加时，调节器的输出增加，其静态放大系数 K_c 取负（正作用），即 $y\uparrow$，$u\uparrow$，故 K_c 为负。

反作用控制器：当系统的测量信号增加时，调节器的输出减小，其静态放大系数 K_c 取正（反作用），即 $y\uparrow$，$u\downarrow$，故 K_c 为正。

控制器正、反作用的确定原则：

控制器的正、反作用选择应根据控制回路是负反馈的要求，即回路总放大系数为正来确定。

控制器正、反作用的确定步骤：

对于如图 3-8 所示单回路控制系统。

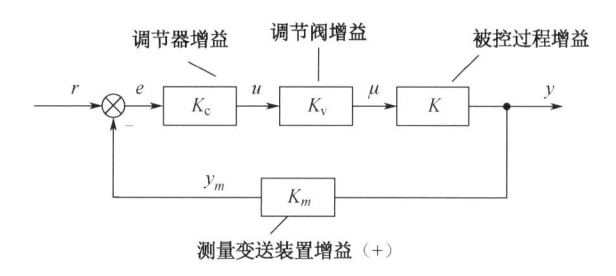

图 3-8 单回路控制系统

控制器正、反作用的确定按如下步骤进行。

（1）首先根据生产工艺安全等原则确定调节阀的气开、气关形式。

（2）然后按被控过程特性，确定其正、反作用：被控过程的正作用，输入量（通过调节阀的物料或能量）增加/减小时，其输出（被控参数）亦增加/减小；被控过程的反作用，输入量增加/减小时，其输出减小/增加。

（3）最后根据上述组成该系统的开环传递函数各环节的静态放大系数极性相乘必须为正的原则来确定调节器的正、反作用方式。

$$K_c \cdot K_v \cdot K_0 = "+"$$

即先根据闭环系统负反馈的原则确定控制器增益系数 K_c 的正负，进而确定控制器的正、反作用，闭环系统中各环节增益符号判定如下。

K_v 正负的判断：气开阀，正作用，$K_v>0$；气关阀，反作用，$K_v<0$；

K_p 正负的判断：当控制变量增加，被控变量也增加，则 $K_p>0$，否则 $K_p<0$；

K_m 正负的判断：检测变送环节的增益一般都为正，即 $K_m>0$；

K_c 正负的判断：正作用，$K_c<0$（$e=r-y$，$y\uparrow$，$e\downarrow$，$u\uparrow$）；反作用，$K_c>0$（$e=r-y$，$y\uparrow$，$e\uparrow$，$u\downarrow$）。

【例 3-2】 如图 3-9 所示为液位过程控制系统，确定控制器正、反作用。

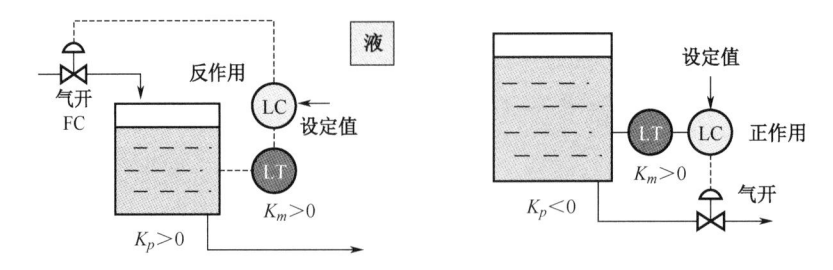

（a）控制器为反作用　　　　　　（b）控制器为正作用

图 3-9　液位过程控制系统

解：图（a）和图（b）控制系统框图均可写成如图 3-10 所示。

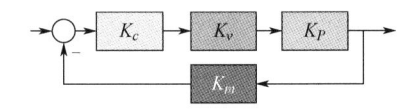

图 3-10　单回路控制系统框图

根据回路负反馈原则，则：

$$K_c K_v K_p K_m > 0$$

则可判断，对图（a），K_c 符合为正，反作用；对图（b），K_c 符合为正，正作用。

3.8　PID 控制

目前，PID 控制仍然是在工业过程控制中应用得最为广泛的一种控制方法，原因是：
（1）其结构简单，鲁棒性和适应性较强；
（2）其调节整定很少依赖于系统的具体模型；
（3）各种高级控制在应用上还不完善；
（4）大多数控制对象使用常规 PID 控制即可以满足实际的需要；
（5）高级控制难以被企业技术人员掌握。

常规 PID 控制系统框图如图 3-11 所示。

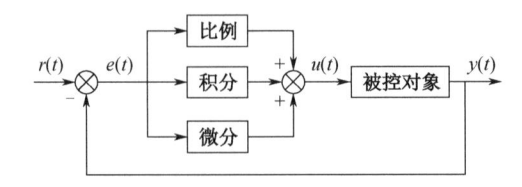

图 3-11　常规 PID 控制系统框图

PID 控制器是一种线性控制器，它根据给定值 $r(t)$ 与实际输出值 $y(t)$ 构成的偏差：$e(t) = r(t) - y(t)$，将偏差的比例（P）、积分（I）和微分（D）通过线性组合构成控制量，对受控对象进行控制。其控制规律为：

$$u(t) = k_p e(t) + k_I \int_0^t e(t)\mathrm{d}t + k_D \frac{\mathrm{d}e(t)}{\mathrm{d}t}]$$

式中，K_p 为比例系数，T_i 为积分时间常数，T_d 为微分时间常数；$K_I = K_p/Ti$，为积分系数；$K_d = K_p \cdot T_d$，为微分系数。

3.8.1 比例对于控制质量的影响

比例环节：成比例地反应控制系统的偏差信号 $e(t)$，偏差一旦产生，控制器立即产生控制作用以减小误差。当偏差为零时，控制作用也为零。因此，比例控制是基于偏差进行控制的，即为有差调节。

1. 理论分析

单回路控制系统框图如图 3-12 所示。

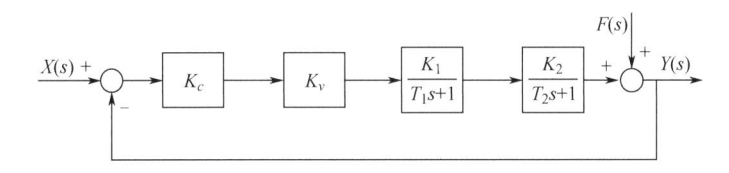

图 3-12　单回路控制系统框图

在扰动作用下，系统闭环传递函数为：

$$\frac{Y(s)}{F(s)} = \frac{1}{1 + \dfrac{K_c K_v K_1 K_2}{(T_1 s + 1)(T_2 s + 1)}}$$

$$= \frac{(T_1 s + 1)(T_2 s + 1)}{[T_1 T_2 s^2 + (T_1 + T_2)s + (1 + K_c K)]}$$

系统的特征方程为：

$$T_1 T_2 s^2 + (T_1 + T_2)s + (1 + K_c K) = 0$$

系统的特征方程可改写为：

$$s^2 + 2\xi_P \omega_n s + \omega_n^2 = 0$$

式中 $\omega_n^2 = \dfrac{1 + K_c K}{T_1 T_2}$，$\xi_P = \dfrac{T_1 + T_2}{2\sqrt{T_1 T_2 (1 + K_c K)}}$，特征根中有两个关键参数 ξ_P 和 ω_n。

当 K_c 较小，阻尼比 $\xi > 1$ 时，系统为过阻尼系统，过渡过程为不振荡过程。当随着 K_c 的增加，阻尼比逐渐减小，直至 $\xi = 1$ 时，相应的过渡过程将由不振荡过程而变为不振荡与振荡的临界情况，随着 K_c 的继续增大，阻尼比继续减小，过渡过程振荡加剧，但不论 K_c 增加到多大，阻尼比不可能小于零或等于零。当阻尼比 $0 < \xi < 1$ 时，为欠阻尼系统，时间响应呈衰减振荡特性，故系统总是稳定的。

由闭环传递函数：

$$\frac{Y(s)}{F(s)} = \frac{(T_1 s + 1)(T_2 s + 1)}{[T_1 T_2 s^2 + (T_1 + T_2)s + (1 + K_c K)]}$$

可知，在阶跃扰动信号 $F(s)/A$ 作用下，系统余差为：

$$C = -y(\infty) = -\lim_{s \to 0}\left[s \cdot \frac{A}{s} \frac{(T_1 s+1)(T_2 s+1)}{\left[T_1 T_2 s^2 + (T_1+T_2)s + (1+K_c K)\right]} \right] = -\frac{A}{1+K_c K}$$

结论：比例控制作用不能消除系统的余差，随着比例系数的增大，余差将逐渐减小；但随着比例系数的增大，系统的稳定性会逐渐下降，比例控制作用只起"粗调"的作用，如图 3-13 所示。

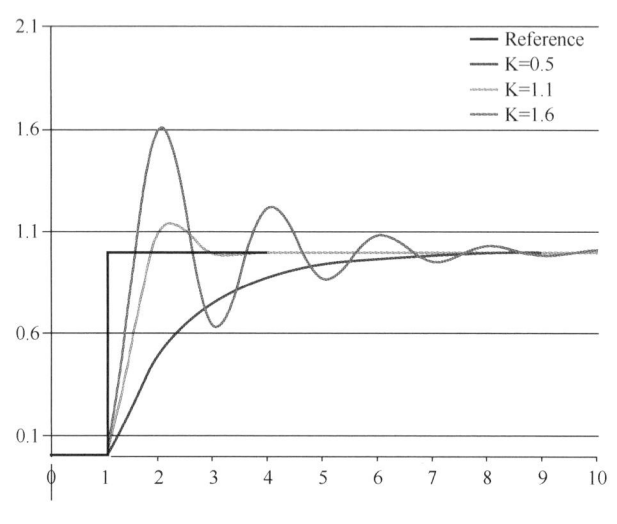

图 3-13　比例对控制质量的影响

2. 仿真验证

建立的比例控制系统仿真框图如图 3-14 所示，不同比例系数下，系统的阶跃响应曲线如图 3-15 所示。

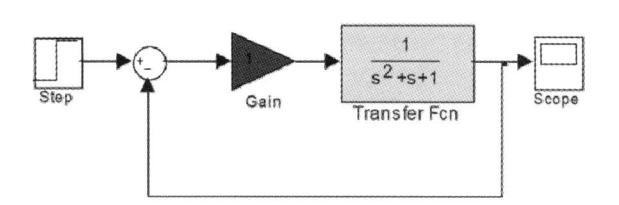

图 3-14　比例控制系统仿真框图

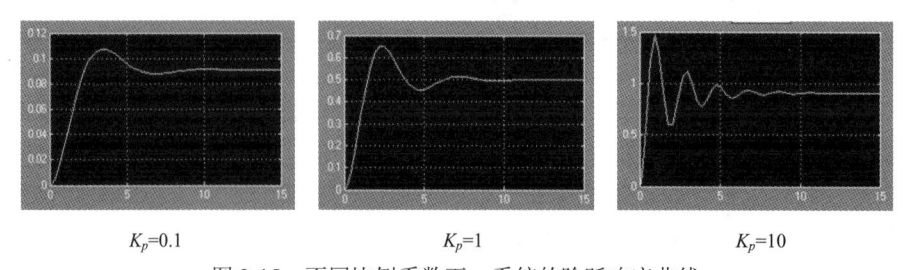

$K_p=0.1$　　　　　$K_p=1$　　　　　$K_p=10$

图 3-15　不同比例系数下，系统的阶跃响应曲线

增大比例系数将加快系统的响应，它的作用在于使输出响应加快，但不能很好稳定在一个理想的数值，虽能较有效地克服扰动的影响，但会有余差出现，若比例系数过大会使

系统有比较大的超调，并产生振荡，进而使稳定性变差。

3. 比例度

在工业上所使用的调节器，习惯上而是采用比例度 δ（也称比例带，在仪表上用 P 表示），而不用放大倍数 K_p 来衡量比例控制作用的强弱。

调节器的输出信号 u 与偏差信号 e 成比例：$u = K_p e$，比例度 δ 和放大倍数 K_p 之间的关系：

$$u = \frac{1}{\delta} e$$

比例度 δ 与放大倍数 K_p 成反比，互为倒数关系。调节器的比例度 δ 越小，它的放大倍数越大，它将偏差（调节器输入）放大的能力也越大，反之亦然。因此比例度 δ 和放大倍数 K_p 一样，都是表示一个比例调节器的控制作用强弱的参数。

所谓比例度是指调节器输入的变化与相应输出变化的百分数，是 PID 控制器的控制输入变化量 ΔX 与控制输出变化量 ΔY 之比值，即 $\delta = \Delta X / \Delta Y$。因此比例带越大，比例作用越弱。

比例度就是使调节器的输出变化满刻度时（也就是调节阀从全关到全开或相反），相应的仪表指针变化占仪表测量范围的百分比，或者说使调节器输出变化满刻度时，输入偏差对应于指示刻度的百分数。

【例 3-3】 一只电动比例温度调节器，温度刻度范围是 50～100℃，电动调节器输出是 0～10mA，当指示指针从 70℃ 移到 80℃ 时，调节器相应的输出电流从 3mA 变化到 8mA，求此温度调节器的比例度。

解：比例度等于调节器输入的变化与相应输出变化的比值，则

$$\delta = (\frac{80-70}{100-50} / \frac{8-3}{10-0}) \times 100\% = 40\%$$

3.8.2 积分对于控制质量的影响

积分环节能对误差进行记忆，主要用于消除静差，提高系统的无差度，积分作用的强弱取决于积分时间常数 T_i，T_i 越大，积分作用越弱，反之则越强。

1. 理论分析

PI 作用下控制系统框图如图 3-16 所示。

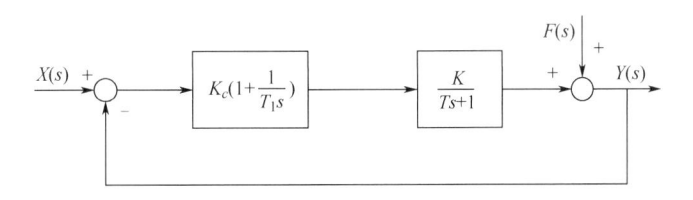

图 3-16 PI 作用下控制系统框图

由图可得系统闭环传递函数：

$$\frac{Y(s)}{F(s)} = \frac{1}{1 + K_c\left(1 + \frac{1}{T_I s}\right)\left(\frac{K}{Ts+1}\right)} = \frac{T_I s(Ts+1)}{T_I s(Ts+1) + K_c K(T_I s + 1)}$$

可知，在阶跃扰动信号 $F(s) = A/s$ 作用下，系统余差为：

$$C = -Y(\infty) = \lim_{s \to 0}\left[s \cdot \frac{A}{s} \cdot \frac{1}{1 + K_c\left(1 + \frac{1}{T_I s}\right)\left(\frac{K}{Ts+1}\right)} \right] = 0$$

很明显，积分作用消除了系统的余差。

由系统闭环传递函数可得，其特征方程为：

$$T_I T s^2 + (K_c K + 1)T_I s + K_c K = 0$$

系统特征方程可改写成：

$$s^2 + 2\xi_I \omega_n s + \omega_n^2 = 0$$

则

$$\omega_n^2 = \frac{K_c K}{T_I T} \qquad \xi_I = \frac{(1 + K_c K)\sqrt{T_I}}{2\sqrt{K_c K T}}$$

当 T_i 较大时，阻尼比 ξ 较大，这时过渡过程为不振荡过程。随着 T_i 的减小，阻尼比逐渐减小，直至 $\xi=1$，此时，相应的过渡过程将由不振荡过程而变为不振荡与振荡的临界情况，随着 T_i 的继续减小，阻尼比也继续减小，过渡过程振荡加剧。但只要 T_i 不等于零，阻尼比就不可能小于零或等于零，因此这个系统不可能出现发散振荡，故该系统总是稳定的。

对同一被控对象分别采用 P 调节和 I 调节，曲线如图 3-17 所示。

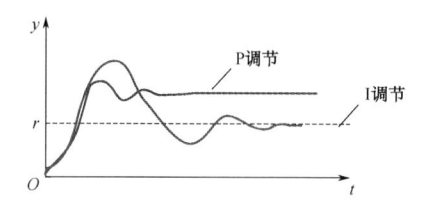

图 3-17 同一被控对象分别采用 P 调节和 I 的调节曲线

I 调节的稳定性比 P 调节差，且调节过程慢，I 调节能消除系统余差，但降低了系统的稳定性，特别是当 T_i 比较小时，稳定性下降较为严重，如图 3-18 所示。

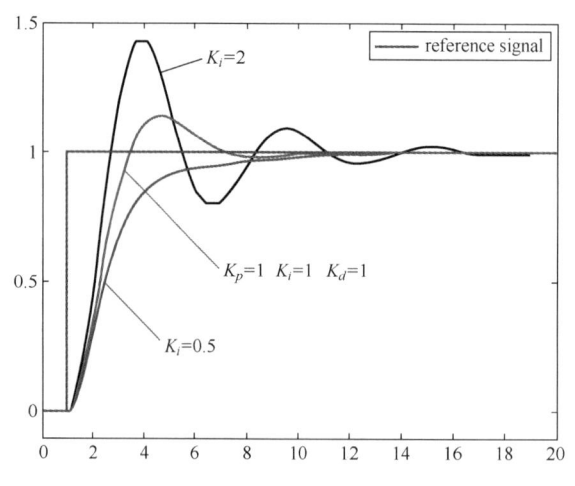

图 3-18 不同 K_i 对控制质量的影响

2. 仿真验证

建立的 PID 控制系统仿真框图如图 3-19 所示，不同积分系数（K_i）下，系统的阶跃响应曲线如图 3-20 所示。

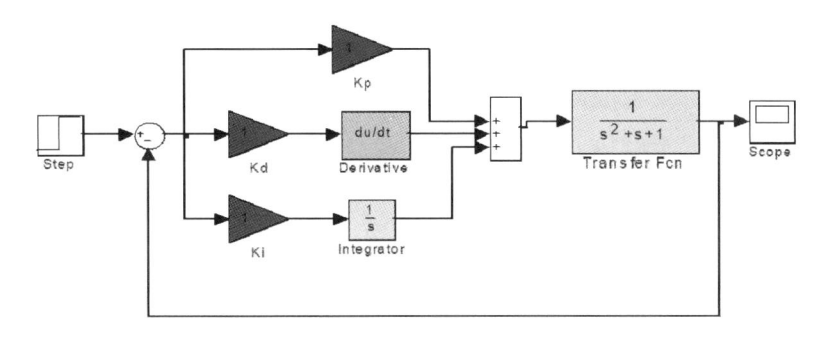

图 3-19　PID 控制系统仿真框图

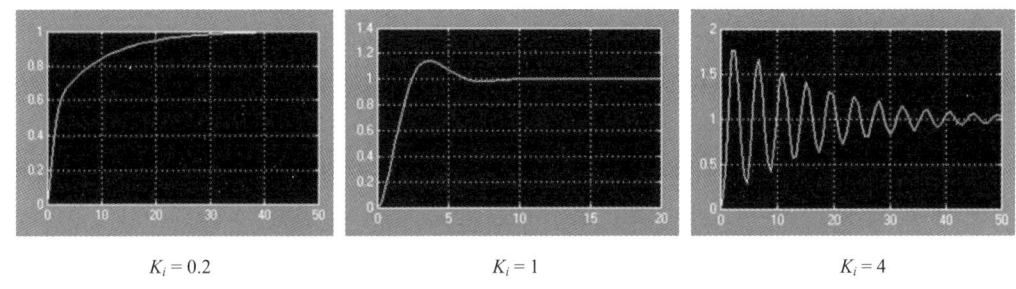

| $K_i = 0.2$ | $K_i = 1$ | $K_i = 4$ |

图 3-20　不同 K_i 取值下，输出响应曲线

积分能在比例的基础上消除余差，它能对稳定后有累积误差的系统进行误差修整，减小系统的稳态误差。

3.8.3　微分对于控制质量的影响

微分环节：能反映偏差信号的变化趋势（变化速率），并能在偏差信号值变得太大之前，在系统中引入一个有效的早期修正信号来加快系统的动作速度，减小调节时间。

1. 理论分析

控制系统框图如图 3-21 所示。

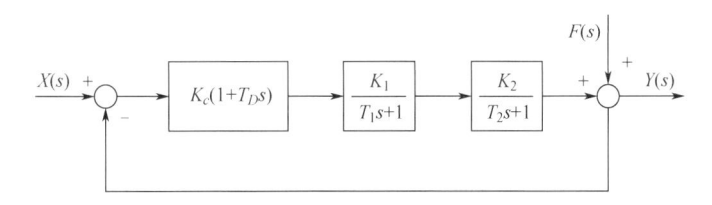

图 3-21　加入微分环节的控制系统框图

由图可得系统闭环传递函数：

$$\frac{Y(s)}{F(s)} = \frac{1}{1 + K_c(1+T_D s)\left(\dfrac{K_1}{T_1 s+1} \cdot \dfrac{K_2}{T_2 s+1}\right)} = \frac{(T_1 s+1)(T_2 s+1)}{(T_1 s+1)(T_2 s+1) + K_c K_1 K_2 (1+T_D s)}$$

$$= \frac{(T_1 s+1)(T_2 s+1)}{T_1 T_2 s^2 + (T_1 + T_2 + K_c K T_D)s + (1 + K_c K)}$$

特征方程为：

$$T_1 T_2 s^2 + (T_1 + T_2 + K_c K T_D)s + (1 + K_c K) = 0$$

闭环系统特征方程可改写成：

$$s^2 + 2\xi_D \omega_n s + \omega_n^2 = 0$$

则：

$$2\xi_D \omega_n = \frac{T_1 + T_2 + K_c K T_D}{T_1 T_2} \quad \omega_n^2 = \frac{1 + K_c K}{T_1 T_2} \quad \xi_D = \frac{T_1 + T_2 + K_c K T_D}{2\sqrt{T_1 T_2 (1 + K_c K)}}$$

纯比例控制作用下的系统阻尼系数：

$$\xi_P = \frac{T_1 + T_2}{2\sqrt{T_1 T_2 (1 + K_c K)}}$$

可见，当比例作用相同时，$\xi_D > \xi_P$，故在纯比例控制作用基础上增加微分作用可提高系统稳定性。

由比例微分作用，系统闭环传递函数：

$$\frac{Y(s)}{F(s)} = \frac{(T_1 s+1)(T_2 s+1)}{T_1 T_2 s^2 + (T_1 + T_2 + K_c K T_D)s + (1 + K_c K)}$$

可知，在阶跃扰动信号 $F(s) = A/s$ 作用下，系统余差为：

$$C = -y(\infty) = -\lim_{s \to 0}\left[s \frac{A(T_1 S+1)(T_2 S+1)}{s\left[T_1 T_2 s^2 + (T_1 + T_2 + K_c K T_D)s + (1 + K_c K)\right]} \right] = -\frac{A}{1 + K_c K}$$

可见，微分作用无法消除系统的余差。

微分调节总是力图抑制被控变量的振荡，它有提高控制系统稳定性的作用，如图 3-22 所示，被控对象在纯比例控制作用基础上增加微分作用，使系统的动态偏差减小，稳定性提高，减小了调节时间。

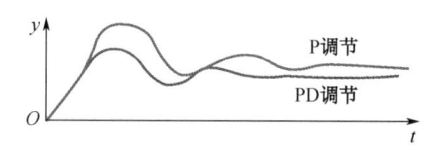

图 3-22 同一被控对象分别采用 P 调节和 PD 的调节的曲线

微分调节：在控制作用中加入被控变量的变化趋势，避免等到被控变量已经出现较大偏差后才开始作用，即赋予调节器某种程度的预见性。如图所 3-23 示。

2. 仿真验证

建立的 PID 控制系统仿真框图如图 3-24 所示，不同微分系数（K_d）下，系统的阶跃响应曲线如图 3-25 所示。

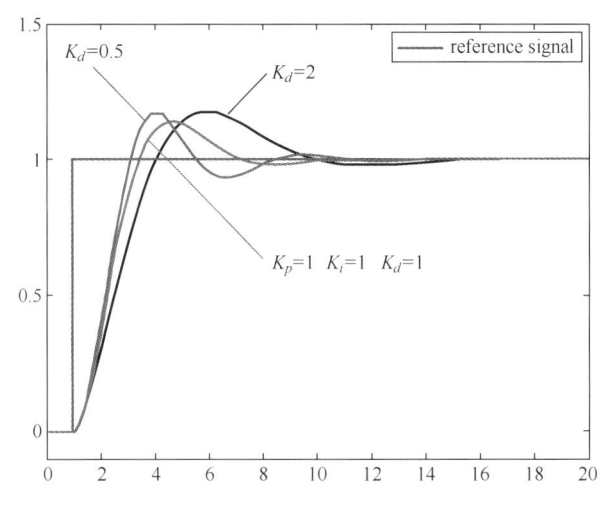

图 3-23 不同 K_d 对控制质量的影响

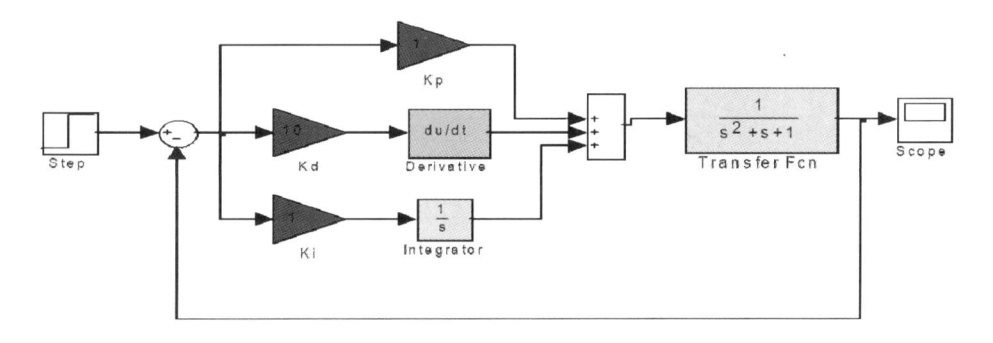

图 3-24 PID 控制系统仿真框图

在不同 K_d 取值下，输出响应曲线不同，如图所示。

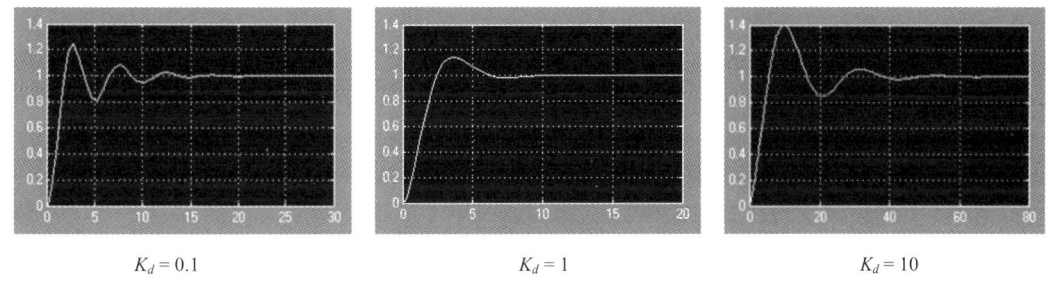

$K_d = 0.1$　　　　　　　　　$K_d = 1$　　　　　　　　　$K_d = 10$

图 3-25 不同 K_d 取值下，系统的阶跃响应曲线

微分具有超前作用，如果微分环节设置得当，对于提高系统的动态性能指标将有显著效果，它可以使系统超调量减小，稳定性增加，动态误差减小。

3. 小结

从时间的角度讲，比例作用是针对系统的当前误差进行控制，积分作用则是对系统的历史误差进行控制，而微分作用则反映了系统误差的变化趋势，这三者的组合是"过去、现在、未来"的完美结合，如图 3-26 所示。

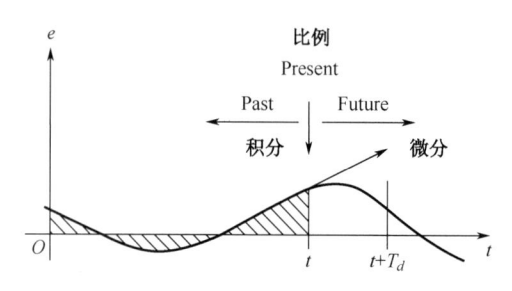

图 3-26　各种控制规律对控制性能的影响

P——比例环节控制系统的快速性，快速作用于输出。
I——积分环节控制系统的准确性，消除过去的累积误差。
D——微分环节控制系统的稳定性，具有超前控制作用。

三个参数之间需要权衡，才能达到最佳控制效果，实现稳、快、准的控制特点。PID 综合控制与 PI 控制、PD 控制、P 控制的效果对比如图 3-27 所示。

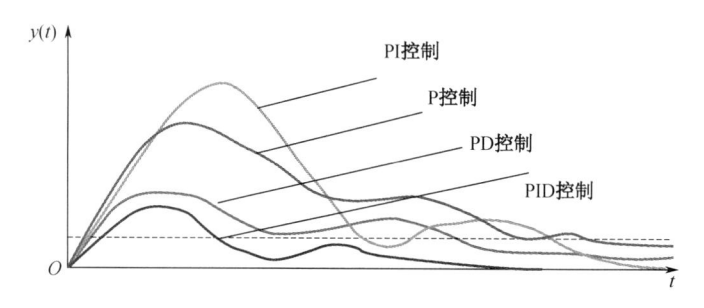

图 3-27　PID 综合控制与 PI 控制、PD 控制、P 控制的效果对比

3.9　控制器的参数整定

控制器的参数整定即为确定 PID 调节器的比例度、积分时间和微分时间，其实质是通过改变控制器的参数，来改变系统的动态性能和静态性能，使系统的过渡过程达到质量要求，以达到最佳控制效果。

控制器的参数整定方法主要可以分为以下两大类：

（1）理论计算整定方法：这类方法是基于被控对象的数学模型（如传递函数），通过计算方法直接求得控制器整定参数的。但往往比较复杂、烦琐，使用不太方便，所以在实际应用中会受到限制。

（2）工程整定法：此方法是不需要知道对象的数学模型，可直接在系统中进行近似的经验方法。该方法基于对象的阶跃响应曲线或直接在闭环系统中进行现场整定，简单易于掌握，因此，有较为广泛的应用。

常用的工程整定法如下。

（1）经验法：经验法即试凑法，是工程人员在长期生产实践中总结出来的，先根据经验确定一组参数，然后通过改变设定值来观察过渡过程曲线，根据各种控制作用对过渡过程的影响来改变控制参数值，直至达到满意的控制质量。此方法适用于各种控制系统，但缺点是若没有丰富的经验，会花费较长时间。

(2)临界比例度法:临界比例度法属于闭环整定方法,先将 PID 置纯 P,比例度设为较大数值,系统投闭环。待系统稳定后施加一个阶跃信号,减小比例度直到出现等幅振荡为止,记录此时的比例带和等幅振荡周期,再将以上数据结合经验公式计算控制器各参数。然后分别对 I,D 进行以上操作,并将参数整定到计算值上观察曲线,做进一步调整。此方法有一定限制,不适用于不能进行反复振荡实验或采用比例控制时不可能出现等幅振荡的系统。

(3)衰减曲线法:衰减曲线法属于闭环整定方法,现将 PID 置纯 P,比例度设为较大数值,系统投闭环。待系统稳定后施加一个阶跃信号,减小比例度直到出现衰减振荡为止,记录此时的比例带及衰减时间或上升时间。再将以上数据结合经验公式计算控制器各参数。然后分别对 I,D 进行以上操作,并将参数整定到计算值上观察曲线,做进一步调整。此方法适合衰减较慢的系统,不适用于扰动频繁或变化较快的系统。

(4)响应曲线法:响应曲线法属于开环整定方法,先置系统于开环,然后在调节阀的输入端施加一个阶跃信号,记录下测量变送环节的输出响应曲线,根据响应曲线得到广义对象的传递函数,最后根据经验公式计算控制器参数。此方法较前两种更加稳定,适用范围也更广。

但无论采用哪一种方法,得到的控制器参数都需要在实际运行时进行调整与完善。

3.9.1 经验法(凑试法)

所谓经验法,是先将调节器的参数根据经验设定在某一数值上,然后再在闭环系统中加扰动,观察过渡过程的曲线形状,若曲线不够理想,则以调节器 P、I、D 参数对系统过渡过程的影响为依据,按照先比例,再积分,最后微分的顺序,将调节器参数逐个进行反复凑试,直到获得满意的控制质量。常用的参数经验范围如表 3-3 所示。

表 3-3 常用的参数经验范围

参数范围 控制系统	δ	T_I/min	T_D/min
液位	20%~80%	—	—
压力	30%~70%	0.4~3	—
流量	40%~100%	0.1~1	—
温度	20%~60%	3~10	0.3~1

整定步骤:

按照先比例、再积分、最后微分的顺序。

先采用比例控制器,使 K_p 由小到大改变,如果在此过程中能得到满意的控制质量,表明只采用比例控制器即可。

如果系统的动态特性和稳态精度不能满足控制要求,可采用 PI 控制器。先把参数 T_i 设置得大些,然后再反复调整 K_p,T_i,直至得到满意的控制质量。

如果稳态精度满足要求,但动态特性不能令人满意,可以采用 PID 控制器。T_d 由小到大逐渐改变,并相应改变 K_p 值,反复试凑,直到得到满意的性能为止。

建立的 PID 控制系统仿真框图如图 3-28 所示,由经验法确定合适的参数,系统的阶跃响应曲线如图 3-29 所示。

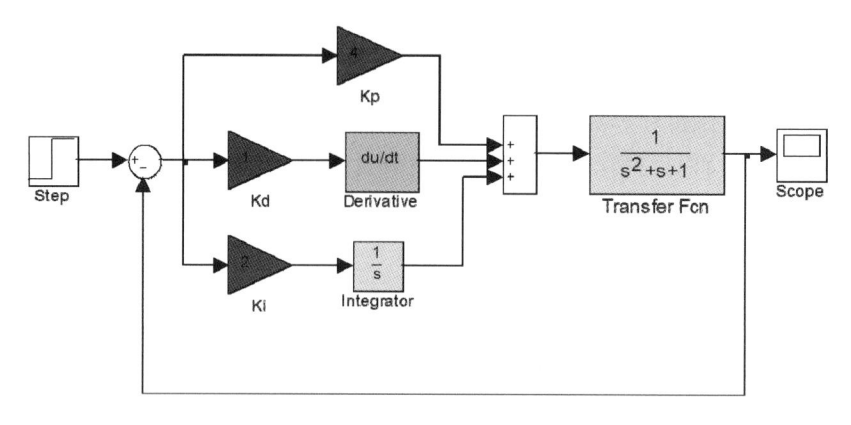

图 3-28　PID 控制系统仿真框图

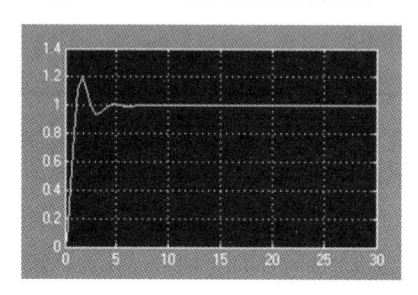

图 3-29　系统的阶跃响应曲线

3.9.2　临界比例度法

1. 整定步骤

（1）将控制器的积分时间放在最大值（$T_I = \infty$），微分时间放在最小值（$T_D = 0$），比例度 δ 放在较大值后，使系统投入运行。

（2）将 δ 逐渐减小得到如图 3-30 所示的等幅振荡过程，记下临界比例度 δ_K 的值和临界振荡周期 T_K 的值。

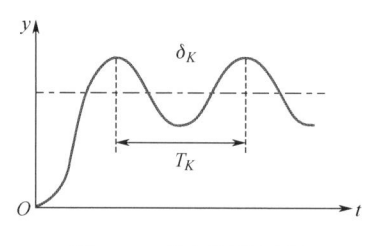

图 3-30　等幅振荡过程

（3）利用 δ_K 和 T_K 试验数据，按表 3-4 的计算公式，求出控制器的各整定参数 δ、T_I、T_D 的值。

（4）将控制器的比例度换成整定后的值，然后依次放上积分时间和微分时间的整定值，继续适当调整 δ 的值，直到满足要求。

表 3-4 临界比例度法整定计算公式

调节器参数 控制规律	δ	T_I	T_D
P	$2\delta_K$		
PI	$2.2\delta_K$	$\dfrac{T_K}{1.2}$	
PID	$1.6\delta_K$	$0.5T_K$	$0.25T_I$

2. 仿真实验

设对象模型为：

$$G(s) = \frac{e^{-0.5s}}{s+1}$$

建立的 PID 控制系统仿真框图如图 3-31 所示，由经验法确定合适的参数，系统的阶跃响应曲线如图 3-32 所示。

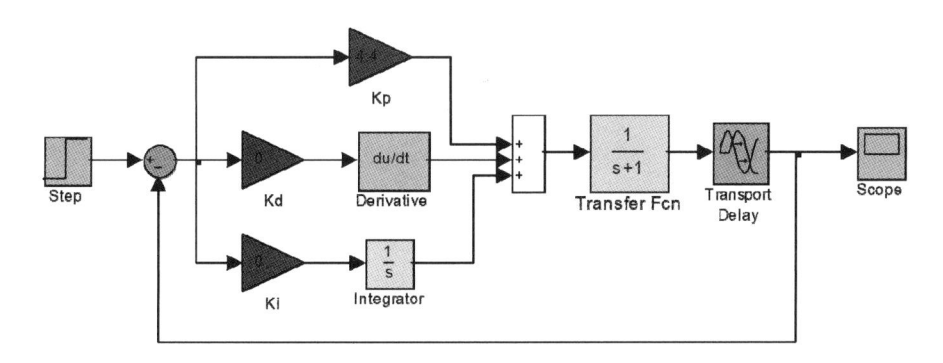

图 3-31 PID 控制系统仿真框图

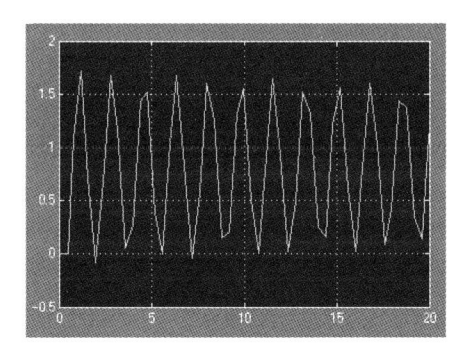

图 3-32 等幅振荡阶跃响应曲线

测得闭环临界增益 $K_p = 4.4$，临界振荡周期 $T_k = 1.75\text{s}$，则临界比例度法 PID 参数整定值为：

$$K_p = 2.64, \ T_i = 0.85, \ T_d = 0.2188$$

将整定的参数代入如图 3-33 所示的控制系统仿真框图，得到系统的阶跃响应曲线如图 3-34 所示。

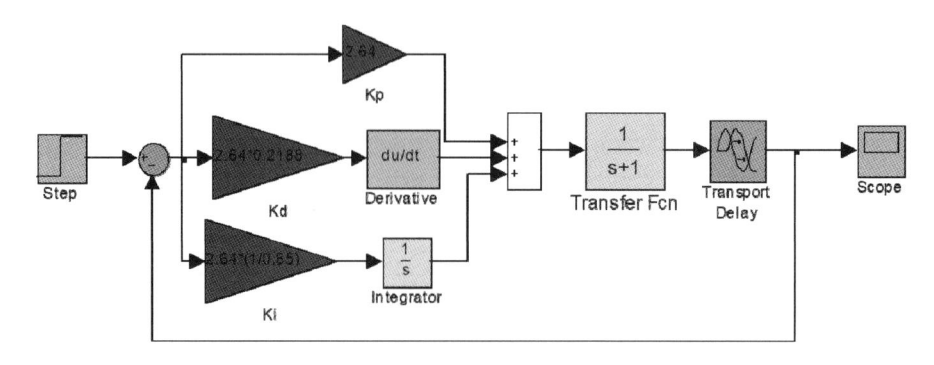

图 3-33 参数整定后的控制系统仿真框图

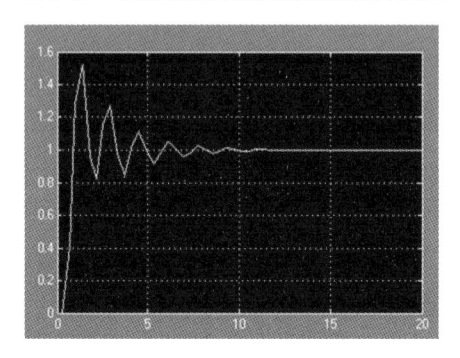

图 3-34 参数整定后的控制系统阶跃响应曲线

在整定后所得到的控制器参数基础上,需要在实际运行中进行最后调整与完善。

应用临界比例度法整定调节器参数时,需注意以下事项:

(1)由于有的过程控制系统的临界比例度很小,所以系统类似两位式控制,调节阀不是全关就是全开,对工业生产不利。例如,加热炉温度控制系统就不能用此法来整定调节器参数。

(2)有的过程控制系统,当调节器比例度调到最小值时,系统仍不产生等幅振荡,对此,就把最小刻度的比例度作为临界比例度进行调节器参数整定。

临界比例度法不是操作经验的简单总结,而是符合控制理论中的边界稳定条件的,是有理论根据的,这里不再赘述。

3.9.3 衰减曲线法

衰减曲线法整定调节器参数通常会按照 4:1 和 10:1 两种衰减方式进行,这两种方法操作步骤相同,但分别适用于不同工况的调节器参数整定。

1. 4:1 衰减曲线法:

1)整定步骤

(1)把参数置成纯比例作用($T_I = \infty$,$T_D = 0$),使系统投入运行。

(2)把 δ 从大逐渐调小,直到出现如图 3-35 所示的 4:1 衰减过程曲线;此时的 4:1 衰减比例度为 δ_s,4:1 衰减振荡周期 T_S。

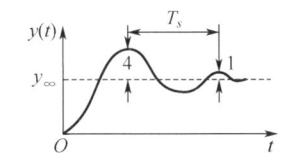

图 3-35 4:1 衰减过程曲线

（3）根据 δ_S 和 T_S，按表 3-5 给出的公式计算出控制器的各个整定参数值。

表 3-5 4:1 衰减曲线法整定计算公式

调节器参数 控制规律	δ	T_I	T_D
P	δ_S		
PI	$1.2\delta_S$	$0.5T_S$	
PID	$0.8\delta_S$	$0.3T_S$	$0.1T_S$

（4）按"先比例再积分最后微分"的操作顺序，将求得的参数设置在控制器上；再观察运行曲线，若不太理想，可做适当调整。

2）仿真实验

建立的 P 控制下的系统仿真框图如图 3-36 所示，系统的阶跃响应曲线如图 3-37 所示。

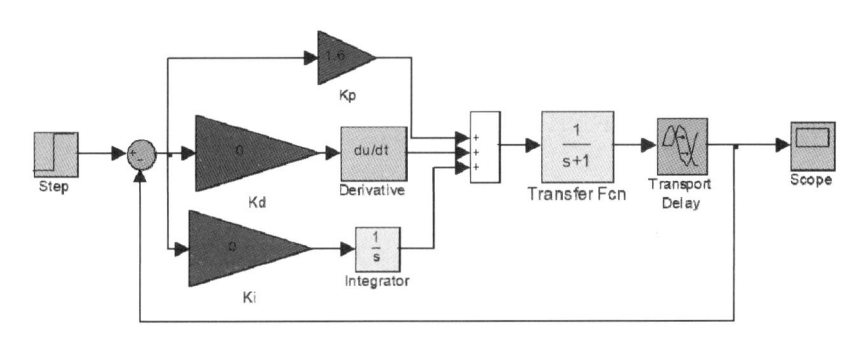

图 3-36 P 控制下的系统仿真框图

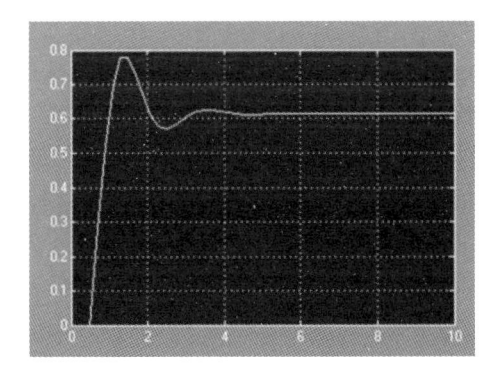

图 3-37 P 控制下的系统的阶跃响应曲线

由曲线可得 δ_s = 1/1.6，T_s = 2.5s，由表 3-5 可计算出控制器的各个整定参数值，将参数代入图 3-38 所示的控制系统仿真框图，得到系统的阶跃响应曲线如图 3-39 所示。

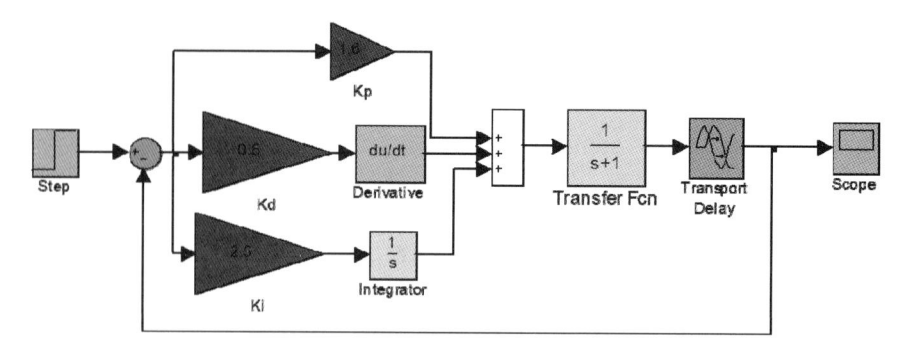

图 3-38 控制系统仿真框图

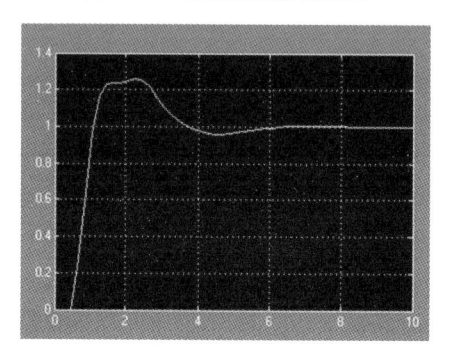

图 3-39 系统的阶跃响应曲线

应用 4:1 衰减曲线法整定控制器参数时,需注意以下情况:

(1) 对于反应较快的流量、管道压力及小容量的液位控制系统,要在记录曲线上认定和读出 4:1 衰减曲线比较困难,此时,可用来回摆动两次就达到稳定的记录指针作为 4:1 衰减过程。

(2) 在生产过程中,负荷变化会影响过程特性,因而会影响 4:1 衰减法的整定参数值。当负荷变化较大时,必须重新整定调节器的参数值。

2. 10:1 衰减曲线法:

在部分调节系统中,由于采用 4:1 的衰减比时振荡仍然比较厉害,此时则可采用 10:1 的衰减比,如图 3-40 所示。这种情况下由于衰减太快,所以要测量操作周期比较困难,但可测量从开始施加干扰至第一个波峰飞升的时间 T_r。

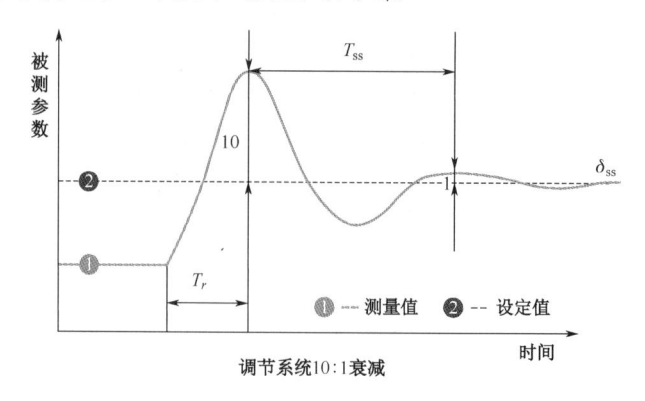

图 3-40 10:1 的衰减曲线

10:1 衰减曲线法整定调节参数的步骤和 4:1 衰减曲线法完全一致，只是采用的整定参数和经验公式不同。10:1 衰减曲线法 PID 参数整定经验公式如表 3-6 所示。

表 3-6　10:1 衰减曲线法 PID 参数整定经验公式

调节规律	调节器参数		
	比例度 δ（%）	积分时间 T_i（min）	微分时间 T_d（min）
P	δ_{ss}	—	—
PI	$1.2\times\delta_{ss}$	$2\times T_r$	—
PID	$0.8\times\delta_{ss}$	$1.2\times T_r$	$0.4\times T_r$

3.9.4　响应曲线法

原理：如图 3-41 所示，在调节阀 $W_V(s)$ 的输入端加一阶跃信号，记录测量变送器 $W_m(s)$ 的输出响应曲线，根据该曲线求出代表广义过程的动态特性参数，然后再根据这些参数的数值，应用经验公式计算出调节器的整定参数值。

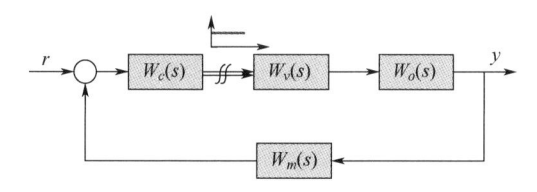

图 3-41　求广义过程阶跃响应曲线示意图

在系统开环并稳定的情况下的产生一阶跃变化，记录下被控变量 y 随时间变化的曲线，自衡被控过程的阶跃响应曲线如图 3-42 所示，过 A（拐点）作切线，并得出 τ、T_o，代入自衡过程的整定计算公式，如表 3-7 所示。

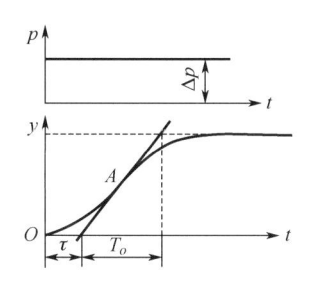

图 3-42　自衡被控过程的阶跃响应曲线

表 3-7　自衡过程的整定计算公式

控制器类型	控制器参数		
	δ，%	T_i，min	T_d，min
P	$(K_0\times\tau/T_0)\times 100\%$	—	—
PI	$(1.1K_0\times\tau/T_0)\times 100\%$	3.3τ	—
PID	$(0.85K_0\times\tau/T_0)\times 100\%$	2τ	0.5τ

K_O 按如下公式求取：

$$K_O = \frac{\Delta y / (y_{\max} - y_{\min})}{\Delta p / (p_{\max} - p_{\min})}$$

几种工程整定方法的比较：

前面介绍了常用的工程整定方法，对多数简单控制系统来说，这样的整定结果即可满足工艺要求。在应用中究竟采用哪一种方法，需要在了解各种方法的特点及适用条件的基础上，根据生产过程的具体情况进行选择。下面对几种方法作一简单比较：

响应曲线法是通过开环试验测得广义对象的阶跃响应曲线的，然后再根据求出的 τ_0、T_0 和 K_0 进行参数整定。在进行测试实验时，要保证加入的扰动幅度足够大，能使被控参数产生足够大的变化，并保证测试的准确性，但这些条件在一些生产过程中是不被允许的。因此，响应曲线法只适用于允许被控参数变化范围较大的生产过程。响应曲线法的优点是试验方法比临界比例度法和衰减曲线法的实验容易掌握，实验所需时间比其他方法短。

临界比例度法在做实验时，调节器已投入运行，被控过程处在调节器控制之下，被控参数一般能保持在工艺允许的范围内。当系统运行在稳定边界时，调节器的比例度较小，动作很快，被控参数的波动幅度很小，一般生产过程是允许的。临界比例度法适用于一般的流量、压力、液位和温度控制系统，但不适用于比例度很小的系统。因为在比例度很小的系统中，调节器的动作速度很快，通常会使调节阀全开或全关，这会影响生产的正常操作。对于 τ_0 和 T_0 都很大的控制对象，调节过程很慢，被控参数波动一次需要很长时间，进行一次试验必须测试若干个完整周期，整个实验过程很浪费时间。对于单容或双容对象，无论比例度多么小，调节过程都是稳定的，达不到稳定边界，因此不适用此法。

衰减曲线法也是在调节器投入运行的情况下进行，不需要系统在稳定边界（临界状态）运行，比较安全，而且容易掌握，能适用于各类控制系统。从反应时间较长的温度控制系统，到反应时间短到几秒的流量控制系统，都可以应用衰减曲线法。对于时间常数很大的系统，调节时间很长，要经过多次试验才能达到衰减比 4:1，整个实验很费时间；另外，对于过渡过程比较快的系统，衰减比和振荡周期难以准确检测也是它的缺点。

经验法的优点是不需要进行专门的实验、对生产过程影响小；缺点是没有相应的计算公式可借鉴，初始参数的选择完全依赖经验，有一定的盲目性。

几种整定方法的比较如表 3-8 所示。

表 3-8 整定方法的比较

整定方法	优 点	缺 点
响应曲线法	方法简单	系统开环，被调量变化较大，影响生产
临界比例度法	系统闭环	会出现被调量等幅振荡
衰减曲线法	系统闭环，安全	实验费时
经验法	系统闭环，不需计算	需要经验

【例 3-4】 某温度控制系统，采用 4:1 衰减曲线法整定控制器参数，得 $S = 20\%$，$T_S = 10$ 分，当控制器分别为比例作用、比例积分作用、比例积分微分作用时，试求其整定参数值。

解：应用表中的经验公式，可得
（1）比例控制器
$$\delta = \delta_S = 20\%$$
（2）比例积分控制器
$$\delta = 1.2\delta_S = 1.2 \times 20\% = 24\%$$
$$T_I = 0.5 T_S = 0.5 \times 10 = 5\text{min}$$
（3）比例积分微分控制器
$$\delta = 0.8\delta_S = 0.8 \times 20\% = 16\%$$
$$T_I = 0.3 T_S = 0.3 \times 10 = 3\text{min}$$
$$T_D = 0.1 T_S = 0.1 \times 10 = 1\text{min}$$

【例 3-5】 用临界比例度法整定某控制系统，所得的比例度 $K = 20\%$，临界振荡周期 $T_K = 1\text{min}$，当控制器分别采用 P 作用、PI 作用、PID 作用时，求其最佳整定参数值。

解：（1）比例控制器
$$\delta = 2\delta K = 2 \times 20\% = 40\%$$
（2）比例积分控制器
$$\delta = 2.2\delta_K = 2.2 \times 20\% = 44\%$$
$$T_I = T_K/1.2 = 1/1.2 = 0.83\text{min}$$
（3）比例积分微分控制器
$$\delta = 1.6\delta_K = 1.6 \times 20\% = 32\%$$
$$T_I = 0.5 T_K = 0.5 \times 1 = 0.5\text{min}$$
$$T_D = 0.25 T_I = 0.25 \times 0.5 = 0.125\text{min}$$

3.10 简单控制系统工程设计实例

以奶粉生产过程为例，该过程以鲜奶为基料，把配料按一定配比混合，然后将物料中的水分除去并制成粉状产品。主要生产流程如下。

（1）配料。

配料是生产的开始，物料配好后，在其后的生产工序中除水分外，各种物质的比例关系是不变的，故可以说配料准确与否直接影响最终产品质量。

（2）杀菌。

牛乳中有很多细菌，细菌是引起牛乳和奶粉变质的主要原因。现在常采用巴氏杀菌法进行杀菌，通常的杀菌条件为：80～85℃，保持 30 秒钟；或 95℃，保持 24 秒钟。若采用超高温瞬时杀菌装置，则为 120～150℃，保持 1～2 秒钟。

（3）浓缩。

浓缩是除去部分水分的过程，乳品厂在生产时多采用真空浓缩。浓缩可改善奶粉颗粒的物理性状，增强其分散性和溶解性；排除氧气和空气，改善奶粉的保藏性；增加奶粉密度，利于包装。

（4）喷雾干燥（制粉）。

浓奶由高压泵压入喷枪，经喷嘴雾化后分散成液滴，在干燥室经热空气加热后，瞬间蒸发水分变成粉状颗粒自由落下，然后经出粉口排出。影响产品质量的参数有进风温度、排风温度、浓奶浓度、高压泵压力等。

（5）出粉、凉粉。

因干燥室温度较高，粉温一般在 60～65℃。如果在此温度下停留时间过长，会使蛋白质变性，在保存期易使脂肪氧化，进而影响产品的溶解度和色泽、风味，因此应及时出粉、凉粉。现在较为先进的降温设备是流化床。

（6）称量与包装。

奶粉冷却后应立即用马口铁罐、玻璃罐或塑料袋进行包装。根据保存期和用途的不同可分为小罐密封包装、塑料袋包装和大包装。

下面以喷雾式乳液干燥系统为被控对象，进行喷雾式干燥设备控制系统设计。

图 3-43 所示为喷雾式干燥设备，浓缩后的奶液从储槽流下，经过滤器后从干燥器顶部喷出，干燥空气被加热后经风管吹入干燥器，滴状奶液在热风中干燥成奶粉，并被气流带出干燥器。

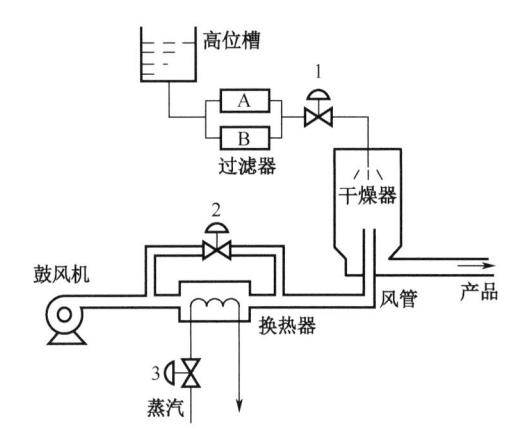

图 3-43 牛奶的喷雾式干燥过程

高温浓缩后的乳化物属胶体物质，激烈搅拌易固化，不能用泵抽出，此时可采用高位槽的办法。

工艺过程：

（1）浓缩的乳液由高位槽流经过滤器 A、过滤器 B，除去凝结块等杂质，再干燥器顶部的喷嘴喷出。

（2）空气由鼓风机送至换热器，热空气与鼓风机直接来的空气混合后，经风管进入干燥器，从而蒸发乳液中的水分，成为奶粉，并随湿空气一起送出，进行分离。

生产工艺要求：干燥后的产品含水量波动要小。

1）选择被控变量

被控参数的选择：由于产品水分含量测量十分困难，根据生产工艺，产品质量（水分含量）与干燥器里的温度密切相关，选干燥器里的温度为被控参数。水分与温度一一对应。将温度控制在一定的数值上。

2）控制参数的选择

经过对装置的分析，可知影响干燥器温度的因数有：乳液流量 $f_1(t)$，旁路空气流量 $f_2(t)$，加热蒸汽流量 $f_3(t)$，任选一个控制参数，均可构成温度控制系统。因此，可设计三种控制方案。

方案一：以乳液流量 f_1 为控制参数，则控制系统框图如图 3-44 所示。

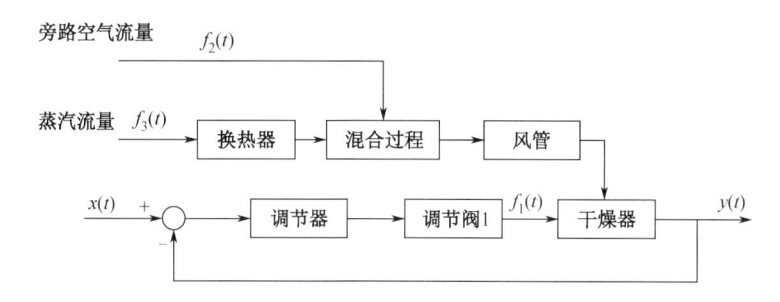

图 3-44　以乳液流量为控制参数的控制系统框图

方案二：以旁路空气量 f_2 为控制参数，则控制系统框图如图 3-45 所示。

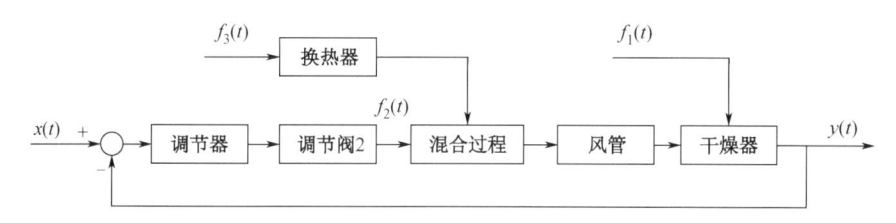

图 3-45　以旁路空气量为控制参数的控制系统框图

方案三：以加热蒸汽量 f_3 为控制参数，则控制系统框图如图 3-46 所示。

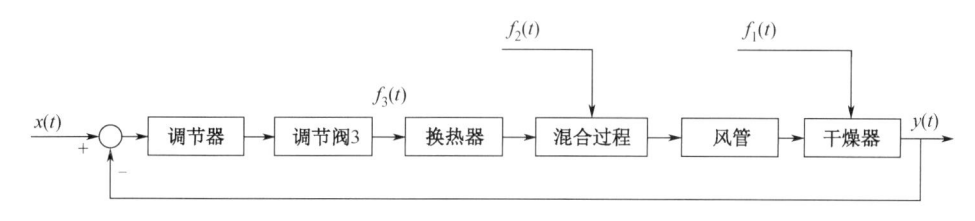

图 3-46　以加热蒸汽量为控制参数的控制系统框图

方案比较

方案一采用乳液流量作控制参数，乳液直接进入干燥器，控制通道滞后最小，对干燥温度的校正作用最灵敏。扰动通道不仅时延大而且位置最靠近调节阀，从控制品质上考虑，应该选此方案。但乳液流量是生产负荷，即产量，若作为控制参数，则不能始终在最大的负荷点工作，从而限制生产能力。在乳液管线上装调节阀，容易使浓缩液结块，降低产品质量。

乳液流量 $f_1(t)$ 作为扰动量，其对控制系统的影响是相同的。换热器为一双容对象，时间常数大。

方案二采用旁路空气量作为控制参数时，控制通道时间常数小，扰动通道时间常数大；扰动作用点位置靠近调节阀。

方案三采用蒸汽量作为控制参数时，控制通道时间常数大，扰动通道时间常数小。

经分析可知，旁路空气量与热风量混合，经风管进入干燥器，与选取乳液流量为控制参数相比虽然控制通道存在一定的纯滞后，对干燥管温度矫正作用的灵敏度差一点，但可以通过缩短传输管道长度来减小纯滞后时间。

结论：方案二选择旁路空气量为控制参数的方案为最佳，其控制系统原理图如图 3-47 所示。

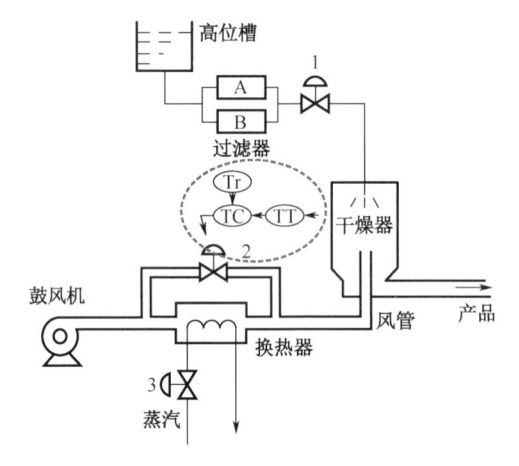

图 3-47　以旁路空气量为控制参数的控制系统原理图

思考题

1. 说明单回路控制系统的构成、主要特点及其应用场合。
2. 选择被控参数应遵循哪些基本原则？什么是直接参数？什么是间接参数？
3. 在选择控制变量时，为什么要分析被控过程的特性？为什么控制通道放大系数越大、时间常数越小、纯滞后时间越小越好，而干扰通道的放大系数却尽可能小、时间常数尽可能大？
4. 当被控过程存在多个时间常数时，为什么应尽量使时间常数错开？
5. 选择检测变送装置时要注意哪些问题？怎样克服或减小纯滞后问题？
6. 选择调节阀气开、气关方式的首要原则是什么？
7. 调节器的正、反作用方式的选择依据是什么？

第4章　串级控制系统

4.1 复杂控制系统基本概念

简单过程控制系统适用于被控对象的纯滞后时间短、容量滞后小、负荷变化比较平缓的简单的生产过程，图 4-1 为单回路系统仿真框图。

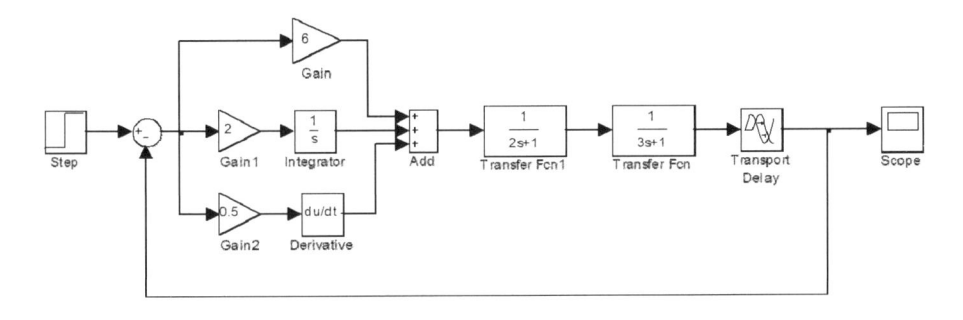

图 4-1　单回路系统仿真框图

当被控过程时间常数较小、纯滞后时间较短时，可得系统输出响应如图 4-2 所示。

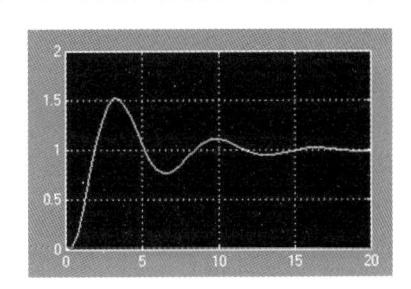

图 4-2　系统输出响应

当被控过程时间常数变大、纯滞后时间变长时，单回路系统仿真框图如图 4-3 所示，系统输出响应如图 4-4 所示。

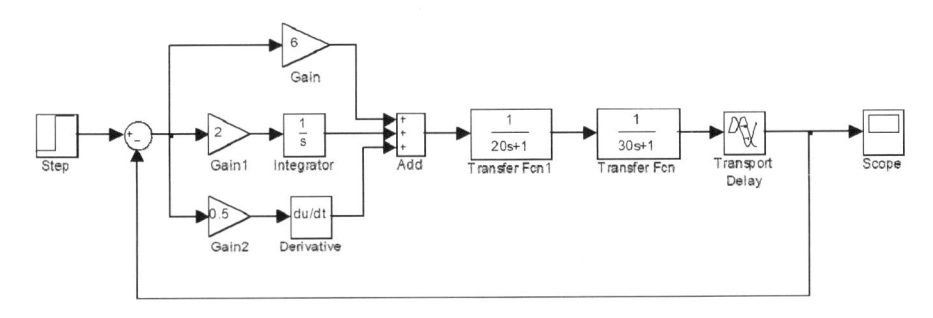

图 4-3　被控过程时间常数变大，纯滞后时间加长的单回路系统仿真框图

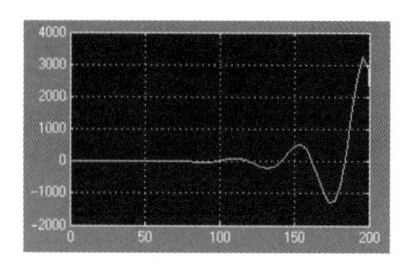

图 4-4 系统输出响应

由图 4-4 可知，当被控过程时间常数较大、纯滞后时间较长时，单回路控制系统已达不到控制要求，甚至系统已出现不稳定的情况。所以对一些复杂的控制问题，如多输出过程的控制、过程的滞后常数很大或扰动量很大的控制，或对象的特性并不复杂，但工艺对控制质量的要求很高或很特殊时，这些情况需用复杂控制系统才能解决。

所以，当采用简单控制系统不能满足工业生产的要求时，就要采用或在系统结构上复杂（由两个以上回路构成，含有一个以上测量变送器或调节器或执行器的系统，如串级控制系统、前馈控制系统等），或在控制算法上复杂（模糊控制、预测控制、专家控制、自适应控制、人工神经网络）的控制系统，以便完成复杂的或特殊的控制任务，这样的系统即为复杂控制系统。本章重点介绍一种典型的复杂控制系统——串级控制系统。

4.2 串级控制思想的提出

以加热炉控制系统为例（见图 4-5），工艺要求被加热物料的温度为某一定值，加热炉的干扰因素如下。

（1）被加热物料的流量和初温 $f_1(t)$。
（2）燃料热值的变化、压力的波动、流量的变化 $f_2(t)$。
（3）烟囱挡板位置的改变、抽力的变化 $f_3(t)$。

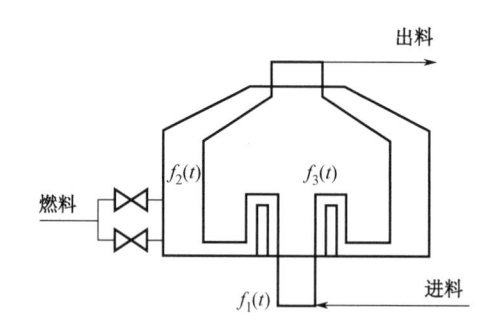

图 4-5 加热炉控制系统

为了控制加热炉的出口温度，可以用以下设计方案进行系统控制。

方案 1：直接控制方案。出口温度为被控参数，燃料量为控制参数，控制系统原理图如图 4-6 所示，控制系统框图如图 4-7 所示。

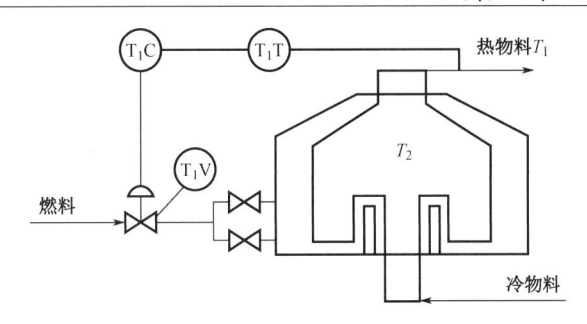

第4章 串级控制系统

图 4-6 加热炉出口温度单回路控制系统原理图

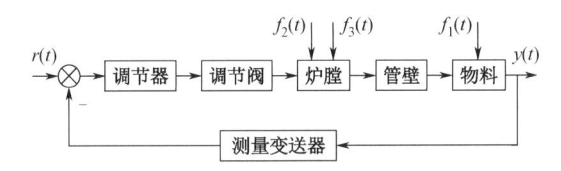

图 4-7 加热炉出口温度单回路控制系统框图

对于方案 1，调节器发出的信号送给调节阀，调节阀改变阀门开度，燃料流量改变，炉膛温度改变，传热给管道，最终使原料温度稳定在所希望的温度附近。由于传热过程的时间常数大，大约 15 分钟，若等到出口温度发生偏差后再进行调节，将会导致偏差在较长的时间内不能被克服，这样的误差太大。在已知被控对象数学模型的基础上，建立的加热炉出口温度单回路控制系统仿真框图如图 4-8 所示，在给定阶跃和扰动阶跃下，系统输出响应如图 4-9、图 4-10 所示。

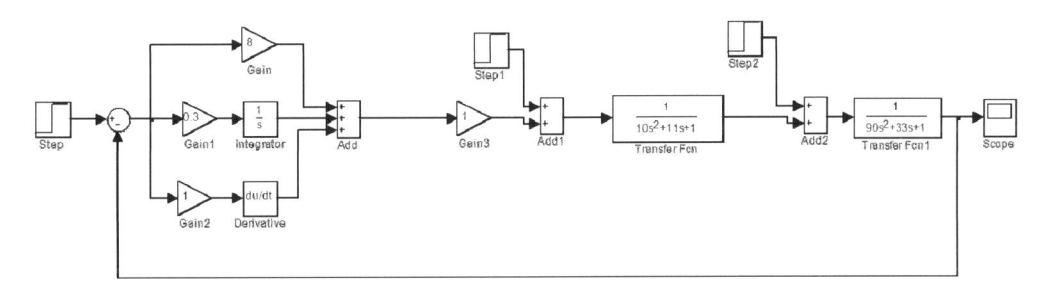

图 4-8 加热炉出口温度单回路控制系统仿真框图

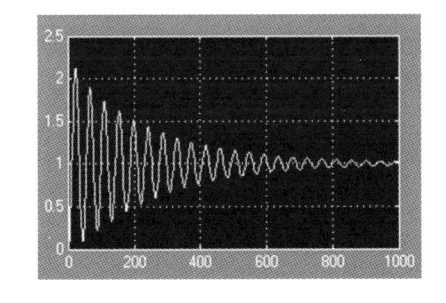

图 4-9 给定阶跃下的系统输出响应 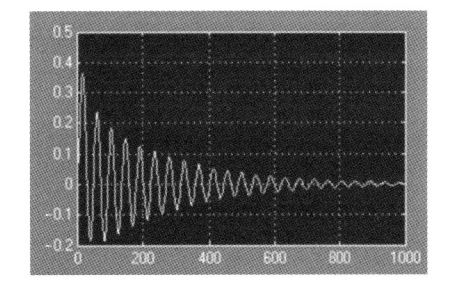　　图 4-10 扰动阶跃下的系统输出响应

优点：对被控参数的所有干扰都包括在控制回路中，理论上，这些干扰都可以由温度控制器予以克服。

缺点：控制通道的时间常数和容量滞后较大，控制作用不及时，克服扰动能力较差。

方案2：间接控制方案。选择炉膛温度为被控参数，燃料量为控制参数，控制系统原理图如图4-11所示，系统框图如图4-12所示。

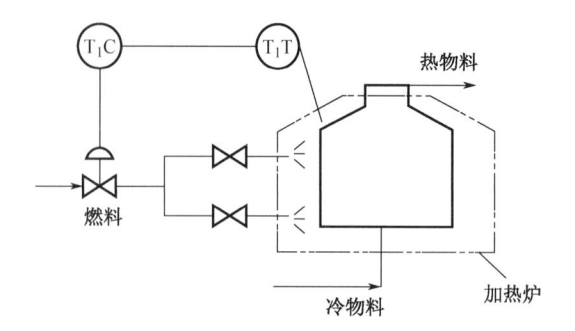

图4-11　加热炉炉膛温度单回路控制系统原理图

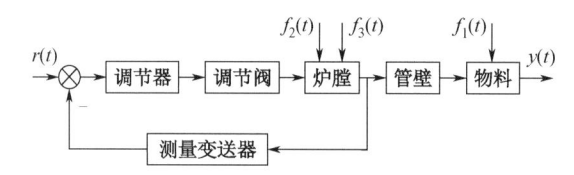

图4-12　加热炉炉膛温度单回路控制系统框图

建立的炉膛温度单回路控制系统仿真框图如图4-13所示，在给定阶跃和扰动阶跃下，系统输出响应如图4-14、4-15所示。

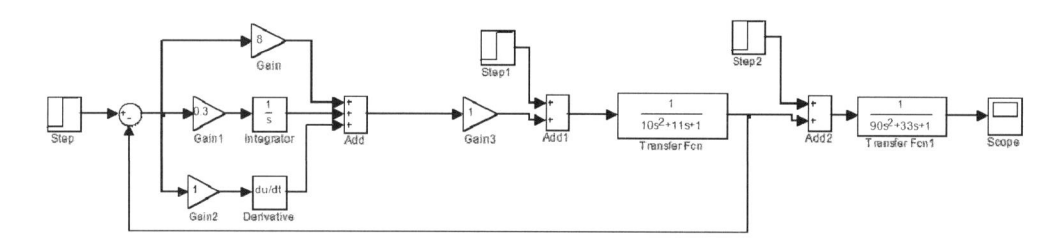

图4-13　炉膛温度单回路控制系统仿真框图

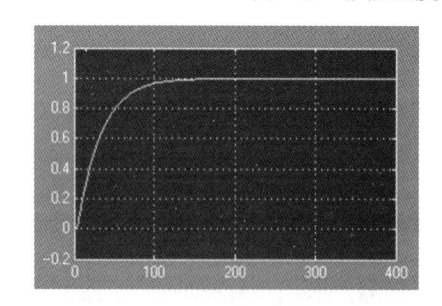

图4-14　给定阶跃下的系统输出响应 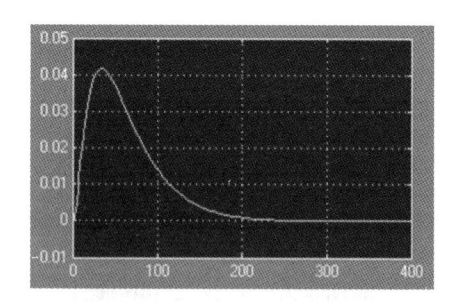　　　　图4-15　扰动阶跃下的系统输出响应

优点：能及时而有效地克服来自燃料压力和烟囱抽力方面的干扰。

缺点：放弃加热炉出口温度控制将无法克服来自原料流量和温度$f_1(t)$方面的干扰。

两种方案各有优点，因此，可以综合两方案的优点，采用如图4-16所示的串级控制系统，选取加热炉的出口温度为主被控参数，选取炉膛温度为副被控参数，将加热炉出口温度调节器的输出值作为炉膛温度调节器的给定值。控制系统原理图如图4-16所示，控制系统框图如图 4-17 所示。

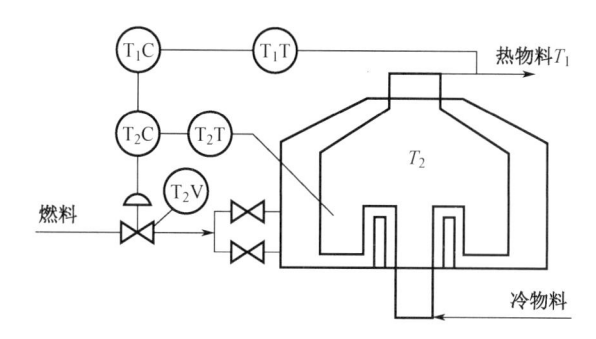

图 4-16 加热炉温度串级控制系统原理图

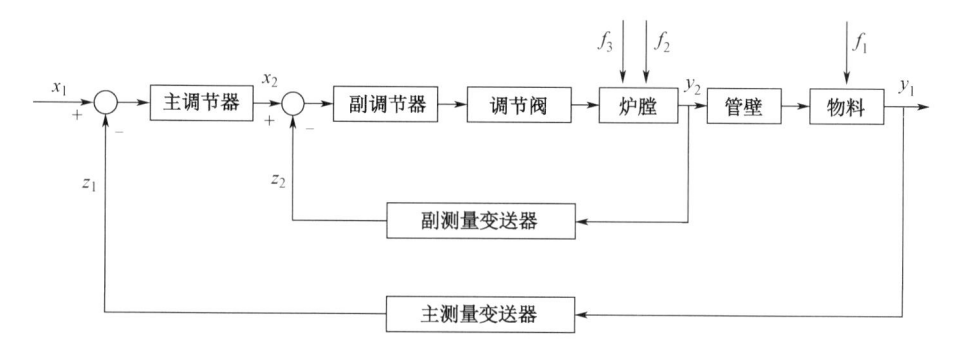

图 4-17 加热炉温度串级控制系统框图

串级控制的思想是把时间常数较大的被控对象分解为两个时间常数较小的被控对象，如将从燃料量到炉膛温度之间的设备作为第一个被控对象，炉膛温度到被控变量之间的设备作为第二个对象，即在原被控对象中找出一个中间变量炉膛温度，它能及时反映干扰的作用，根据炉膛温度的变化，先控制燃料量，再根据原料出口温度与给定值之差，进一步控制燃料量，使被控变量得到较精确的控制。

特征：两个控制器串联在一起，共同控制一个调节阀。

4.3 串级控制的基本概念

采用的控制器不止一个，而且控制器是串联的，其中一个控制器的输出作为另一个控制器的设定值的系统，称为串级控制系统。串级控制系统框图如图 4-18 所示。

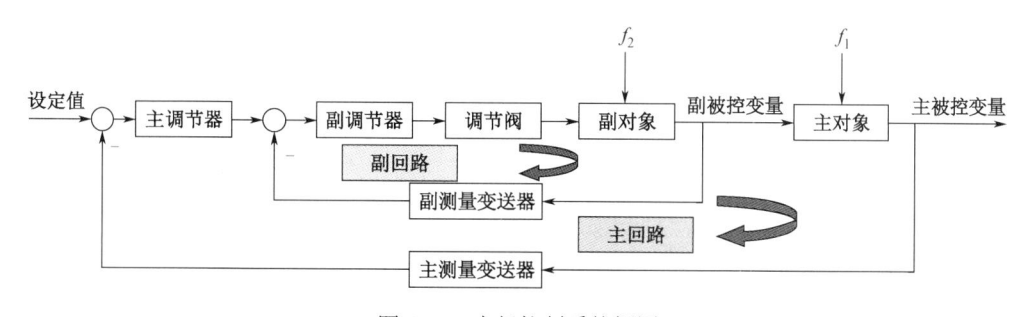

图 4-18 串级控制系统框图

串级控制系统主要由以下元件构成：主调节器和副调节器两个调节器、两个测量变送器、一个执行器、一个调节阀和被控对象。

（1）串级控制系统中有两个调节器，分别叫作主调节器和副调节器，它们相互串联，前一个调节器的输出是后一个调节器的输入，即主调节器的输出值是副调节器的给定值。

（2）串级控制系统中有两个反馈回路，并且一个回路嵌套在另一个回路中，处于里面的回路称为内回路（副回路），副回路由副检测变送器、副调节器、调节阀和副过程构成；处于外面的回路称为外回路（主回路），主回路由主检测变送器、主调节器、副调节器、调节阀、副被控过程和主被控过程构成。

（3）串级控制系统中有两个测量反馈信号——主参数和副参数，分别为主调节器和副调节器的反馈输入信号。

串级控制系统各组成部分及常用的名词如图4-19所示。

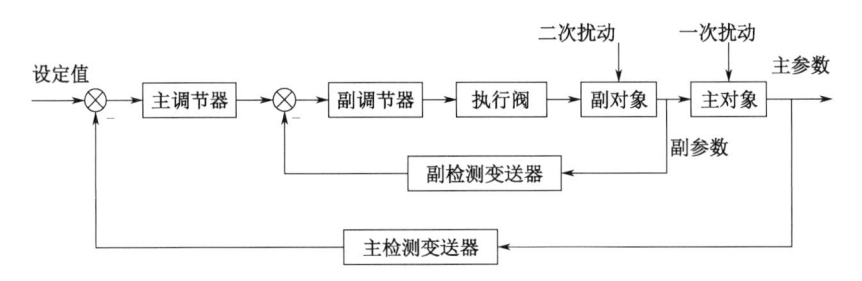

图4-19 串级控制系统各组成部分功能

二次扰动：包括在副回路内的扰动；
一次扰动：不包括在副回路内的扰动；
副参数：为稳定主参数而引入的中间辅助参数；
主参数：起主导作用的被控参数；
副对象：由副被控参数作为输出的生产过程，其输入量为控制参数；
主对象：由主被控参数表征其特性的生产过程，其输入量为副被控参数，输出量为主被控参数；
副调节器：按副被控参数的测量值与主调节器输出的偏差进行工作的调节器，其输出控制调节阀动作；
主调节器：按主被控参数的测量值与给定值的偏差进行工作的调节器，其输出作为副调节器的给定值。

4.4 串级控制系统的特点

串级控制系统主要是用来快速克服进入副回路的二次扰动的，其大多数应用属于此目的，因此，设计时应设法让主要扰动的进入点位于副回路之内，使该扰动在影响主被控参数之前，副调节器就可对其进行校正。也可以认为副回路起迅速粗调的作用，主回路起进一步的细调作用。

副对象的相位滞后由于引入副回路而显著减小，进而改善了主回路的调节性能。其中的副对象由开环结构转换为闭环结构，从而导致主回路的等效对象特性发生变化。对副回路内各环节的特性变化具有一定的自适应能力，并能自动地克服副对象增益或调节阀特性的非线性对控制性能的影响。

总体来说，由于引入了闭环结构，使得副回路的闭环传递函数的稳态增益趋近于 1，实现了跟随特性。当副回路开环稳态增益足够大时，副回路等效对象的增益就基本上和副对象、调节阀的增益变化无关了。此外，当副对象的增益比单位增益大时，通过闭环结构可使等效对象的增益大大降低，从而可以提高主回路等效广义对象的可控性，使得在相同衰减比的条件下主调节器的增益显著提高。

可以实现更为灵活的控制方式，主调节器或副调节器在必要时可以切除，串级控制系统可以实现串级控制、主控、副控等多种控制方式。其中主控方式是切除副回路，由主调节器直接驱动调节阀，以主被控参数作为被控参数的单回路控制，副控方式是切除主回路，由副回路单独工作的单回路控制。具体特点及分析如下：

（1）在系统结构上：有两个闭合回路（主回路与副回路），有两个调节器（主调节器与副调节器），有两个测量变送器。主回路为定值控制系统，副回路为随动控制系统。控制系统框图如图 4-20 所示。

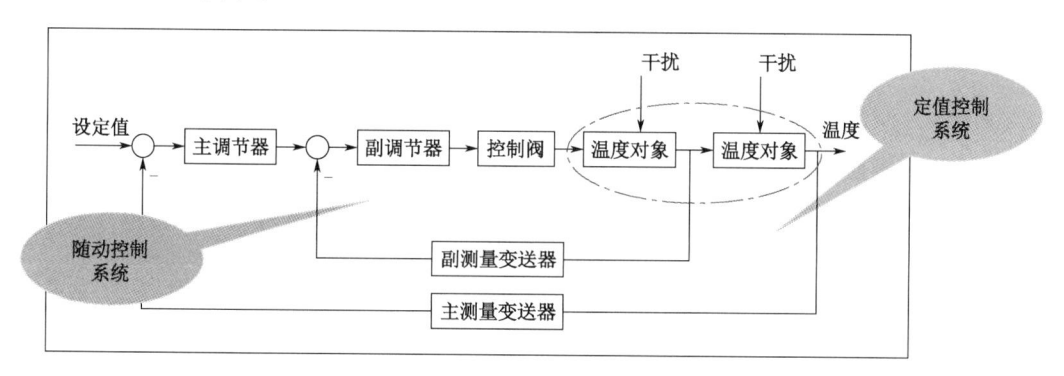

图 4-20 串级控制系统框图

（2）在系统特性上：串级控制系统中由于副回路的引入，改善了对象动态特性，加快了控制过程，具有超前控制的作用。

理论分析：

串级控制系统各部分传递函数如图 4-21 所示。

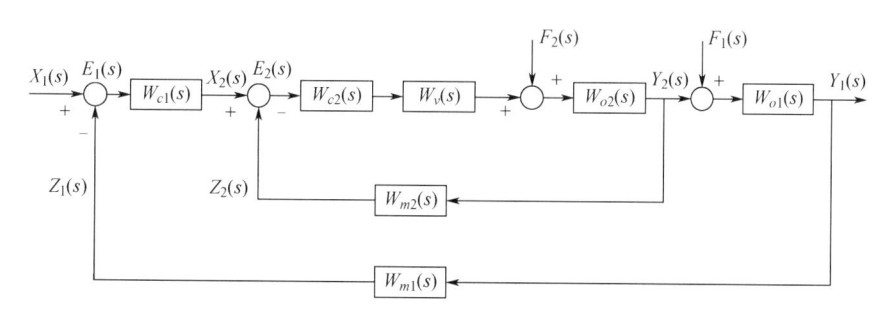

图 4-21 串级控制系统的框图及传递函数

将副回路用等效传递函数代替，如图 4-22 所示。

副环等效传递函数为：

$$W'_{o2}(s) = \frac{Y_2(s)}{X_2(s)} = \frac{W_{c2}(s)W_v(s)W_{o2}(s)}{1+W_{c2}(s)W_v(s)W_{o2}(s)W_{m2}(s)}$$

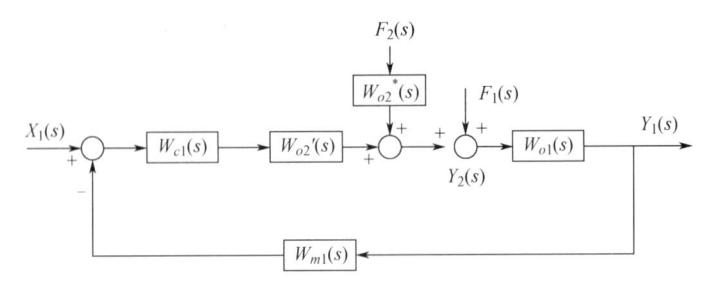

图 4-22 等效后系统的框图

假设 $W_{o2}(s) = \dfrac{K_{o2}}{T_{o2}s+1}$，$W_{c2}(s) = K_{c2}$，$W_v(s) = K_v$，$W_{m2}(s) = K_{m2}$

整理后可得：

$$W'_{o2}(s) = \frac{K'_{o2}}{T'_{o2}s+1}$$

$$T'_{q2} = \frac{T_{o2}}{1+K_2 K_v K_{o2} K_{m2}}$$

结论：串级控制系统中，由于增加了一个副回路，使等效的被控过程的时间常数减小了，从而改善了系统的动态特性，时间常数特性如图 4-23 所示。

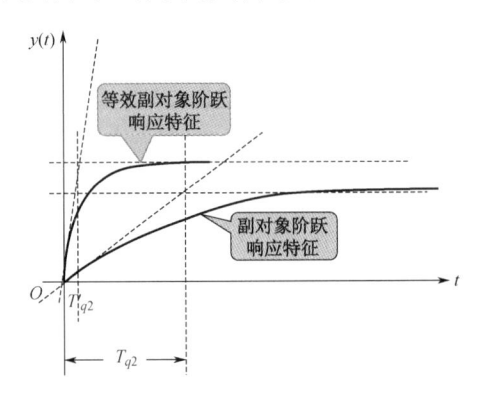

图 4-23 串级控制系统引入副回路后的时间常数特性

仿真验证：

引入副回路后的串级控制系统仿真框图及输出响应如图 4-24 所示。

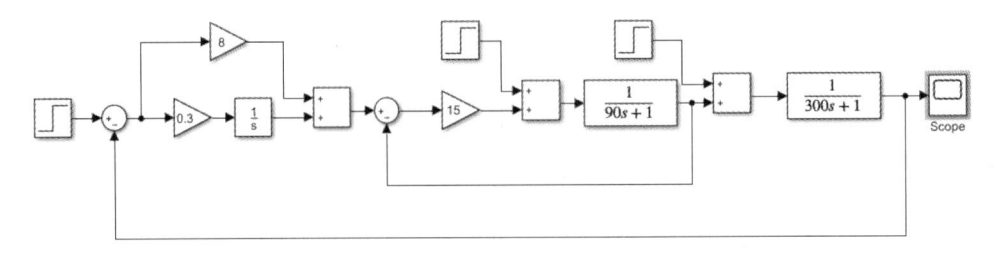

图 4-24 引入副回路后的串级控制系统仿真框图及输出响应

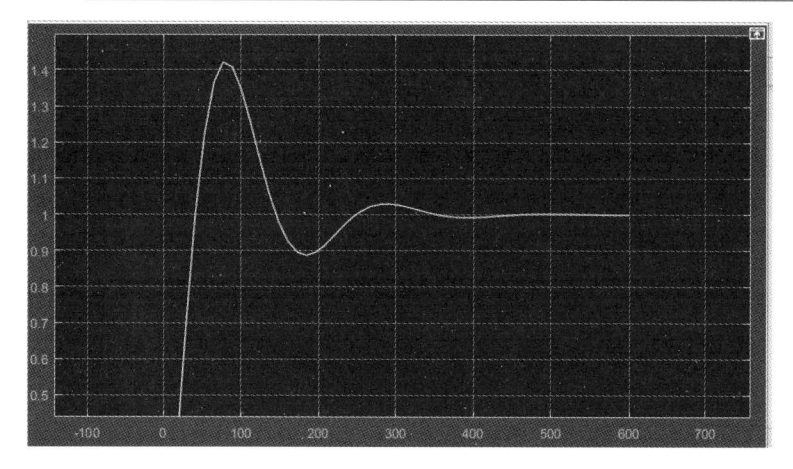

图 4-24 引入副回路后的串级控制系统仿真框图及输出响应（续）

引入副回路前的串级控制系统仿真框图及输出响应如图 4-25 所示。

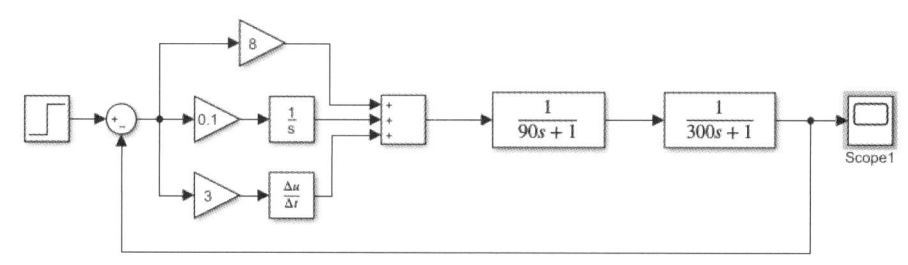

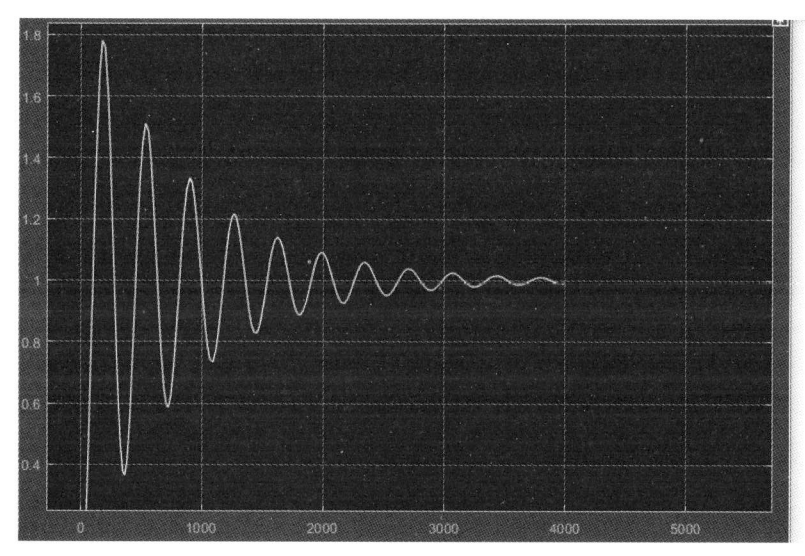

图 4-25 引入副回路前的串级控制系统仿真框图及输出响应

（3）对于进入副回路的干扰具有较强的抗干扰能力。

理论分析：

由图 4-21 可知，二次扰动 $F_2(s)$ 作用下的副回路传递函数为：

$$W_{o2}^*(s) = \frac{Y_2(s)}{F_2(s)} = \frac{W_{o2}(s)}{1 + W_{c2}(s)W_v(s)W_{o2}(s)W_{m2}(s)}$$

系统输出对于输入的传递函数为:

$$\frac{Y_1(s)}{X_1(s)} = \frac{W_{c1}(s)W_{o2}'(s)W_{o1}(s)}{1+W_{c1}(s)W_{o2}'(s)W_{o1}(s)W_{m1}(s)}$$

系统输出对于扰动 F_2 的传递函数为:

$$\frac{Y_1(s)}{F_2(s)} = \frac{W_{o2}^*(s)W_{o1}(s)}{1+W_{c1}(s)W_{o2}'(s)W_{o1}(s)W_{m1}(s)}$$

对于一个控制系统,输出对于输入的传递函数($Y_1(s)/X_1(s)$)越接近 1,系统控制性能越好。

当它在扰动作用的影响下,输出对于扰动 F_2 的传递函数($Y_1(s)/F_2(s)$)越接近 0,系统的抗干扰能力越强。

串级控制系统的抗干扰能力可用下式表示:

$$Q_{c2}(s) = \frac{Y_1(s)/X_1(s)}{Y_1(s)/F_2(s)} = W_{c1}(s)W'_{o2}(s)/W^*_{o2}(s) = W_{c1}(s)W_{c2}(s)W_v(s)$$

单回路控制系统的等效框图如图 4-26 所示。

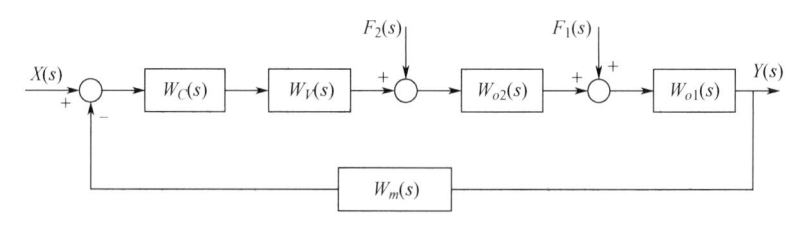

图 4-26 单回路控制系统等效框图

系统输出对输入的传递函数为:

$$\frac{Y(s)}{X(s)} = \frac{W_c(s)W_v(s)W_{o2}(s)W_{o1}(s)}{1+W_c(s)W_v(s)W_{o2}(s)W_{o1}(s)W_m(s)}$$

对二次扰动 $F_2(s)$ 的传递函数为:

$$\frac{Y(s)}{F_2(s)} = \frac{W_{o2}(s)W_{o1}(s)}{1+W_c(s)W_v(s)W_{o2}(s)W_{o1}(s)W_m(s)}$$

其抗干扰的能力可用下式表示:

$$Q_{d2}(s) = \frac{Y(s)/X(s)}{Y(s)/F_2(s)} = W_c(s)W_v(s)$$

串级控制系统与单回路控制系统的抗二次干扰能力之比为:

$$\frac{Q_{c2}(s)}{Q_{D2}(s)} = \frac{W_{c1}(s)W_{c2}(s)}{W_c(s)} = \frac{K_{c1}K_{c2}}{K_c}$$

分析可得:$K_{c1} \times K_{c2} \gg K_c$,$K_{c1} \times K_{c2}$ 越大,抗干扰能力越强。

结论:单回路控制系统比串级控制系统抗干扰能力差。

仿真验证:

建立的串级控制系统仿真框图如图 4-27 所示,在副回路阶跃扰动作用下,系统输出响应如图 4-28 所示。

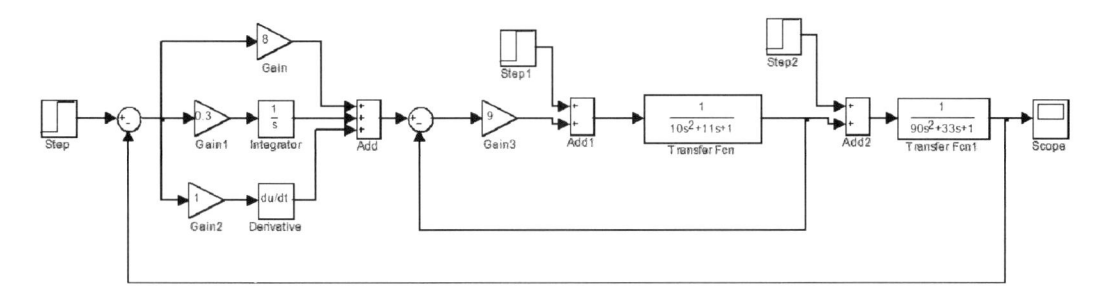

图 4-27 串级控制系统仿真框图

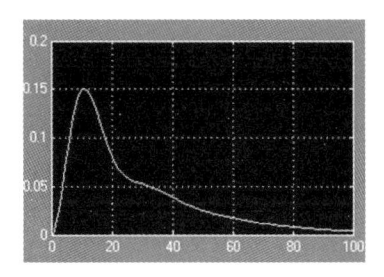

图 4-28 在副回路阶跃扰动作用下系统输出响应

单回路控制系统仿真框图如图 4-29 所示，在同样的阶跃扰动作用下，系统输出响应如图 4-30 所示。

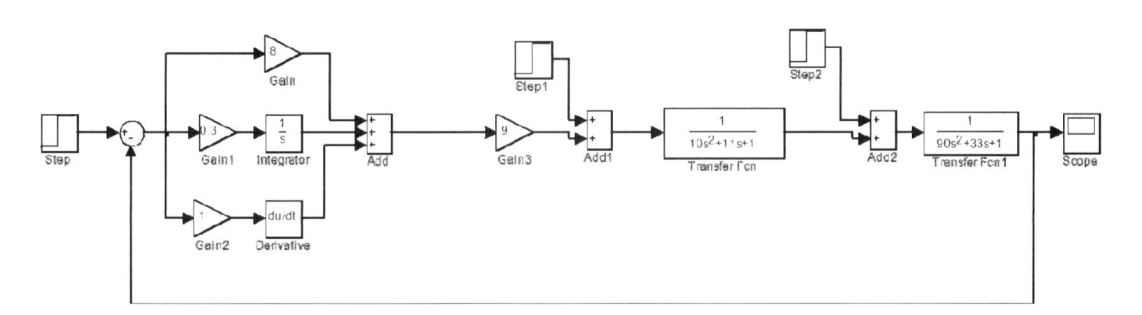

图 4-29 单回路控制系统仿真框图

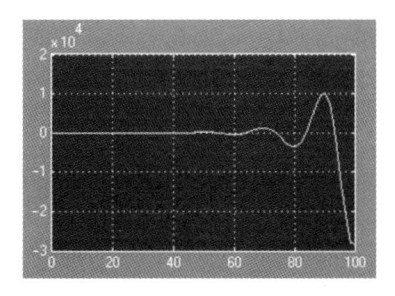

图 4-30 阶跃扰动作用下系统输出响应

（4）对副回路的参数变化，具有一定的自适应能力，某控制系统框图如图 4-31 所示。无串级时，开环传递函数：

$$G(s) = W_c(s) \, W_{o2}(s) \, W_{o1}(s)$$

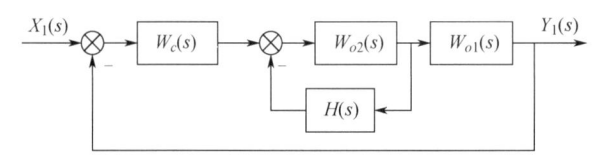

图 4-31 控制系统框图

有串级时，开环传递函数：

$$G'(s) = W_c(s) \frac{W_{o2}(s)}{1 + W_{o2}(s)H(s)} W_{o1}(s)$$

当 $|W_{o2}(s)H(s)| \gg 1$ 时

$$G'(s) \approx W_c(s) \frac{1}{H(s)} W_{o1}(s)$$

结论：串级控制可以减小或消除副对象的非线性影响。

综上所述，串级控制系统引入了一个副回路，使系统的性能得到了很大程度上的提高，副回路具有先调、粗调、快调的特点，并对于副回路没有完全克服掉的干扰影响能彻底加以克服。因此，在串级控制系统中，由于主、副回路相互配合、相互补充，大大提高了控制质量。对于同样的被控过程，串级控制和单回路控制效果对比如图 4-32 所示。

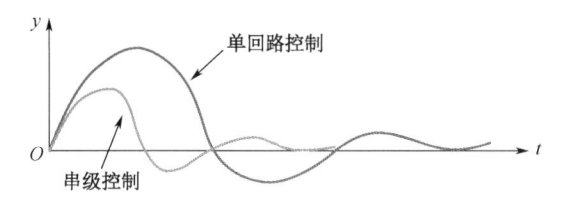

图 4-32 串级控制和单回路控制效果对比

建立的串级控制系统仿真框图如图 4-33 所示，在阶跃作用下，系统输出响应如图 4-34 所示。

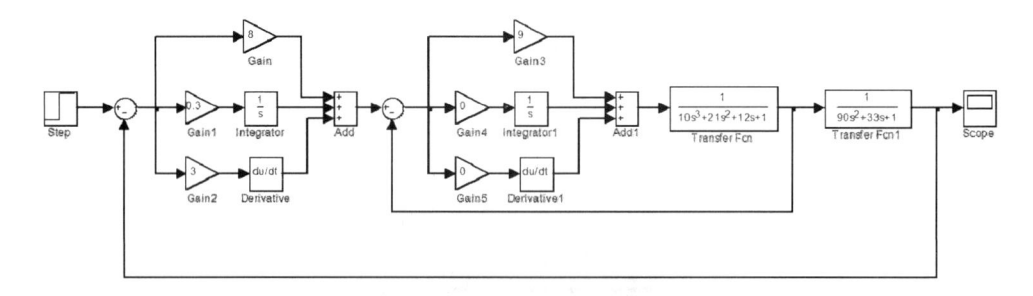

图 4-33 串级控制系统仿真框图

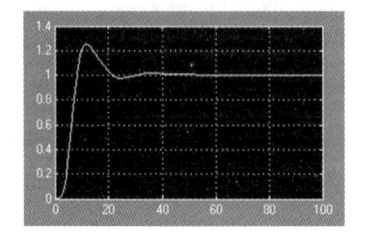

图 4-34 串级控制系统在阶跃作用下的系统输出响应

对于同样的被控过程,建立的单回路控制系统仿真框图如图 4-35 所示,在阶跃作用下,系统输出响应如图 4-36 所示。

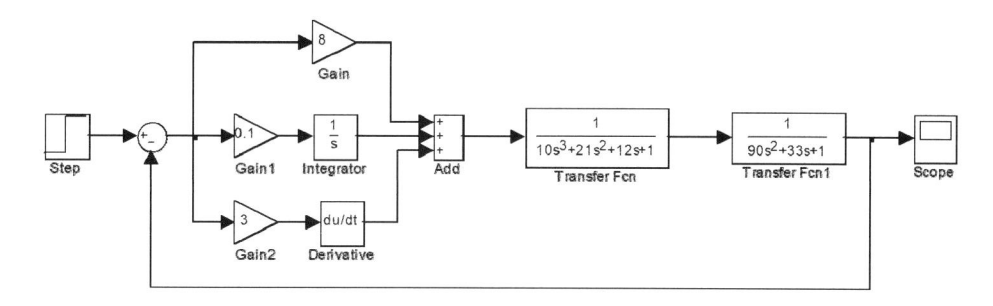

图 4-35 单回路控制系统仿真框图

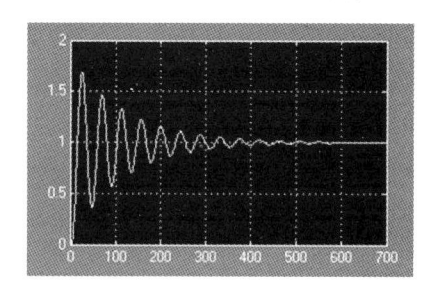

图 4-36 单回路控制系统在阶跃作用下的系统输出响应

4.5 串级控制系统工作过程

仍以加热炉温度串级控制系统为例,系统框图如图 4-37 所示,工况稳定时,加热炉出口温度稳定在给定值上,扰动发生时,串级系统便开始了其控制过程,根据不同的扰动,分三种情况讨论。

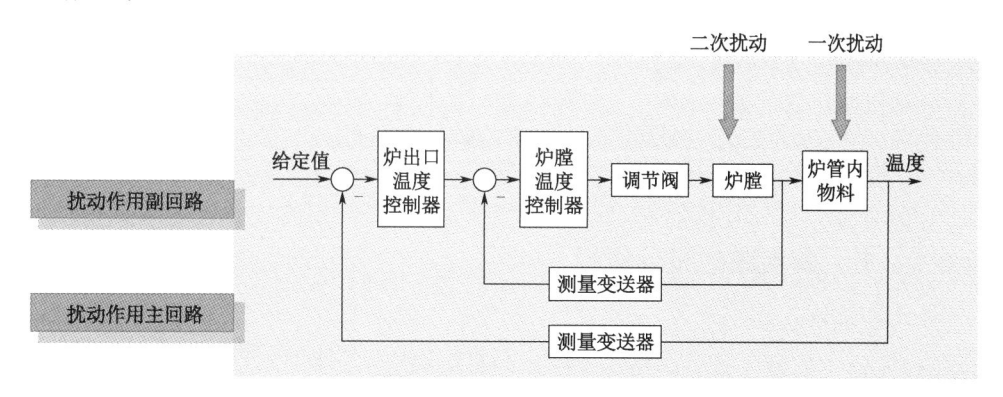

图 4-37 加热炉温度串级控制系统框图

当系统受到扰动时,其调节过程如下:

4.5.1 扰动作用于副回路(二次扰动)——f_2、f_3

$f_2(t)$、$f_3(t)$ 作用:副调节器开始调节,如果扰动不大,不影响炉出口温度,如果扰动大，主回路进一步调节。

4.5.2 扰动作用于主被控过程——f_1

$f_1(t)$作用：主回路、主调节器校正。

4.5.3 扰动同时作用于副回路和主被控过程——f_1、f_2、f_3

$f_1(t)$、$f_2(t)$、$f_3(t)$作用：
（1）一、二次扰动使主参数、副参数同时变大或变小，调节阀的开度开大或关小，调节速度很快。
（2）一、二次扰动使主参数、副参数一个变大，一个变小，主副调节器控制调节阀的方向相反，阀的开度变化较小就能满足要求。

由分析可以看出：在串级控制系统中，由于引入了一个副回路，不仅能及早克服进入副回路的扰动，而且能改善过程特性。副调节器具有粗调的作用，主调节器具有细调的作用，两者配合从而使其控制品质得到进一步提高。

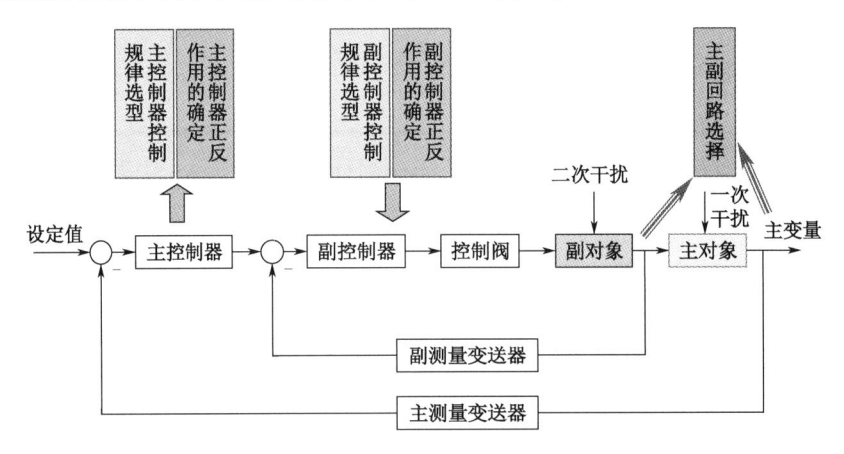

4.6 串级控制系统的设计

串级控制系统的设计涉及的主要内容如图 4-38 所示。

图 4-38 串级控制系统的设计涉及的主要内容

4.6.1 主、副回路的设计原则

1. 主变量的选择

串级控制系统的设计要紧密结合串级控制系统的特点进行。首先，串级控制系统的主回路属于定值控制系统，因此主回路的设计可采用单回路控制系统的设计原则进行，即选择直接或间接反映生产过程的产品产量、质量及安全等控制要求的参数作为主变量。

2. 副变量的选择

串级控制系统设计的核心是副回路的设计，即副变量的选择。在设计副回路时，除了注意工艺的合理性，还应特别注意中间变量的选择，因为从对象中引出中间变量是设计串

级控制系统的前提条件,当对象可由多个中间变量引出时,就会产生副变量如何选择的问题。选择对主变量有直接影响且影响显著的中间变量作为副变量,构成副回路。选择副变量时,还应考虑以下几个方面。

(1)由于串级控制系统的副回路具有调节速度快、抑制扰动能力强等特点,所以在设计时,除了要保证副回路时间常数较小,还应使其纳入主要的和更多的干扰。副回路应尽可能包含生产过程中主要的、变化剧烈的、频繁的和幅度大的扰动,只有这样,才能充分发挥副回路的长处,确保对主变量的控制品质。但副回路并非包括的干扰越多越好,因为副回路包含的干扰越多,其通道越长,克服干扰的灵敏度也就越低。

(2)副变量的选择应考虑到主、副对象时间常数的匹配,选择的副参数应使副对象的时间常数比主对象的时间常数小,调节通道短,反应灵敏,也就是使副回路具有良好的随动性能,因为它是串级控制系统能够正常运行的必要条件,否则,系统可能发生共振现象。

分析可知:
(1)当 $T_{o1}/T_{o2}>10$ 时,说明 T_{o2} 很小,副回路包括的干扰很少,作用未发挥。
(2)当 $T_{o1}/T_{o2}<3$ 时,说明 T_{o2} 过大,副回路的控制作用未及时发挥。
(3)当 $T_{o1}/T_{o2}\approx1$ 时,主、副回路易发生共振现象。
一般认为:在 $T_{o1}/T_{o2}=3\sim10$ 时,副回路的作用发挥得较合适。
(1)如果对象具有非线性环节,在设计时应使非线性环节置于副回路中。
(2)如果对象具有较大纯滞后,在设计时应使副回路尽量少包括或不包括纯滞后。
(3)所设计的副回路需考虑到方案的经济性和工艺的合理性。

4.6.2 主、副控制器的选择

1. 主、副控制器控制规律的选择

在串级控制系统中,主、副控制器所起的作用是不同的,主控制器起定值控制作用,即起细调作用。副控制器对主控制器的输出起随动控制作用,起快速粗调作用,而对扰动作用起定值控制作用,因此主被控变量要求无余差,副被控变量却允许在一定范围内变动,这是选择控制规律的基本出发点。

凡是设计串级控制系统的场合,对象总有较大滞后的特性,此时,主控制器一般可采用比例、积分两作用或比例、积分、微分三作用控制规律,而副控制器采用单比例作用或比例积分作用控制规律即可。

2. 主、副控制器正、反作用的选择

控制器正、反作用的选择原则是,尽量使系统成为负反馈系统。为保证所设计的串级控制系统主、副回路成为负反馈系统,必须正确选择主、副控制器的正、反作用。

在具体选择时,先依据控制阀的气开、气关形式和副对象的放大倍数,决定控制器的正、反作用方式。主控制器的正、反作用主要取决于主对象的放大倍数,而主对象的放大倍数为实际取决于主对象的放大系数,控制阀的气开、气关形式已不影响主控制器的正、反作用的选择,因为控制阀已包含在副回路内。主、副控制器正、反作用方式的选择具体按如下步骤进行。

(1)根据生产工艺要求确定调节阀的气开、气关方式。
(2)确定主、副被控过程的正、反特性。

（3）根据 $K_{c2} \times K_v \times K_{o2} = +$ 的原则，确定副控制器的正、反作用。
（4）根据 $K_{c1} \times K_{o1} = +$ 的原则，确定主控制器的正、反作用。

对于加热炉温度串级控制系统的分析如下。

（1）从生产工艺出发，燃料油调节阀为气开阀，K_v 为正；若燃料油增加，炉膛温度随之升高，副回路的 K_{o2} 为正；副调节器的放大系数 K_{c2} 应取正，此时为反作用调节。

（2）若炉膛温度升高，加热炉出口温度随之升高，故主过程的 K_{o1} 为正，则主调节器的放大系数 K_{c1} 应为正，此时为反作用调节。

加热炉温度串级控制系统框图如图 4-39 所示。

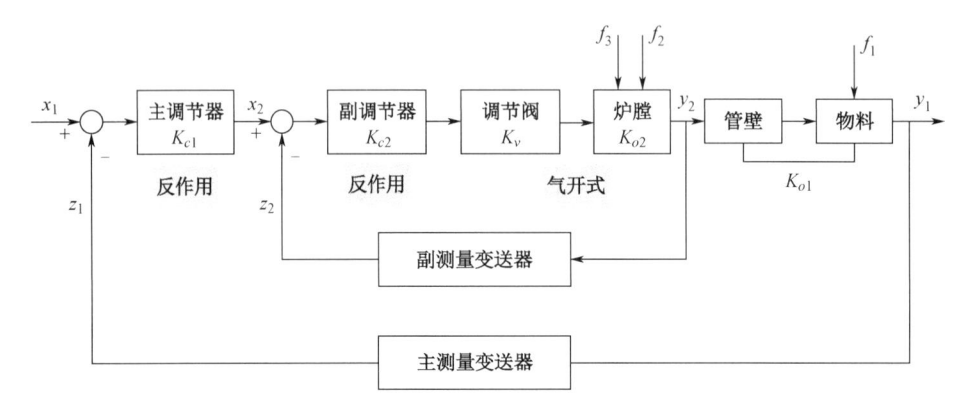

图 4-39 加热炉温度串级控制系统框图

4.7 串级控制系统的参数整定

串级控制系统由单回路 PID 控制器（作为主控制器）和外给定控制器（作为副控制器）彼此串接组成双回路控制系统，主控制器的控制输出作为外给定控制器的设定值，外给定控制器的控制输出送往控制调节结构。

串级控制系统参数整定常用的有两步整定法、逐步整定法和一步整定法。

4.7.1 两步整定法：先整定副参数、后整定主参数

整定步骤为：

（1）在工况稳定，主、副控制器都在纯比例作用的条件下，将主控制器的比例度先固定在 100% 的刻度上，然后逐渐减小副控制器的比例度，求取副回路在满足某种衰减比（如 4:1）过渡过程下的副控制器比例度 δ_{2S} 和操作周期 T_{2S}。

（2）在副控制器比例度等于 δ_{2S} 的条件下，逐步减小主控制器的比例度，直至得到同样衰减比下的过渡过程，记下此时主控制器的比例度 δ_{1S} 和操作周期 T_{1S}。

（3）根据上面得到的 δ_{1S}、T_{1S}、δ_{2S}、T_{2S}，按表的规定关系计算主、副控制器的比例度、积分时间和微分时间。

（4）按"先副后主""先比例再积分最后微分"的整定方法，将计算出的控制器参数加到控制器上。

（5）观察控制过程，适当调整，直到获得满意的过渡过程。

4.7.2 逐步整定法：先副后主，反复调节

逐步整定法是先副后主，反复调节。该方法较烦琐。

整定步骤为：

（1）先整定副调节器 $WC_2(s)$。在第一次整定副调节器时，断开主环，即按副回路单独工作时的单回路系统来整定副调节器 $WC_2(s)$ 的参数，记作 $[WC_2(s)]_1$。

（2）根据 $[WC_2(s)]_1$，整定主调节器 $WC_1(s)$。按单回路系统整定方法求出主调节器的参数，记作 $[WC_1(s)]_1$。

（3）据（2）得到的 $[WC_1(s)]_1$，整定副调节器 $WC_2(s)$。根据单回路系统的整定方法求出副调节器的参数，记为 $[WC_2(s)]_2$。

（4）如果 $[WC_2(s)]_2$ 的参数值与步骤（1）得到的 $[WC_2(s)]_1$ 的参数值基本相同，那么整定就完成了。两个调节器的整定参数分别为步骤（1）和步骤（2）中求得的参数。否则应根据 $[WC_2(s)]_2$ 重复步骤（2）、（3），直到两次整定结果基本相同为止。

4.7.3 一步整定法

在调整好对副被控变量要求不高的串级控制系统中的副控制器后，只整定主被控变量。

采用一步整定法的依据是，在串级控制系统中，对副被控变量的要求不高，可以在一定范围内变化，因此，副控制器根据经验取好比例度后，一般不再进行调整，只要主被控变量能整定出满意的过渡过程即可。

副控制器在不同被控变量情况下的经验比例度如表 4-1 所示。

表 4-1 副控制器在不同被控变量情况下的经验比例度

副变量类型	温度/℃	压力/Pa	流量/m^3/n	液位/m
比例度/%	20～60	30～70	40～80	20～80

4.8 串级控制系统在工业中的应用

串级控制系统主要应用于容量滞后较大、纯延时较大、有变化剧烈且幅度较大的扰动、非线性的过程。

4.8.1 应用于容量滞后较大的过程

在过程控制系统中，被控过程的容量滞后较大，特别是一些被控量是温度等参数时，控制要求较高，如果采用单回路控制系统往往不能满足生产工艺的要求。而串级控制系统存在二次回路可以改善过程的动态特性，提高系统工作频率，合理构造二次回路，减小容量滞后对过程的影响，能加快响应速度。在构造二次回路时，应该选择一个滞后较小、保证快速动作的副回路。

加热炉出口温度与炉膛温度串级控制系统，如图 4-40 所示。燃料油热值变化后，炉膛反应滞后 3 分钟，而出口温度则滞后 15 分钟。所以应选择时间常数和滞后较小的炉膛温度作为副参数，构成炉出口温度对炉膛温度的串级控制系统，以此来提高控制质量。控制系统仿真框图如图 4-41 所示，输出响应如图 4-42 所示。

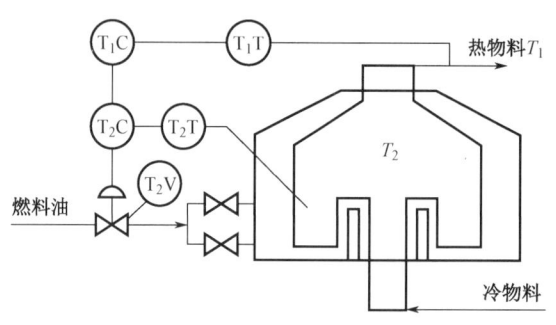

图 4-40 加热炉出口温度与炉膛温度串级控制系统

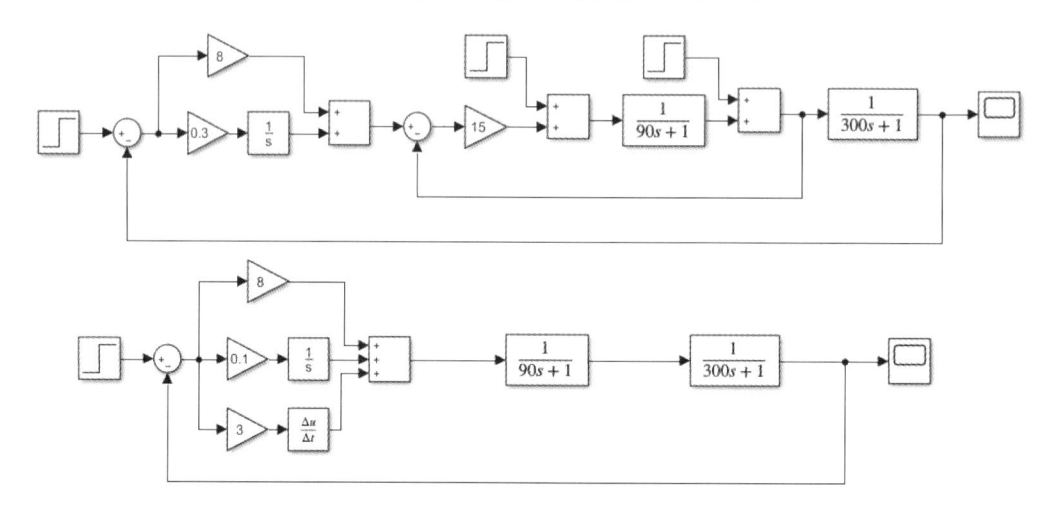

图 4-41 控制系统仿真框图

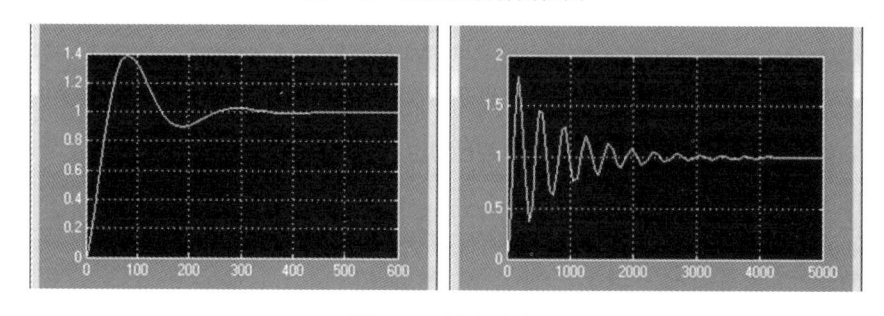

图 4-42 输出响应

4.8.2 应用于纯延时较大的过程

被控过程中存在纯滞后会严重影响控制系统的动态特性,使控制系统不能满足生产工艺的要求。使用串级控制系统,在距离调节阀较近、纯滞后较小的位置构成副回路,把主要扰动包含在副回路中,提高副回路对系统的控制能力,可以减小纯滞后对主被控变量的影响,改善控制系统的控制质量。

网前箱温度—温度串级控制系统如图 4-43 所示。纸浆用泵从贮槽送至混合箱,在混合箱内用蒸汽加热至 72℃左右,经过立筛、圆筛除去杂质后送到网前箱,再去铜网脱水。为了保证质量,工艺要求网前箱温度保持在 61℃左右,允许误差不超过 1℃。

第 4 章 串级控制系统

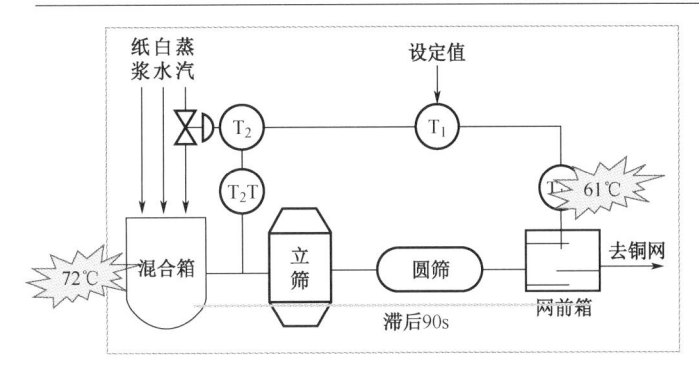

图 4-43 网前箱温度—温度串级控制系统

建立网前箱温度—温度串级控制系统仿真框图如图 4-44 所示，输出响应如图 4-45 所示。

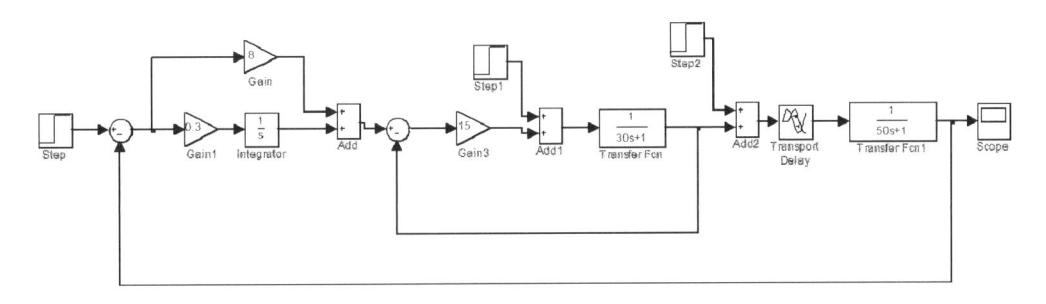

图 4-44 网前箱温度—温度串级控制系统仿真框图

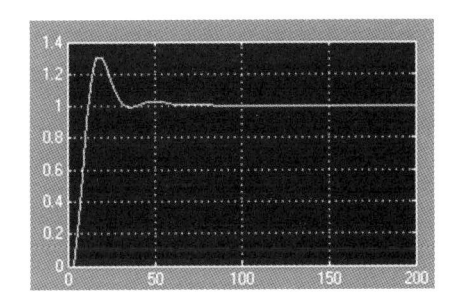

图 4-45 网前箱温度—温度串级控制系统输出响应

如果将纯滞后放到副回路中，建立的串级控制系统仿真框图如图 4-46 所示，输出响应如图 4-47 所示。

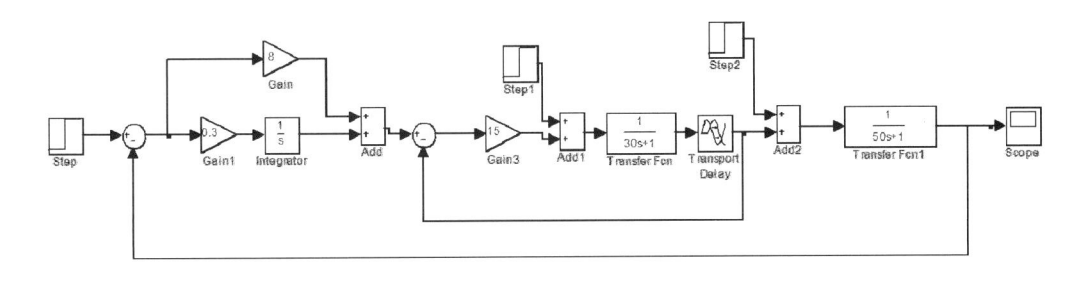

图 4-46 纯滞后放到副回路中的串级控制系统仿真框图

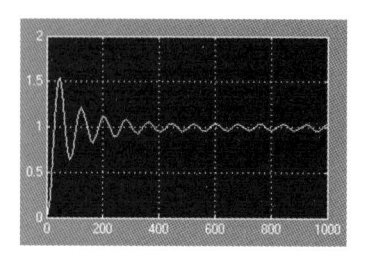

图 4-47　纯滞后放到副回路中的串级控制系统输出响应

可见，对于被控过程具有较大的纯滞后时，应使副环尽量少包含或不包含纯滞后，尽量将纯滞后放到主被控过程中以提高副回路的快速抗干扰能力。

如果应用单回路控制方案，建立简单控制系统仿真框图如图 4-48 所示，输出响应如图 4-49 所示。

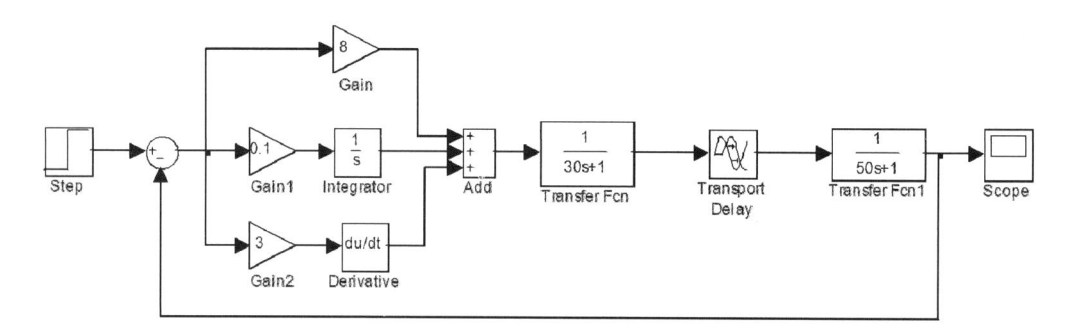

图 4-48　网前箱温度—温度单回路控制系统仿真框图

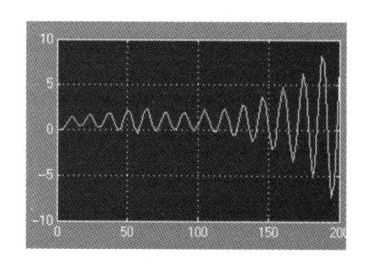

图 4-49　网前箱温度—温度单回路控制系统输出响应

可见，对于纯延时较大的被控过程，简单控制系统已不能满足控制要求。

4.8.3　应用于变化剧烈且幅度较大的扰动过程

串级控制系统的副回路对于进入其中的扰动具有较强的校正能力。所以，在系统设计时，只要将变化剧烈且幅度较大的扰动包括在副回路中，就可以大大减小这种扰动对主参数的影响。

精馏塔釜温度与蒸汽流量串级控制系统如图 4-50 所示，其中，蒸汽压力为主要扰动量，可从 500kPa 下降至 300kPa。

设计精馏塔釜温度与蒸汽流量串级控制系统，系统框图如图 4-51 所示。

主被控变量：精馏塔提馏段温度。

副被控变量：再沸器加热蒸汽流量。

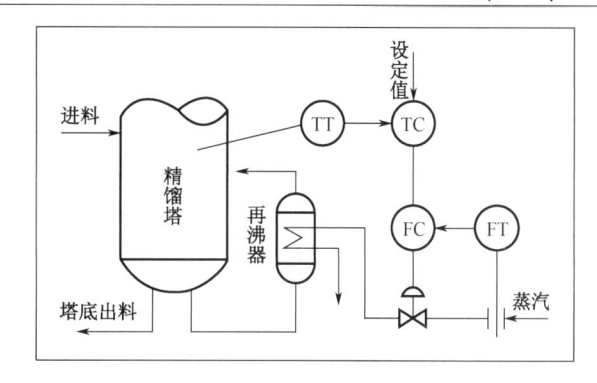

图 4-50 精馏塔釜温度与蒸汽流量串级控制系统

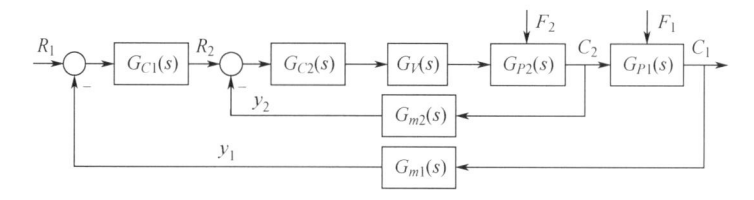

图 4-51 精馏塔釜温度与蒸汽流量串级控制系统框图

调节阀：从安全考虑，选气开，调节阀静态放大系数 K_v 为正；

副对象：阀开蒸汽流量增加，操纵变量增加被控变量增加，副对象静态放大系数 K_{02} 为正；

副调节器：副调节器静态放大系数 K_{c2} 为正，即反作用调节器；

主对象：蒸汽流量增加，提馏段温度升高，主对象静态放大系数 K_{01} 为正；

主调节器：主调节器静态放大系数 K_{c1} 为正，即反作用调节器。

建立的精馏塔釜温度与蒸汽流量串级控制系统仿真框图如图 4-52 所示，在给定阶跃、一二次扰动、二次扰动作用下的输出响应如图 4-53、4-54、4-55 所示。

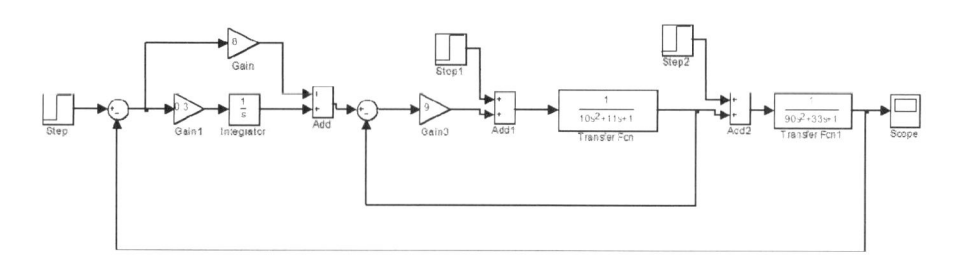

图 4-52 精馏塔釜温度与蒸汽流量串级控制系统仿真框图

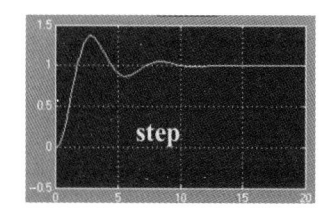

图 4-53 给定阶跃作用下的输出响应

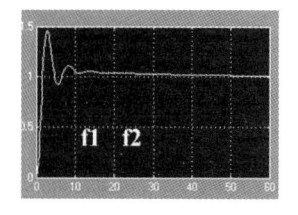

图 4-54 一二次扰动作用的输出响应

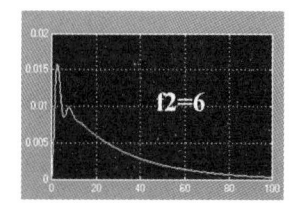

图 4-55 二次扰动作用下的输出响应

如果应用单回路控制方案，建立的简单控制系统仿真框图如图 4-56 所示，在给定阶跃、一二次扰动、二次扰动作用下的输出响应如图 4-57、图 4-58、图 4-59 所示。

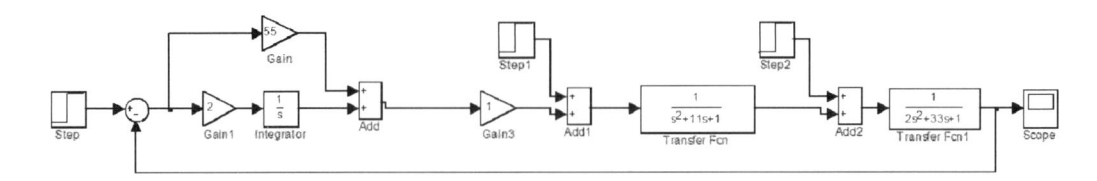

图 4-56　精馏塔釜温度单回路控制系统仿真框图

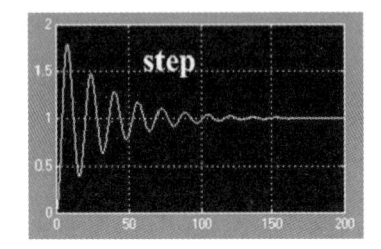

图 4-57　给定阶跃作用下的输出响应

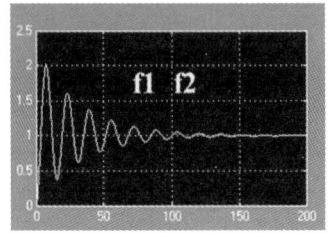

图 4-58　一二次扰动作用下的输出响应

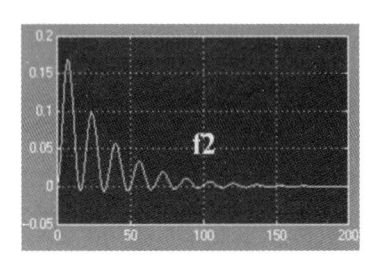

图 4-59　二次扰动作用下的输出响应

4.8.4　应用于非线性过程

在过程控制中，一般的被控过程都存在着一定的非线性，这会导致当负载变化时整个系统的特性也发生变化，从而影响控制系统的动态特性，单回路系统往往不能满足此生产工艺的要求。由于串级控制系统的副回路是随动控制系统，具有一定的自适应性，所以可以在一定程度上补偿非线性对系统动态特性的影响。

合成反应炉中部温度与进气口温度的串级控制系统如图 4-60 所示。

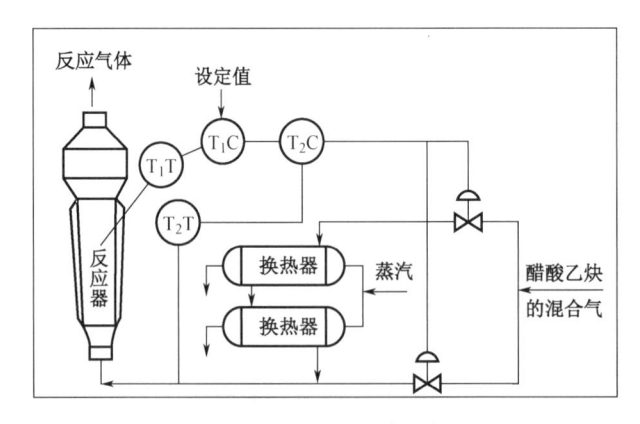

图 4-60　合成反应炉中部温度与进气口温度的串级控制系统

原则：将具有非线性特性的换热器包含在副回路中（其中换热器为非线性设备）。建立的系统仿真框图如图 4-61 所示，输出响应如图 4-62 所示。

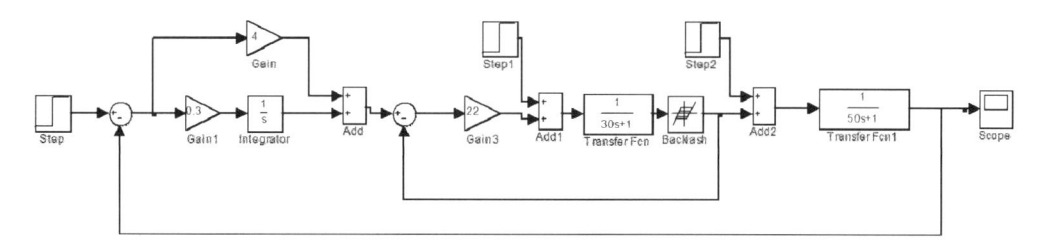

图 4-61 合成反应炉中部温度与进气口温度的串级控制系统仿真框图

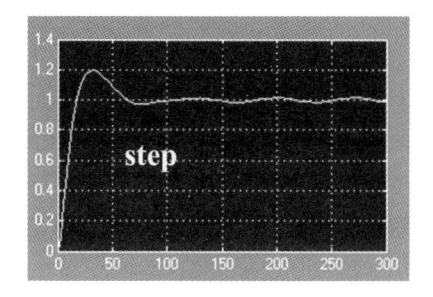

图 4-62 合成反应炉中部温度与进气口温度的串级控制系统输出响应

如果将非线性过程放到主回路中，建立的串级控制系统仿真框图如图 4-63 所示，输出响应如图 4-64 所示。

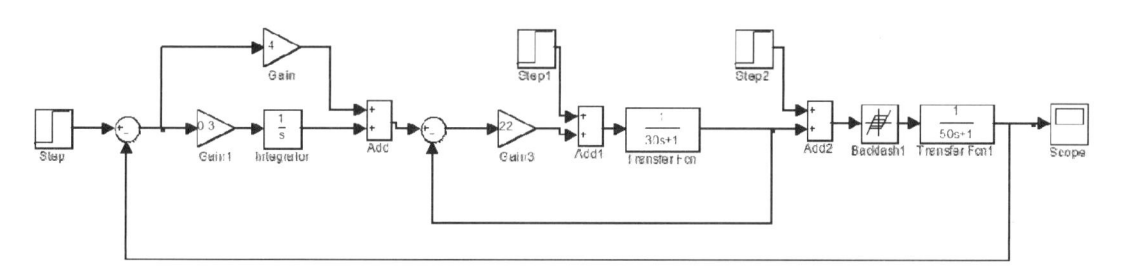

图 4-63 将非线性过程放到主回路中，建立的串级控制系统仿真框图

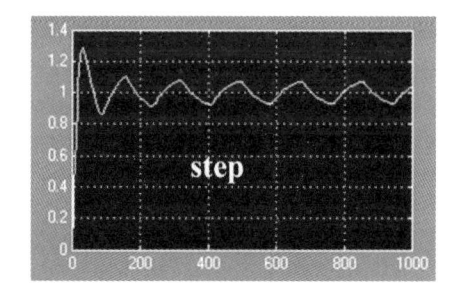

图 4-64 将非线性过程放到主回路中，建立的串级控制系统输出响应

4.9 串级控制系统的设计举例

反应器广泛应用于石油、化工、橡胶、农药、染料、医药、食品和压力容器中，用于完成硫化、硝化、加氢、烷基化、聚合和缩合等工艺过程，如反应器、反应罐、分解罐、

聚合釜等。图 4-65 为某反应器的示意图。

物料自顶部连续进入反应器中，经反应后由底部排出，反应中产生的热量由夹套中的冷却水带走，反应器内的温度通过改变进入夹套的冷却水流量来控制。

（1）设计一个单回路反应器温度控制系统，按照步骤，给出完整的设计过程。

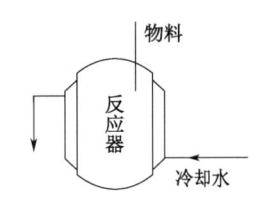

图 4-65 反应器的示意图

（2）若单回路温度控制系统不能满足控制精度的要求，那么如何改进控制方案？绘制改进后的控制系统框图，并进行简要说明。

设计过程：

被控参数的选择：选择反应器温度作为直接被控参数。

控制参数的选择：反应中产生的热量由夹套中的冷却水带走，故选择冷却水流量作为控制参数。

执行器作用方式的选择：从生产安全角度考虑，事故状态下，为防止反应器温度过高，物料变质，控制冷却水流量的调节阀应选择气关阀。

控制器正反作用方式的选择：

根据闭环系统负反馈的原则，即闭环系统中各环节增益之积符号的正负，确定控制器增益系数 K_C 的正负，进而确定控制器的正反作用，闭环系统中各环节增益符号判断如下：

调节阀增益系数 K_V 正负的判断：气关阀，反作用，$K_V<0$；

被控过程增益系数 K_o 正负的判断：当控制变量增加时，被控变量温度减小，则 $K_o<0$；

检测变送环节增益系数 K_m 正负的判断：检测变送环节的增益一般都为正，即 $K_m>0$；

控制器增益系数 K_C 正负的判断：根据 "$K_{C2} \times K_V \times K_{o2} = +$" 的原则，$K_C>0$，反作用，即当目标温度高于设定值时，需要增加调节阀的开度，加大冷却水的流量，降低反应器温度。反之，当目标温度低于设定值后，需要适当减少调节阀的开度。

控制器的控制规律选择：采用 PID 控制规律。

设计的单回路反应器温度控制系统原理图和框图如图 4-66、图 4-67 所示。

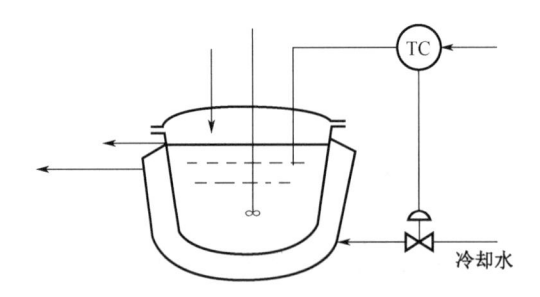

图 4-66 反应器单回路温度控制系统原理图

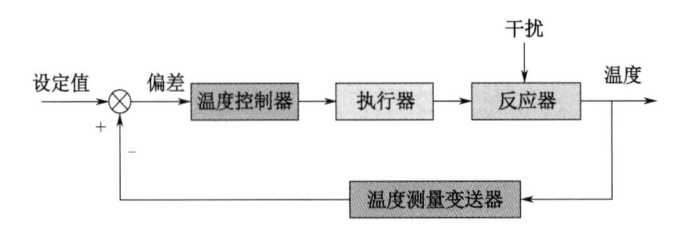

图 4-67 反应器单回路温度控制系统框图

（2）当系统中的主要扰动冷却水流量较大时，单回路温度控制系统便不能满足控制精度的要求，此时需改进控制方案，设计流量—温度串级控制方案，设计的串级控制系统原理图和框图如图 4-68、图 4-69 所示。

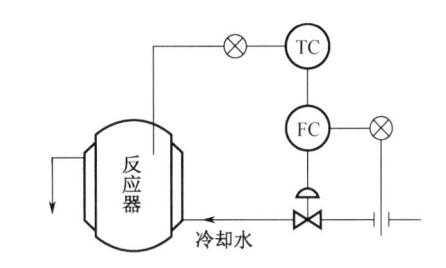

图 4-68 流量—温度串级控制系统原理图

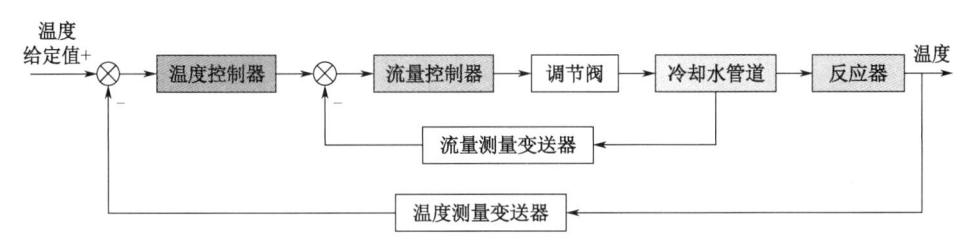

图 4-69 流量—温度串级控制系统框图

引入冷却水流量作为副变量，由于副回路的引入，将变化剧烈、频繁和幅度大的冷却水流量纳入副回路，能够快速抑制扰动，确保温度的控制品质。对于副回路没有完全克服掉的干扰影响，主回路能彻底加以克服。因此，设计的串级控制系统，由于主、副回路相互配合、相互补充，大大提高了控制质量。

主控制器采用比例积分微分控制规律，而副控制器采用比例控制规律即可。

双容水箱液位控制系统如图 4-70 所示。该系统要求经过中水箱才能进入下水箱，这时的时间常数比较大，时延大。要求下水箱液位为定值。

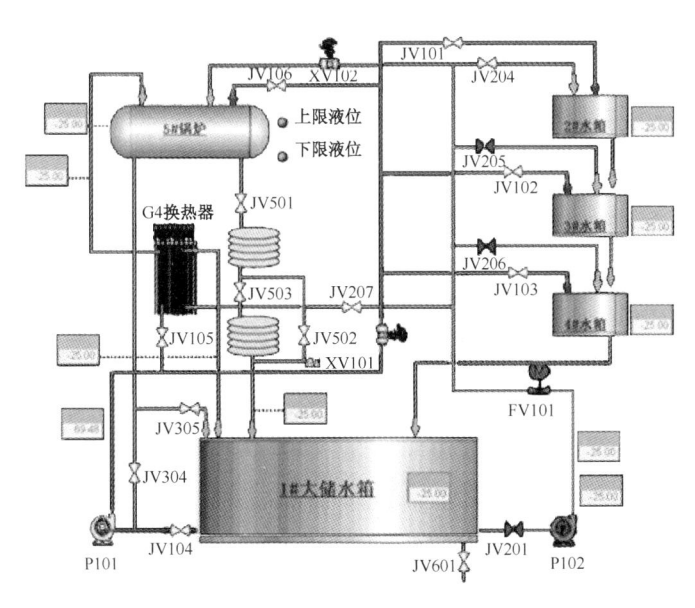

图 4-70 双容水箱液位控制系统

设计水箱液位单回路控制系统,建立的单回路控制系统仿真框图如图 4-71 所示,在给定阶跃、一次扰动、二次扰动作用下的输出响应如图 4-72、4-73、4-74 所示。

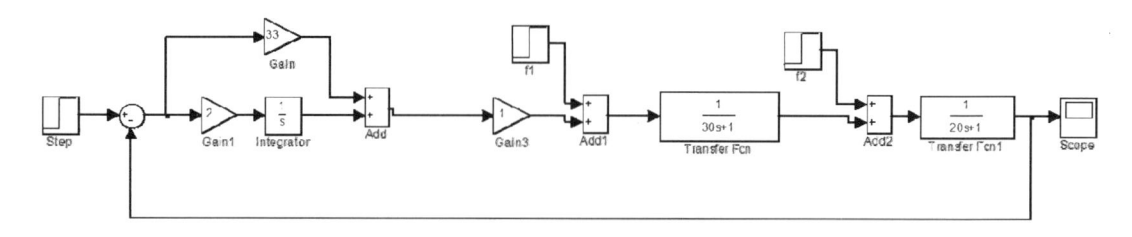

图 4-71 水箱液位单回路控制系统仿真框图

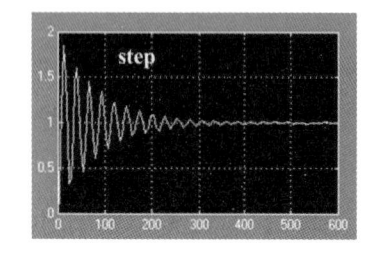

图 4-72 给定阶跃作用下的输出响应

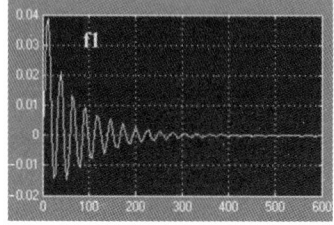

图 4-73 一次扰动作用下的输出响应

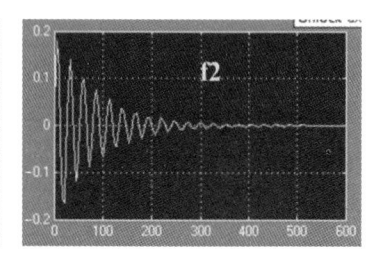

图 4-74 二次扰动作用下的输出响应

可见,设计的水箱液位单回路控制系统达不到控制要求,需改进控制方案。

设计水箱液位串级控制系统,以下水箱为主对象,中水箱为副对象,控制电动调节阀向中水箱注水,时间常数小,时延小,控制通道短,缩短过渡过程时间。系统原理图如图 4-75 所示,系统框图如图 4-76 所示。

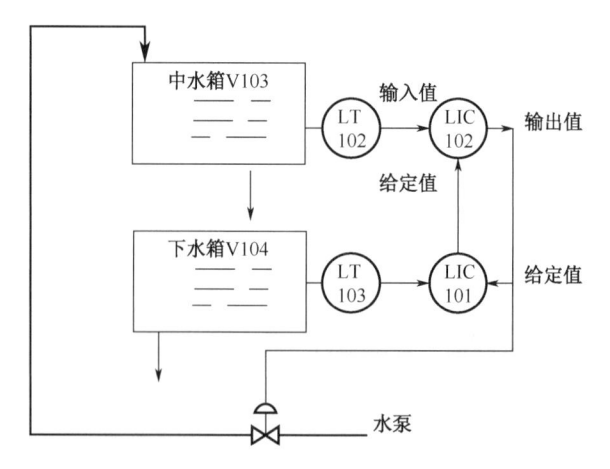

图 4-75 水箱液位串级控制系统原理图

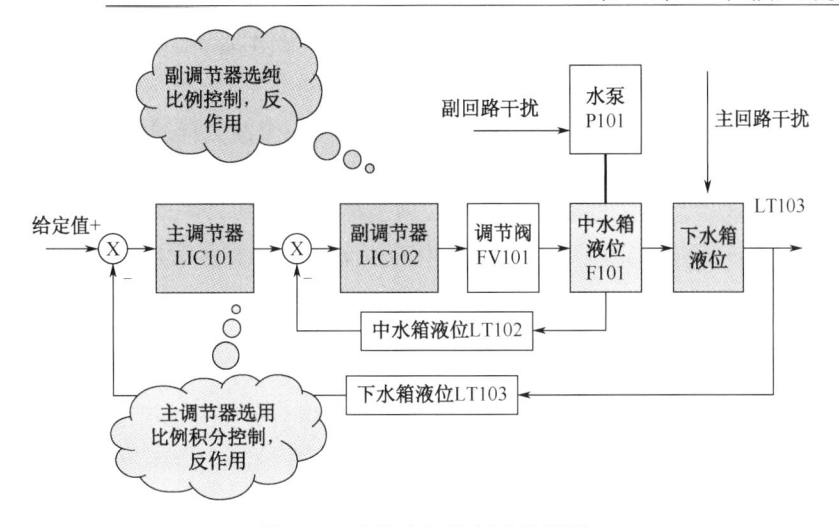

图 4-76 液位串级控制系统框图

系统的仿真框图如图 4-77 所示。在给定阶跃、一次扰动和二次扰动作用下的仿真结果如图 4-78、图 4-79、图 4-80 所示。

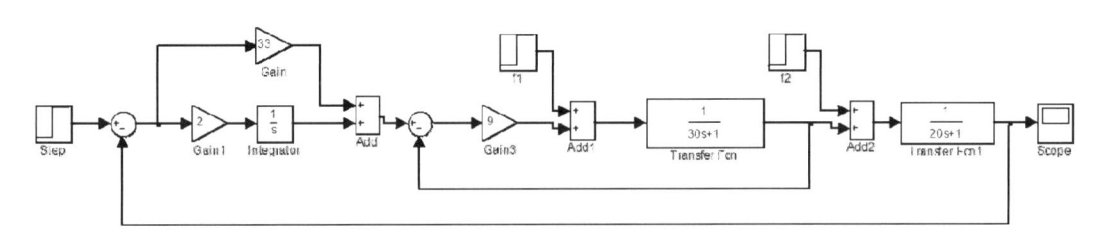

图 4-77 水箱液位串级控制系统仿真框图

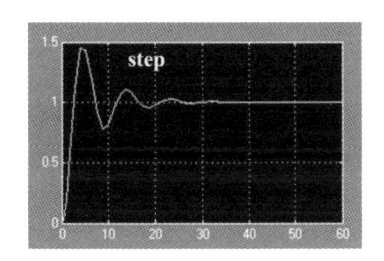

图 4-78 给定阶跃作用下的仿真结果

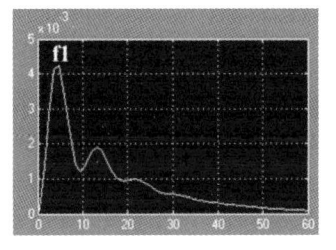

图 4-79 一次扰动作用下的仿真结果

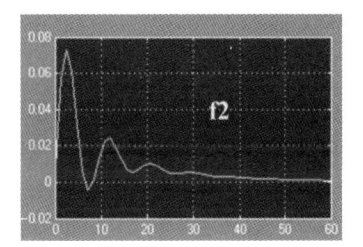

图 4-80 二次扰动作用下的仿真结果

思考题

1. 什么是串级控制系统？
2. 与单回路控制系统相比，串级控制系统有哪些主要特点？
3. 为什么说串级控制系统具有改善过程动态特性的作用？
4. 为什么提高系统工作频率也算是串级控制系统的一大特点？

5. 与单回路控制系统相比,为什么说串级控制系统由于存在一个副回路具有较强的抑制扰动的能力?

6. 为什么串级控制系统中整个副回路环节可视为一个放大倍数为正的环节?

7. 在设计串级控制系统时,应解决好哪些问题?

8. 在副参数的选择和副回路的设计中应遵循哪些主要原则?

9. 为什么说串级控制系统中主控制器的正、反作用只取决于主对象放大倍数的符号,而与其他环节无关?

10. 试说明在整个串级控制系统中怎么样选择主、副控制器的正、反作用,若主、副控制器中有一个的正、反作用选错会造成什么危害?

11. 为什么串级控制系统的参数整定要比单回路控制系统复杂?怎样整定主、副调节器的参数?

第5章 前馈控制系统

5.1 前馈控制系统的基本概念

到目前为止，本书所讨论的控制系统（单回路控制系统、串级控制系统）都是有反馈的闭环控制系统，有反馈的闭环控制系统如图 5-1 所示，控制系统框图如图 5-2 所示。其特点是当被控过程受到扰动后控制器并不立即动作，而是等到被控参数出现偏差时，控制器才动作，以补偿扰动对被控参数的影响。

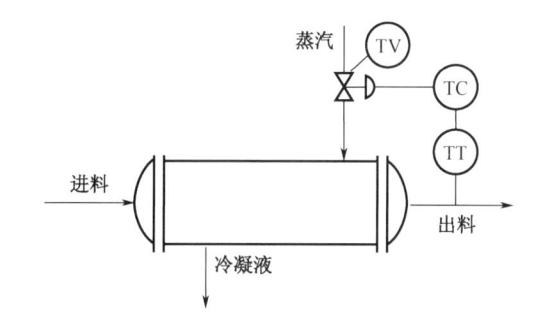

图 5-1 有反馈的闭环控制系统

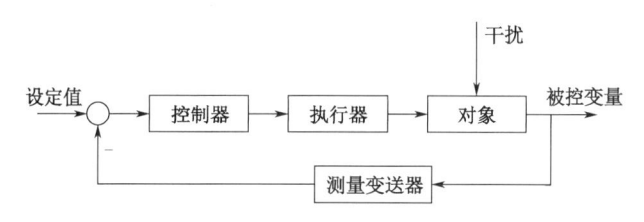

图 5-2 有反馈的闭环控制系统框图

控制信号总是在干扰已经造成影响，被控变量偏离给定值以后才能产生，所以控制作用总是不及时的，它总是落后于干扰，是"不及时的"被动的控制。被控参数产生偏差的原因是扰动的存在，倘若能在扰动出现时就进行控制，而不是等到偏差发生后才进行控制，这样的控制方案一定可以更有效地消除扰动对被控参数的影响。前馈控制正是基于这种思路提出来的。

前馈控制的思想：在扰动还未影响输出以前，直接改变被控变量，以使输出不受或少受外部扰动的影响。如图 5-3 所示为物料加热系统前馈控制系统原理图，控制系统框图如图 5-4 所示。

已知主要干扰是进料流量的变化，为了及时克服此干扰对被控变量的影响，可以测量进料流量，根据进料流量大小的变化直接去改变蒸汽量的大小，这就是所谓的前馈控制。

前馈控制是按照扰动作用的大小进行控制的，它能在扰动一出现时，就根据扰动的测量信号来控制被控变量，及时补偿扰动对被控变量的影响，所以控制是及时的，如果补偿作用完善，还可以使被控变量不产生偏差。前馈控制是开环控制。

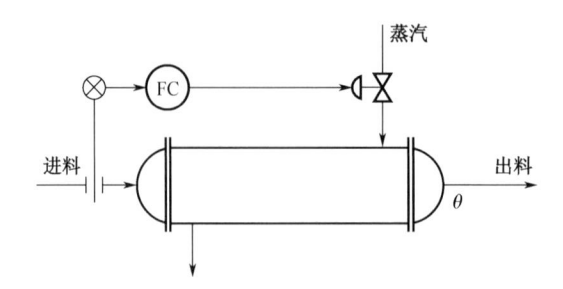

图 5-3　物料加热系统前馈控制系统原理图

图 5-4　物料加热系统前馈控制系统框图

5.2　前馈控制原理

前馈控制系统框图如图 5-5 所示。

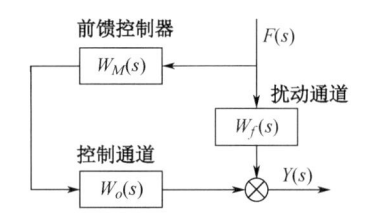

图 5-5　前馈控制系统框图

前馈控制原理：不变性原理，是指被控变量不受扰动作用的影响，与扰动完全无关。输出对扰动输入的传递函数：

$$Y(s) = W_f(s)F(s) + W_M(s)W_o(s)F(s)$$

$$\frac{Y(s)}{F(s)} = W_f(s) + W_M(s)W_o(s)$$

根据不变性原理，应有 $Y(s)/F(s) = 0$，即：

$$W_M(s) = -\frac{W_f(s)}{W_o(s)}$$

前馈控制器是由被控过程扰动通道与控制通道特性之比决定的，"-"表示前馈控制作用与扰动作用对被控量的影响方向相反。此时被控量与扰动量完全无关。

控制作用和干扰作用对被控量的影响是相反的。当两种作用对被控量的影响大小相等时，被控量就不随着干扰而变化，抵消了干扰对被控量的影响。

5.3 前馈控制与反馈控制的比较

反馈控制系统与前馈控制系统如图 5-6、5-7 所示。

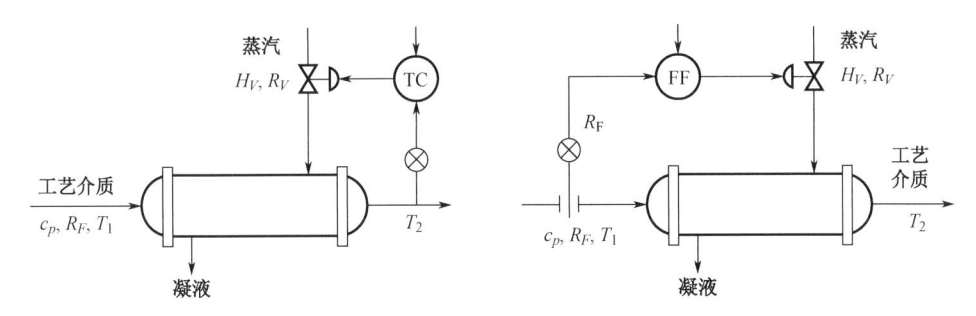

图 5-6　反馈控制系统　　　　　　图 5-7　前馈控制系统

反馈控制系统与前馈控制系统的区别：

5.3.1　前馈控制系统是开环控制系统，反馈控制系统是闭环控制系统

从图 5-5 和图 5-6 可以看到，表面上，两种控制系统都形成了环路，但反馈控制系统中，在环路上的任意一点沿信号线方向前行，都可以回到出发点形成闭合回路，因此称其为闭环控制系统。而在前馈控制系统中，在环路上的任意一点沿信号线方向前行，不能回到出发点，不能形成闭合环路，因此称其为开环控制系统。

5.3.2　前馈控制系统中测量干扰量，反馈控制系统中测量被控变量

在单纯的前馈控制系统中，不测量被控变量，前馈控制是按照干扰作用来进行调节的。前馈控制将干扰测量出来并直接引入调节装置，对于干扰的克服比反馈控制及时。而单纯的反馈控制系统中不测量干扰量。

5.3.3　前馈控制系统需要专用调节器，反馈控制系统一般只需通用调节器

由于前馈控制的精确性和及时性取决于干扰通道和调节通道的特性，且要求较高，因此，通常每一种前馈控制都采用特殊的专用调节器，而反馈控制基本上不管干扰通道的特性，且允许被控变量有波动，因此，可采用通用调节器。

5.3.4　前馈控制系统只能克服所测量的干扰，反馈控制系统则可以克服所有干扰

若前馈控制系统中的干扰量不可测量，前馈就不可能加以克服。而在反馈控制系统中，任何干扰，只要它影响到被控变量，都能在一定程度上加以克服。

5.3.5　前馈控制系统理论上可以无差，反馈控制系统必定有差

如果系统中的干扰数量很少，前馈控制可以逐个测量干扰，并加以克服，理论上可以做到被控变量无差。而反馈控制系统，无论干扰的多与少、大与小，只有当干扰影响到被控变量，使其产生偏差之后，才能加以克服，因此必定有差。

反馈控制与前馈控制的比较如表 5-1 所示。

表 5-1　反馈控制与前馈控制的比较

	反馈控制	前馈控制
控制的依据	被控变量的偏差	干扰量的大小
检测的信号	被控变量	干扰量
控制作用发生的时间	偏差出现后	偏差出现前
系统结构	闭环控制	开环控制
控制质量	无差控制	有差控制
控制器	通用 PID	专用控制器
经济性和可靠性	一个系统可克服多种干扰	对每一种干扰都要有一个对应的控制系统

前馈控制器是按照干扰的大小进行控制的，称为扰动补偿。如果补偿精确，被控变量不会变化，能实现无差控制；前馈控制是开环控制，控制作用几乎与干扰同步产生，是事先控制，速度快。只要系统中各环节是稳定的，控制系统就必然稳定；前馈控制器的控制规律不是 PID 控制，是由对象特性决定的；前馈控制只对特定的干扰有控制作用（专用性），对其他干扰无效。具有指定性补偿的局限性，只适用于对可测而不可控的扰动进行控制。

5.4　前馈控制系统的结构

5.4.1　静态前馈控制系统

静态前馈控制系统的结构简单，易于实现，如图 5-8 所示，在一定程度上可改善过程品质，不用专用控制器，用 DDZ—III 型仪表中比例控制器（比值器）就能满足要求。当干扰通道与控制通道的时间常数相差不大时，采用静态前馈控制。

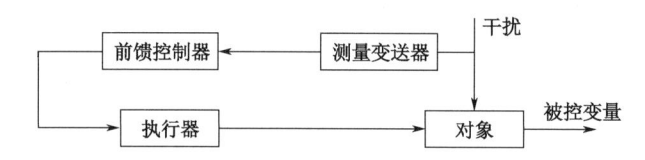

图 5-8　静态前馈控制系统

前馈控制器采用比例（P）控制，其传递函数为：

$$G_B(s) = -\frac{K_F}{K_0} = -K_B$$

其中 K_F 为过程干扰通道的静态放大系数，K_0 为过程控制通道的静态放大系数。如图 5-9 所示。

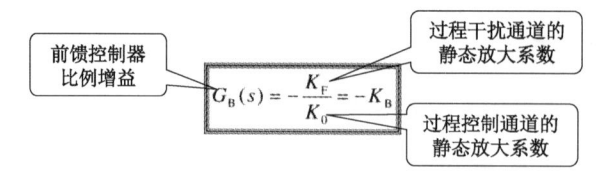

图 5-9　静态前馈控制器

静态前馈控制在扰动作用下控制过程的动态偏差依然存在,只能保证被控变量的静态偏差接近零或等于零。对于扰动变化频繁和动态精度要求比较高的生产过程,且对象的两个通道动态特性又不相等时,静态前馈往往不能满足工艺上的要求,这时应采用动态前馈控制。

5.4.2 动态前馈控制系统

动态前馈与静态前馈从控制系统的结构上看是一样的,只是前馈控制器的控制规律不同。动态前馈的实现基于不变性原理:

$$W_m(s) = -\frac{W_f(s)}{W_o(s)}$$

其中 $W_m(s)$ 不是纯比例环节。

动态前馈要求控制器的输出不仅是干扰量的函数,而且是时间的函数。前馈控制器的校正作用要使被控变量的静态误差和动态误差都接近零或等于零。显然这种控制规律是由对象的两个通道特性决定的,由于工业对象的特性千差万别,如果按工业对象的特性来设计前馈控制器的话,将会使控制规律种类繁多,而且一般都比较复杂,实现起来也比较困难。所以一般采用在静态前馈的基础上,加上延迟环节和微分环节,以达到对干扰近似补偿的目的。动态前馈控制方案虽能显著地提高系统的控制品质,但结构往往比较复杂,需要专门的控制装置,系统运行和整定也比较复杂。只有当工艺上对控制精度要求很高,其他控制方案难以满足、且存在一个"可测不可控"的主要扰动时,才考虑使用动态前馈方案。

单纯的前馈控制属于开环控制,只对特定扰动起补偿作用,难以实现完全补偿,而且由于在生产应用中各种环节的特性是随负荷变化的,要想得到十分准确的干扰信号的特性是不现实的,所以容易造成过补偿或欠补偿。而反馈控制对于任何对系统有影响的扰动均可消除,系统准确性高,但只有产生偏差才能进行控制,不能事先规定调节器的输出。所以为了补偿前馈调节的不准确,通常会将前馈控制系统和反馈控制系统结合起来组成前馈—反馈控制系统,实现优势互补,扬长避短。

5.4.3 前馈—反馈复合控制系统

通过前面的分析,我们知道前馈控制与反馈控制的优点和缺点总是相对应的,若将其组合起来,构成前馈—反馈控制系统,这样既能发挥前馈控制作用及时的优点,又能保持反馈控制可以克服多个扰动和对被控参数进行反馈检测的长处,因此这种控制系统是适合于过程控制的较好方式。将前馈控制与反馈控制组合起来,使前馈控制克服主要干扰,反馈控制克服其他的多种干扰,两者协同工作进而提高控制质量。

例:炼油装置上加热炉温度控制系统,工艺要求通过燃料的燃烧,将冷物料进行加热,热物料温度保持稳定。假设扰动变化不大,控制质量要求不高,可以采用如图5-10所示的单回路控制系统,被控变量为热物料温度,控制量为燃料流量。

假设冷物料流量波动频繁、剧烈,为了提高控制系统的控制质量,可以采用如图5-11所示的前馈—反馈控制系统,被控变量仍为热物料温度,控制量仍为燃料流量。

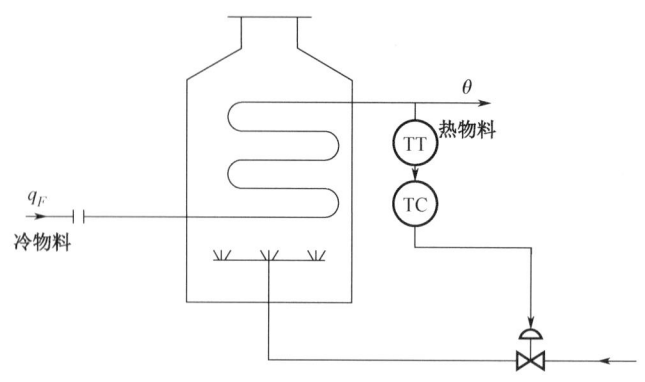

图 5-10 加热炉温度单回路控制系统

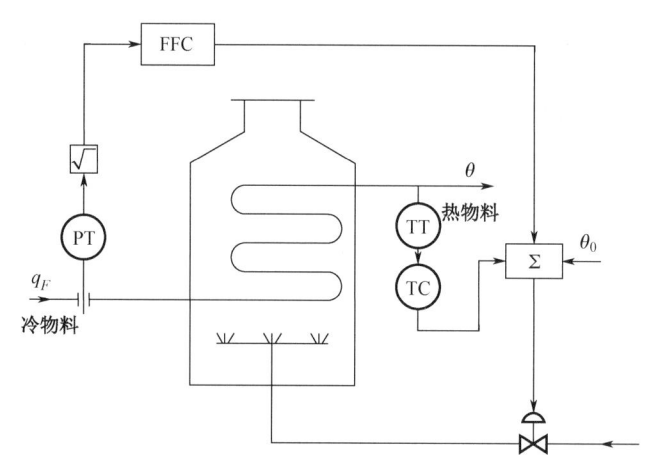

图 5-11 加热炉温度前馈—反馈控制系统

用前馈控制来克服由于进料量波动对被控变量的影响,而用温度控制器的控制作用来克服其他干扰对被控变量的影响,将前馈与反馈控制作用相加,共同改变加热蒸汽量,以使出料温度维持在给定值上。加热炉温度前馈—反馈控制系统框图如图 5-12 所示。

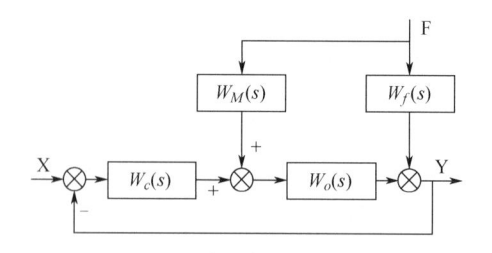

图 5-12 加热炉温度前馈—反馈控制系统框图

前馈—反馈系统闭环传递函数为:

$$\frac{Y(s)}{F(s)} = \frac{W_f(s) + W_M(s)W_o(s)}{1 + W_c(s)W_o(s)}$$

根据不变性原理,有 $Y(s)/F(s) = 0$,由此可得:

$$W_M(s) = -\frac{W_f(s)}{W_o(s)}$$

作用：前馈控制能克服反馈控制不易克服的主要干扰，而对其他干扰则采用反馈控制来克服。

优点：

（1）增加反馈控制，可适当降低对前馈控制模型的要求（精度），有利于简化前馈控制器的设计和实现，并可对未做前馈控制的干扰产生校正作用。

（2）前馈的存在对主要干扰进行了及时粗略的调整，减小了反馈控制的负担。

5.4.4 前馈—串级复合控制系统

对于慢过程的控制，受到多个变化频繁而又剧烈的扰动影响，而生产过程对被控参数的控制精度和稳定性要求又很高。

主要扰动无法落在串级控制系统的副环内时，常用前馈串级控制，可得到比串级控制更好的控制效果。

加热炉温度的前馈—串级复合控制系统，假设冷物料流量和燃料压力波动频繁、剧烈，为了提高控制系统的控制质量，可采用如图 5-13 的前馈—串级复合控制系统，其控制系统框图如图 5-14 所示。

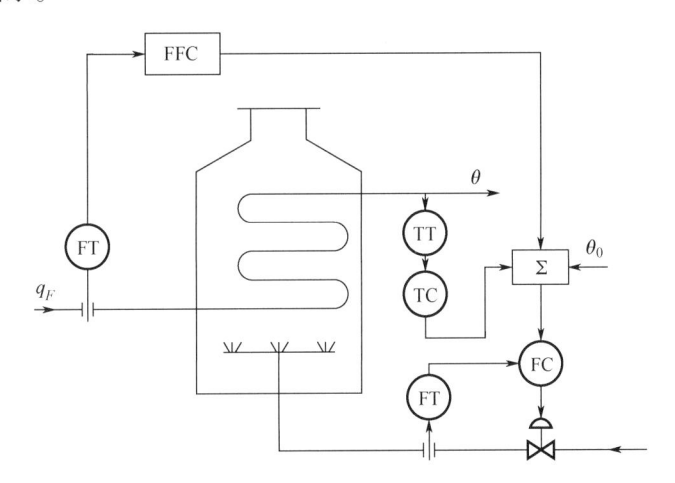

图 5-13 加热炉温度的前馈—串级复合控制系统

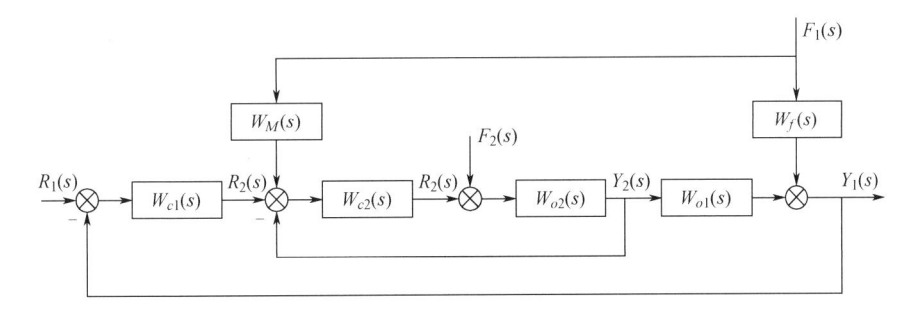

图 5-14 加热炉温度的前馈—串级复合控制系统框图

系统中副调节器为流量调节器 FC，前馈控制器 FFC 采用动态前馈模型。将副回路用等效环节代替，进一步化简为如图 5-15 所示的框图。

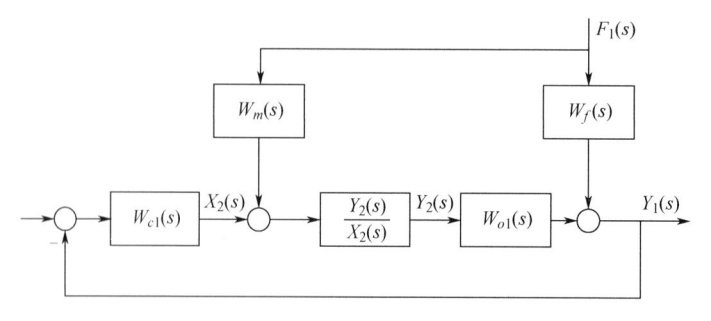

图 5-15　简化后加热炉温度的前馈—串级复合控制系统框图

系统输出 $Y_1(s)$ 对干扰 $F_1(s)$ 的传递函数为：

$$\frac{Y_1(s)}{F_1(s)} = \frac{W_f(s) + W_m(s)W_{o1}(s)Y_2(s)/X_2(s)}{1 + W_{c1}(s)W_{o1}(s)Y_2(s)/X_2(s)}$$

$$W_m(s) = -\frac{W_f(s)}{W_{o1}(s)Y_2(s)/X_2(s)}$$

串级控制系统中副回路是一个很好的随动系统，可把副回路近似处理为：$Y_2(S)/X_2(S) \approx 1$，由此可推导出前馈控制器的传递函数：

$$W_m(s) = -\frac{W_f(s)}{W_o(s)}$$

可见，无论哪种形式的前馈控制系统，其前馈控制器的传递函数均可表示为对象的干扰通道与控制通道的特性之比，并在前面加负号。

5.5　前馈控制系统的选用

引入前馈控制的原则如下。
（1）当系统中存在变化频率高、幅值大、可测而不可控的干扰，反馈控制难以克服其影响、工艺生产对被控参数的要求又十分严格时，为了改善和提高系统的控制品质，可以考虑引入前馈控制。
（2）当过程控制通道的时间常数大于干扰通道的时间常数、对象的控制通道滞后大、反馈控制不及时而导致控制质量较差时，可以考虑引入前馈控制，以提高控制质量。
（3）当主要干扰无法用串级控制使其包含于副回路或副回路滞后过大，且串级控制系统克服干扰的能力较差时，就可以考虑引入前馈控制以改善控制性能。
（4）由于动态前馈补偿器的投资通常要高于静态前馈补偿器，所以，若静态前馈补偿能够达到工艺要求时，就尽可能采用静态前馈补偿。

5.6　前馈控制系统的工程整定

如图 5-16、图 5-17 所示的前馈—反馈、前馈—串级控制系统中，前馈控制模型由过程扰动通道及控制通道特性的比值决定。

第 5 章 前馈控制系统

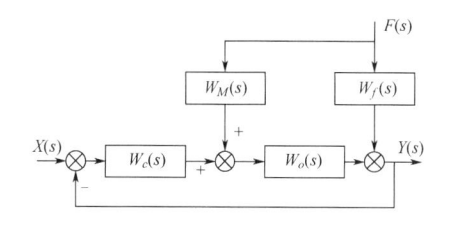

图 5-16 前馈—反馈控制系统框图

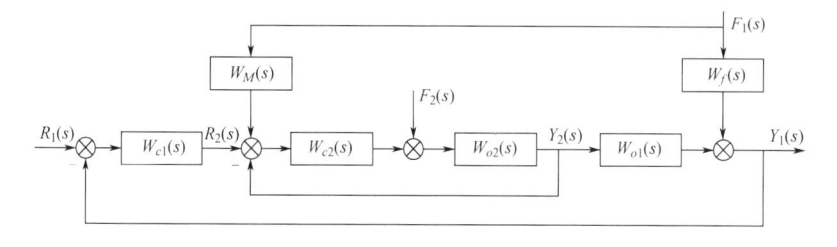

图 5-17 前馈—串级控制系统框图

则前馈控制器模型为：

$$W_m(s) = -\frac{W_f(s)}{W_o(s)}$$

将被控过程的控制通道及扰动通道处理成一阶或二阶容量滞后，必要时加上一个纯滞后的形式，即：

$$W_o(s) = \frac{K_1}{T_1 s + 1} e^{-\tau_1 s} \quad W_f(s) = -\frac{K_2}{T_2 s + 1} e^{-\tau_2 s}$$

则前馈控制器模型可近似为：

$$W_m(s) = -\frac{\dfrac{K_2}{T_2 s + 1} e^{-\tau_2 s}}{\dfrac{K_1}{T_1 s + 1} e^{-\tau_1 s}} = -K_M \frac{T_1 s + 1}{T_2 s + 1} e^{-\tau s}$$

$$\tau = \tau_2 - \tau_1$$

K_M——静态前馈系数，$K_M = K_2/K_1$；

T_1，T_2——分别为控制通道时间常数、扰动通道时间常数；

$\tau = \tau_2 - \tau_1$，扰动通道与控制通道纯滞后时间之差。

5.6.1 静态参数值 K_M 的整定

（1）整定好闭环控制系统 PID 参数，仿真结果如图 5-18 所示。

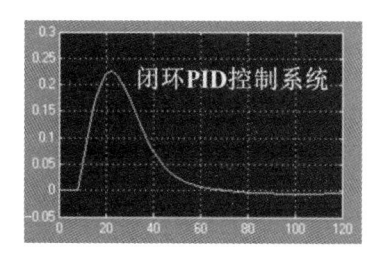

图 5-18 PID 参数整定好的闭环控制系统仿真结果

（2）闭合开关 S，整定 K_M 的值，如图 5-19 所示。

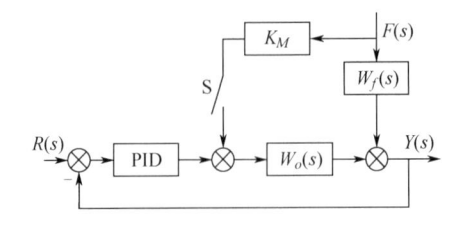

图 5-19　静态前馈控制系统框图

如果 K_M 过小，则补偿不足。如果 K_M 过大，则相当于对反馈控制路施加了干扰，将得出错误的静态前馈输出，如图 5-20 所示。

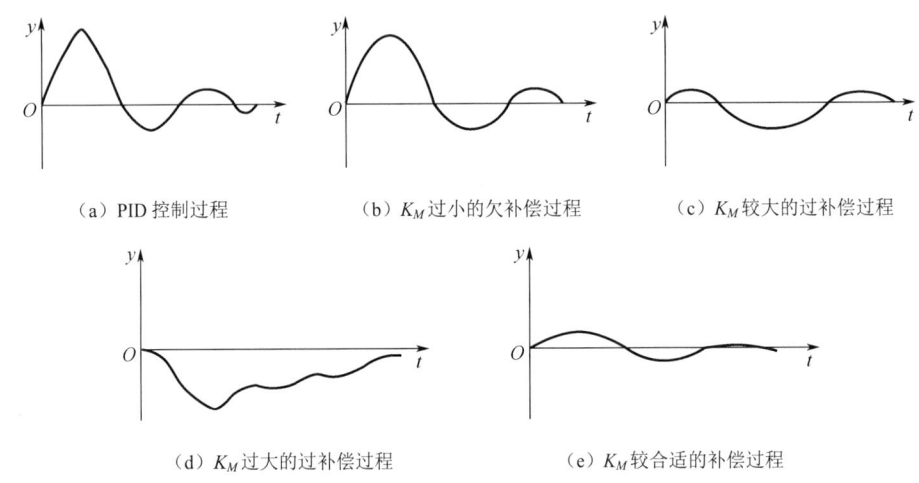

（a）PID 控制过程　　　（b）K_M 过小的欠补偿过程　　　（c）K_M 较大的过补偿过程

（d）K_M 过大的过补偿过程　　　（e）K_M 较合适的补偿过程

图 5-20　静态前馈参数整定过程

欠补偿，增大 K_M，施加同样干扰，看输出；过补偿，减小 K_M，施加同样干扰，看输出。建立前馈—反馈控制系统仿真框图如图 5-21 所示，扰动作用下输出响应如图 5-22 所示。

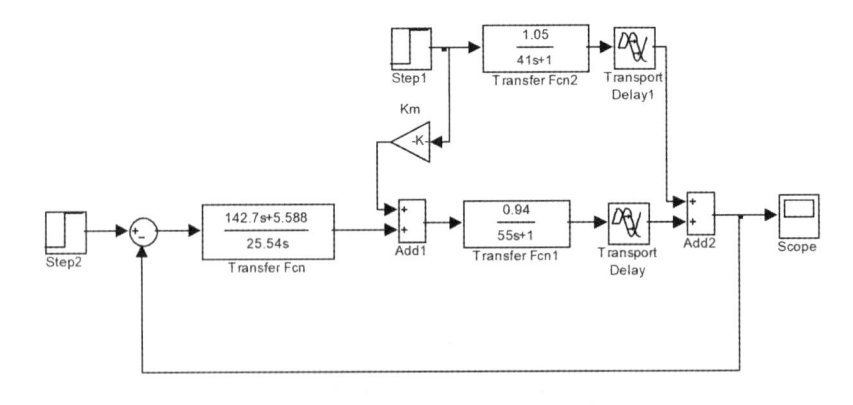

图 5-21　前馈—反馈控制系统仿真框图

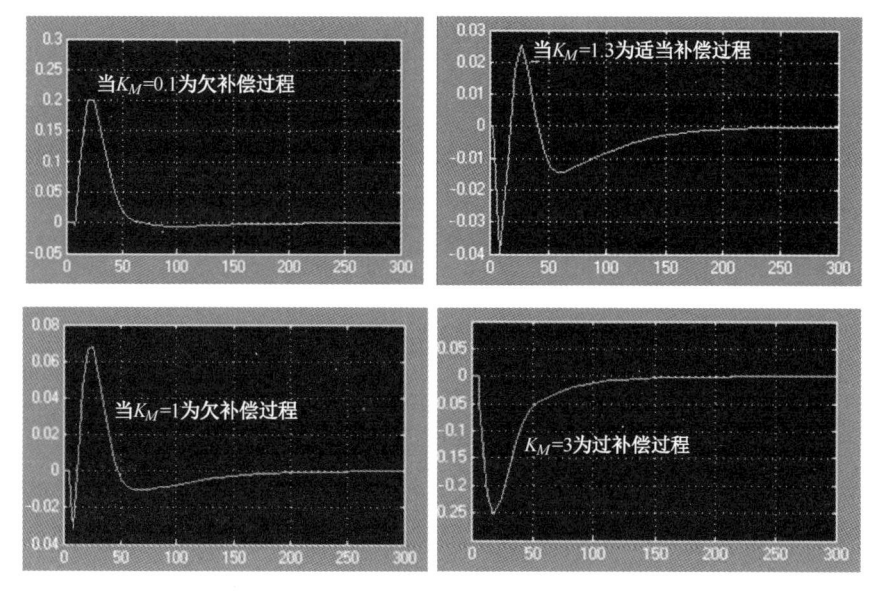

图 5-22 前馈—反馈控制系统整定过程仿真结果

5.6.2 滞后时间 τ 的整定

τ 的整定值是过程扰动通道及控制通道纯滞后时间的差值，它反映着前馈补偿作用提前于扰动对被控参数影响的程度。

τ 值过大，前馈补偿作用滞后于扰动影响，欠补偿。

τ 值过小，前馈补偿作用超前于扰动影响，额外的反向扰动影响。

根据过渡过程曲线调节滞后时间 τ。

$$W_M(s) = -K_M \frac{T_1 s + 1}{T_2 s + 1} e^{-\tau s} \qquad \tau = \tau_2 - \tau_1$$

5.6.3 时间常数 T_1、T_2 的整定

$$W_M(s) = -K_M \frac{T_1 s + 1}{T_2 s + 1} e^{-\tau s}$$

由上式可见，增大 T_1 或减小 T_2 均会增强前馈补偿的作用。

整定过程如下。

（1）整定时先从过程为欠补偿情况开始，逐步强化前馈补偿作用。

（2）直到出现过补偿的趋势时，再稍微削弱一点前馈补偿作用。

（3）得到补偿效果满意的过渡过程。

T_1 和 T_2 的整定过渡过程曲线，根据调参数的经验法判断：

（1）欠补偿曲线：第一个峰值没有大的减小。

当 T_1 过小或 T_2 过大时，如图 5-22（a）所示。增强前馈补偿作用，T_1↑或 T_2↓。

（2）过补偿曲线：出现反向的过调输出。

当 T_1 过大或 T_2 过小时，如图 5-22（b）所示。减小前馈补偿作用，T_1↓或 T_2↑。

（3）合适补偿曲线：第一个峰值明显减小，也未出现反向过调输出。

当 T_1、T_2 分别接近或等于对象控制通道和干扰通道时间常数时，如图 5-22（c）所示。

(a) 欠补偿　　　　　　　(b) 过补偿　　　　　　　(c) 合适补偿

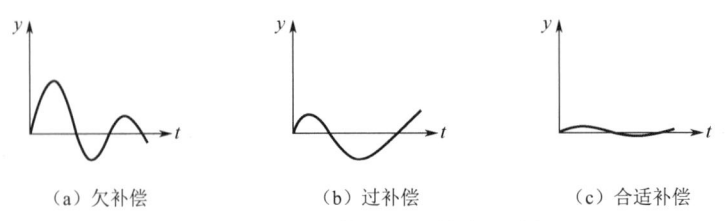

图 5-23　时间常数 T_1、T_2 的整定过程

建立前馈—反馈控制系统仿真框图如图 5-24 所示，扰动作用下输出响应如图 5-25 所示。

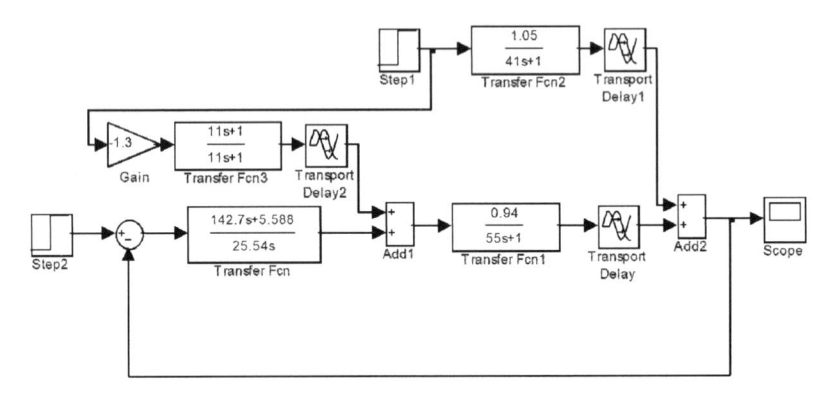

图 5-24　前馈—反馈控制系统仿真框图

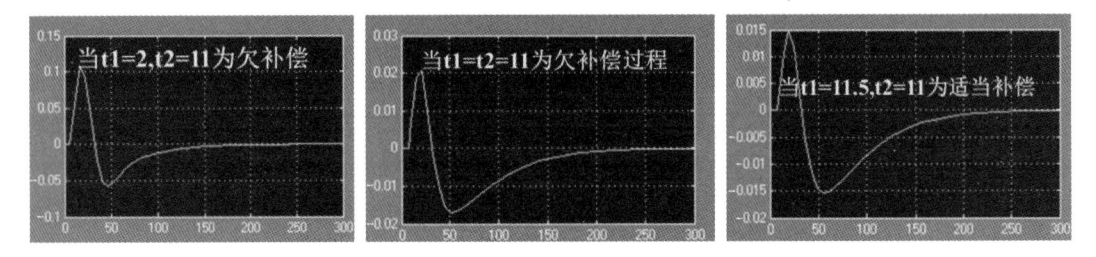

图 5-25　前馈—反馈控制系统扰动作用下的输出响应

特别说明：

过补偿往往是前馈控制系统的危险源，它会破坏控制过程，甚至达到不能允许的地步。相反，欠补偿却是寻求合理的前馈动态参数的途径。因此动态参数的整定应从欠补偿开始，然后逐渐强化前馈作用，即增大 T_1 或减小 T_2，直至出现过补偿的趋势，再略减小前馈作用，便可获得满意的控制过程。

双容贮槽的液位控制系统如图 5-26 所示，生产工艺要求贮槽的液位维持在某给定值附近或在某个小范围内变化，并保证物料不产生溢出。

1. 液位单回路系统设计

（1）选择被控参数。

根据工艺可知，贮槽的液位要求维持在某给定值附近，直接选取液位为被控参数，流入水箱的流量作为控制量。液位单回路控制系统如图 5-27 所示，系统框图如图 5-28 所示。

（2）选用过程检测设备。

选用压力变送器来实现贮槽中的液位的检测和变送。

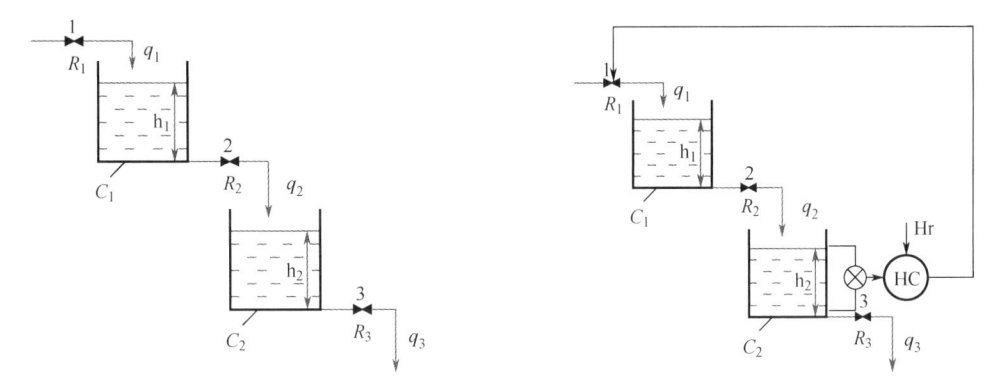

图 5-26 双容贮槽的液位控制系统

图 5-27 液位单回路控制系统

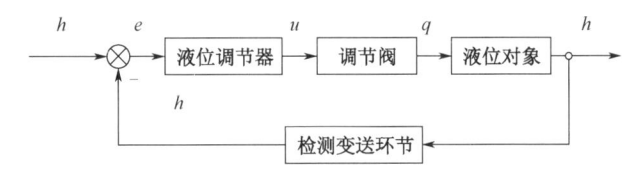

图 5-28 液位单回路控制系统框图

（3）调节阀。

气开式，当突然停电、停气的情况下，调节阀全关，不会造成水的浪费。调节阀静态增益系数 K_v 为正。

（4）调节器。

① 过程的正、反作用：入口水的流量增加，液位上升，为正作用过程，被控过程静态增益系数 K_o 为正。

② $K_c \times K_v \times K_o \times K_m =$ "+"，测量变送环节静态增益系数 K_m 为正，则控制器静态增益系数 K_c 取正，调节器为反作用调节器。

建立的液位单回路控制系统仿真框图如图 5-29 所示，仿真结果如图 5-30 所示。

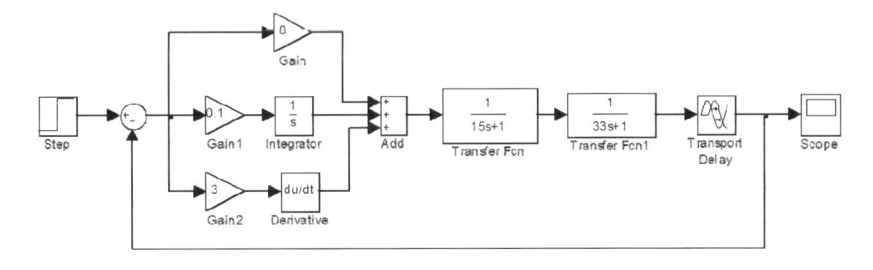

图 5-29 液位单回路控制系统仿真框图

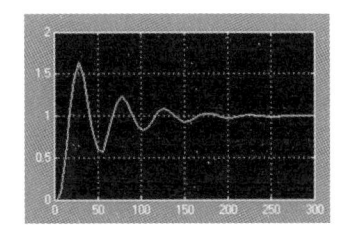

图 5-30 液位单回路控制系统仿真结果

2. 液位串级控制系统设计

以下水箱为主对象，中水箱为副对象，右边水泵直接向中水箱注水，此时的时间常数小、时延小、控制通道短，有助于缩短调节时间，液位串级控制系统如图 5-31 所示，系统框图如图 5-32 所示。

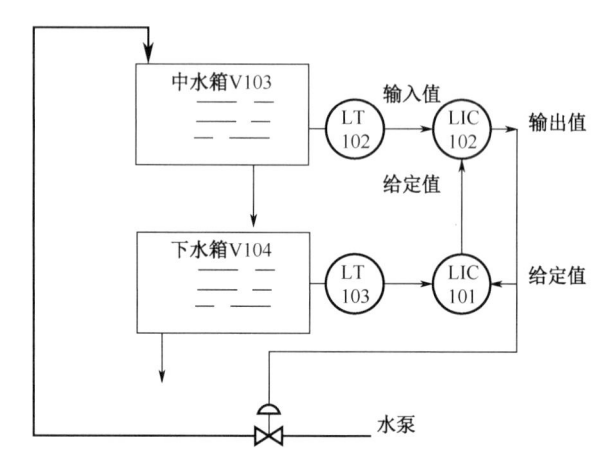

图 5-31　液位串级控制系统

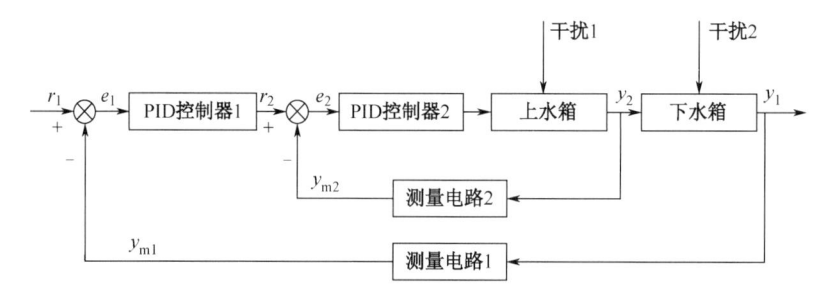

图 5-32　液位串级控制系统框图

副调节器选用纯比例控制，反作用，主调节器选用比例积分控制，反作用。

建立的液位串级控制系统仿真框图如图 5-33 所示，仿真结果如图 5-34 所示。

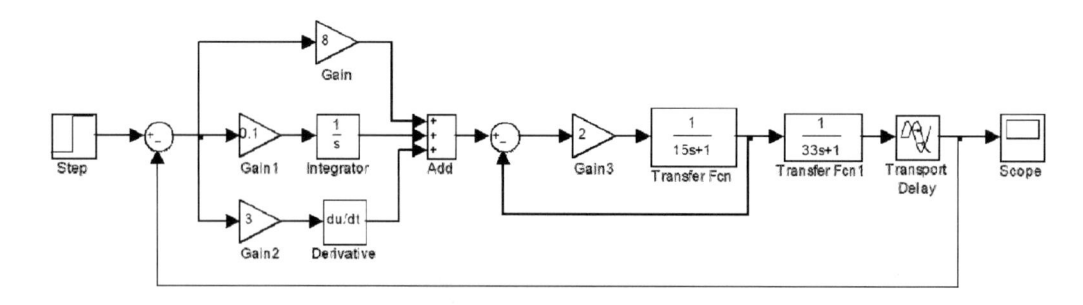

图 5-33　液位串级控制系统仿真框图

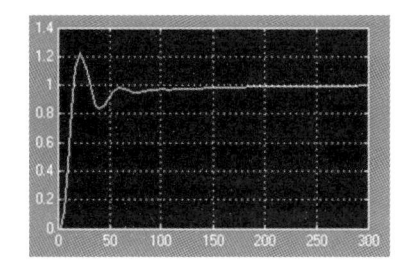

图 5-34　液位串级控制系统仿真结果

3. 液位前馈—串级控制系统设计

以下水箱为主对象，中水箱为副对象，给水流量作为主要扰动，设计的液位前馈—串级控制系统仿真框图如图 5-35 所示，仿真结果如图 5-36 所示。

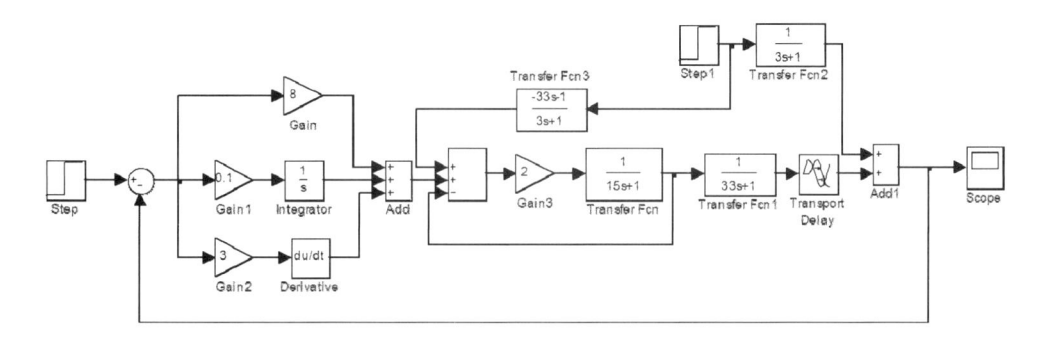

图 5-35　液位前馈—串级控制系统仿真框图

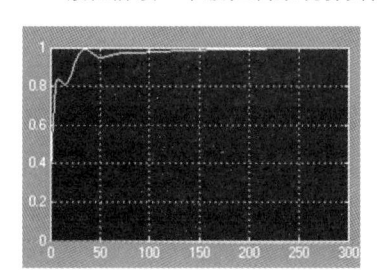

图 5-36　液位前馈—串级控制系统仿真结果

5.7　前馈控制系统的工业应用实例

前馈—反馈复合控制已广泛应用于石油、化工、电力、核能等各工业生产部门。下面以典型工业过程——锅炉汽包水位控制为例进行阐述。

锅炉是火力发电工业中的重要设备。在锅炉的正常运行中，汽包水位是其重要的工艺指标。当汽包水位过高时，易使蒸汽带水，这不仅会降低蒸汽的质量和产量，而且还会导致汽轮机叶片的损坏；当水位过低时，轻则影响汽、水平衡，重则会使锅炉烧干而引起爆炸。所以必须将水位严格控制在规定的工艺范围内。

锅炉汽包水位控制的主要目的是使给水量适应蒸汽量的需要，并使汽包水位保持在规定的工艺范围内。显然，汽包水位是被控参数。引起汽包水位变化的主要因素为蒸汽用量和给水流量。蒸汽用量是负荷，它会随发电需要而变化，一般为不可控因素；而给水流量则可以作为控制参数，以此构成锅炉汽包水位控制系统。

目前锅炉汽包水位调节常采用单冲量、双冲量及三冲量三种控制方案，所谓冲量就是变量，多冲量控制中的冲量，是指引入系统的测量信号。在锅炉汽包水位控制中，主要冲量是水位，辅助冲量是蒸汽量和给水量，引入它们是为了提高控制品质。现分别对它们的基本原理和特性加以讨论。

5.7.1 锅炉汽包水位的单冲量控制

锅炉汽包水位单冲量控制系统的原理如图5-37所示。由图可知，这种类型的水位控制系统，是一个典型的单回路控制系统，被控参数是汽包水位，控制参数是锅炉的给水量。它适用于停留时间较长（亦即蒸发量与汽包的单位面积相比很小），负荷变化小的小型锅炉（一般为10t/h以下）。但对于停留时间较短，负荷变化大的系统就不适用了。

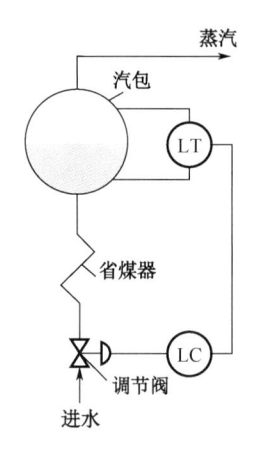

图5-37 锅炉汽包水位单冲量控制系统的原理

已知控制通道特性、扰动通道特性的传递函数分别为：

$$G_0(s) = \frac{0.94}{55s+1}e^{-6s} \quad G_f(s) = \frac{1.05}{41s+1}e^{-8s}$$

设定控制所用的PI调节器传递函数为：

$$G_c(s) = K_{cl}\left(1+\frac{1}{T_i s}\right) = 5.588\left(1+\frac{1}{25.54s}\right) = \frac{142.7s+5.588}{25.54s}$$

在给定阶跃和扰动阶跃作用下系统建立的仿真框图如图5-38所示，仿真结果如图5-39所示。

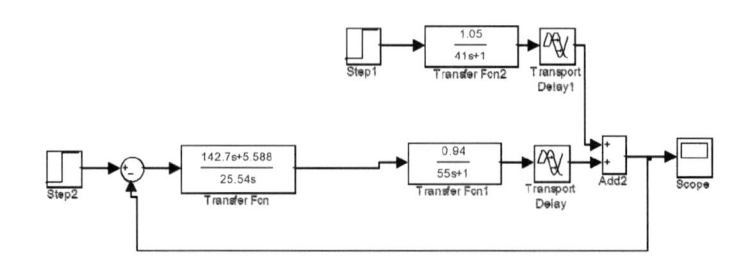

图5-38 锅炉汽包水位单冲量控制系统的仿真框图

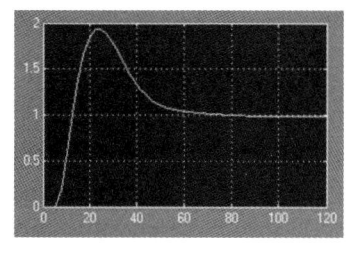

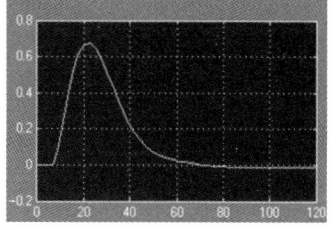

图 5-39　锅炉汽包水位单冲量控制系统的仿真结果

当蒸汽突然大幅度增加时，由于汽包内蒸汽压力瞬间下降，所以水的沸腾会加剧，汽泡量也会迅速增加，汽泡不仅出现于水表面，而且出现于水面以下，由于汽泡的体积比水的体积大许多倍，因此会形成汽包内水位升高的现象。因为这种升高的水位不代表汽包内储液量的真实情况，所以称为虚假水位，此时 PID 调节器会错误地认为测量值升高，从而关小给水的调节阀，减小给水量。等到这种暂时汽化现象平稳下来后，由于蒸汽量增加了，给水量也随之减少，进而使水位严重下降，甚至降到水位危险区，造成事故。

为了克服由于蒸汽量波动造成的虚假水位现象，我们常把蒸汽量的信号引入汽包水位控制系统，这样就构成了双冲量控制系统。

5.7.2　锅炉汽包水位的双冲量控制

双冲量是指水位信号和蒸汽量信号。

锅炉汽包水位双冲量控制系统的原理如图 5-40 所示，实际上是一个前馈—反馈控制系统。当蒸汽量的变化引起水位大幅度波动时，蒸汽量信号的引入起着超前的控制作用（即前馈作用），它可以在水位还未出现波动时提前使控制阀动作，从而减少因蒸汽量的变化而引起的水位波动，从而改善控制品质。

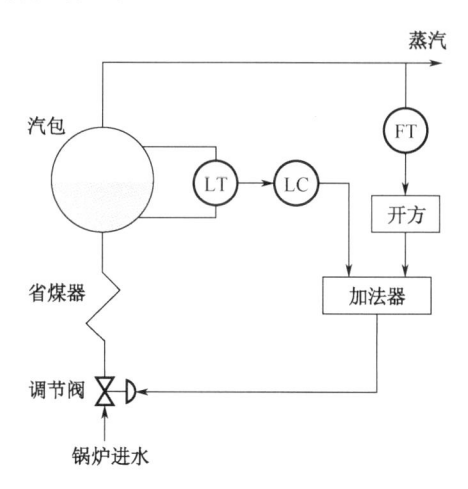

图 5-40　锅炉汽包水位双冲量控制系统

双冲量水位调节系统在单冲量液位控制的基础上，引入蒸汽量作为前馈信号来消除虚假水位对控制的不良影响，它是采用互补原理对虚假水位现象进行控制的。当出口蒸汽量突然增大时，它将使液位上升（虚假水位），这时控制系统会根据变化量大小，控制给水量。当给水量突然增大时，将使汽包水位下降（虚假水位）。这样，经过叠加作用，将使汽包水位基本维持不变,从而达到克服虚假水位的目的。同时也缩短了过渡过程时间,改善了调节系统的静态特性。它能在给水压力比较平稳时,克服蒸流量频繁变化的影响,较好地完成水位控制任务(此控制系统比较适用于30t/h以下的锅炉)。

系统建立的仿真框图如图 5-41 所示,仿真结果如图 5-42 所示。

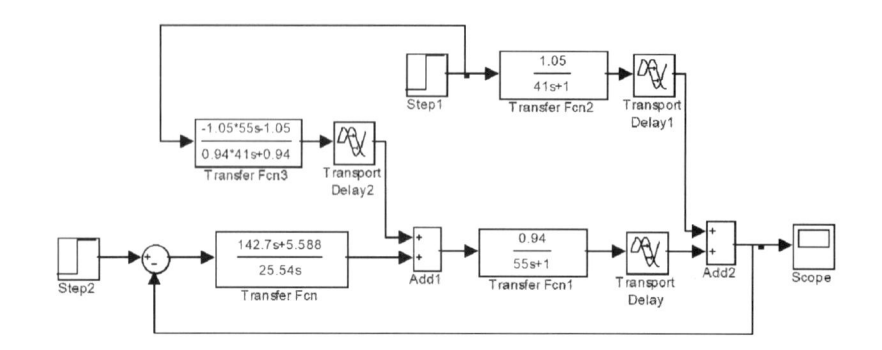

图 5-41 锅炉汽包水位双冲量控制系统仿真框图

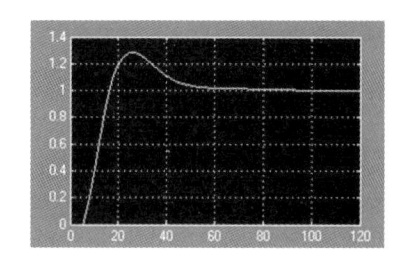

图 5-42 锅炉汽包水位双冲量控制系统仿真结果

在图 5-40 所示的系统中当给水量频繁扰动时,控制系统不能及时反映给水侧的扰动,会存在一定滞后。若给水压力经常有波动,给水调节阀前后压差无法保持正常,给水调节对象也没有自平衡能力,那么此时的双冲量控制系统还是无法满足对汽包水位的正常控制。

为了克服由于给水压力扰动的现象,我们将给水量的信号也引入汽包水位控制系统,这样就构成了三冲量控制系统。

5.7.3 锅炉汽包水位的三冲量控制

三冲量控制系统是在单冲量控制系统和双冲量控制系统的基础上又引入了给水量信号。此时的调节系统利用汽包水位、蒸汽流量、给水量三个参数(三冲量)进行液位控制。蒸汽量为前馈信号,汽包水位为主参数,给水量为副参数构成串级回路。它是一个前馈—串级调节系统。汽包水位是被控变量,也是串级控制系统中的主变量和工艺的主要控制指标;给水量是串级控制系统中的副变量,引入这一变量的目的是利用副回路克服干扰的快速性来及时克服给水压力变化对汽包水位的影响;蒸汽量是作为前馈信号引入的,其目的是为了及时克服蒸汽量变化对汽包水位的影响。

这种控制系统适用于大型锅炉,因为锅炉容量越大,汽包的相对容水量越小,允许波动的蓄水量就越小。如果给水中断,可能在很短的时间内就会发生危险;这样就对汽包的水位控制提出了更高的要求。锅炉汽包水位三冲量控制系统如图 5-43 所示。

第 5 章 前馈控制系统

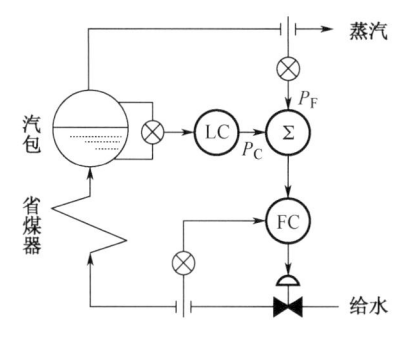

图 5-43 锅炉汽包水位三冲量控制系统

该系统不仅能通过副回路及时克服给水压力这一很强的干扰,而且还能实现对蒸汽的前馈补偿以克服虚假水位的影响,从而保证了锅炉汽包水位具有较高的控制质量,满足了工艺要求。

建立的仿真框图如图 5-44 所示,仿真结果如图 5-45 所示。

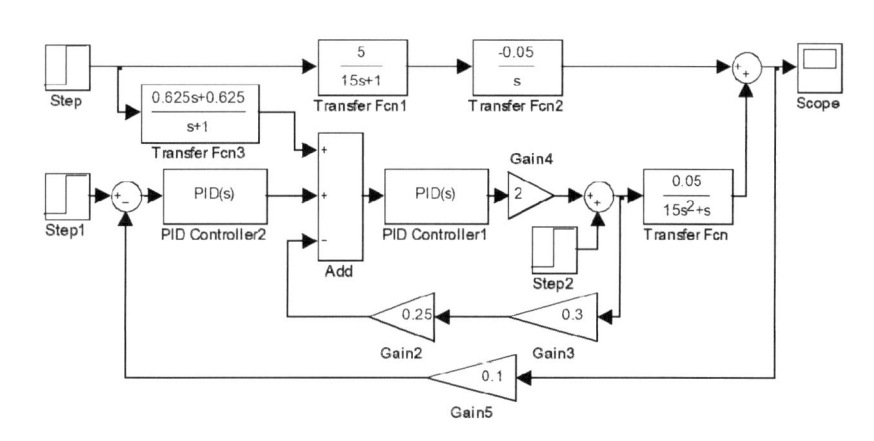

图 5-44 锅炉汽包水位三冲量控制系统仿真框图

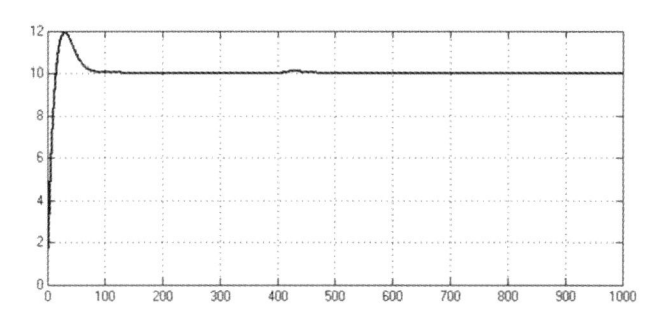

图 5-45 锅炉汽包水位三冲量控制系统仿真结果

思考题

1. 前馈控制有几种主要形式?
2. 试比较前馈控制与反馈控制的优缺点。

3. 是否可用普通的 PID 控制器作为前馈控制器？说明理由。
4. 为什么一般不单独地使用前馈控制方案？
5. 前馈—反馈控制具有哪些优点？
6. 动态前馈与静态前馈有什么区别和联系？
7. 在什么条件下使用前馈控制效果最好？
8. 何种情况下可考虑前馈控制？
9. 试分析前馈—反馈控制系统、前馈—串级复合控制系统的随动及抗扰特性。
10. 试述前馈控制系统的整定方法。

第 6 章 大滞后补偿控制系统

6.1 大滞后补偿过程基本概念

被控量变化的时刻落后于扰动发生的时刻的现象,被称为对象的迟延(或滞后),是一种十分常见的现象,因为在实际工业生产中,控制往往存在不同程度的滞后情况。物质(或能量)由于传输距离而产生的迟延,被称为传输迟延或纯迟延,一般纯迟延就是指由传输速度限制导致的迟延。例如,在带传输过程中,一些块状或粉状的物料,需采用如图 6-1 所示的带传输。

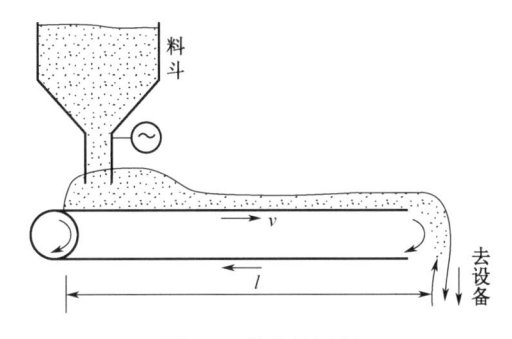

图 6-1 带传输过程

在蒸汽控制水温系统中,载热介质蒸汽对水出口温度的影响会因蒸汽需要经过传输管道而滞后,如图 6-2 所示。

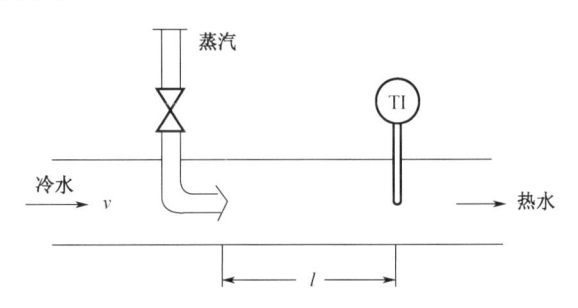

图 6-2 蒸汽控制水温系统

由传输距离可得系统纯滞后时间 τ 和系统传递函数为:

$$\tau_0 = \frac{l}{v}$$

$$W(s) = W_0(s)e^{-\tau s}$$

在大多数的工业生产过程中,极大部分工艺过程的动态特性往往既包含纯滞后特性又包含惯性特性,这种工艺过程就称为具有纯滞后的工艺过程。大多数的工业过程可以描述为如下两种简化形式:

$$\frac{Ke^{-\tau s}}{Ts+1} \qquad (6\text{-}1)$$

$$\frac{Ke^{-\tau s}}{(T_1 s+1)(T_2 s+1)} \qquad (6\text{-}2)$$

式（6-1）所示的工业过程称为具有纯滞后的一阶惯性环节，而式（6-2）所示的工业过程称为具有纯滞后的二阶惯性环节。通常，将工艺过程的纯滞后系数 τ 和惯性时间常数 T 的比值 τ/T 作为一个衡量纯滞后大小的指标。若 $\tau/T<0.3$ 则称为一般具有纯滞后的工艺过程，而当 $\tau/T>0.3$ 则称为具有较大纯滞后（即大滞后）的工艺过程。

6.2 纯滞后对象的控制问题

纯滞后对象的控制一直是人们研究的重要课题。工业纯滞后对象本身往往为一个分布参数系统，数学模型难以确定，又往往存在大量的不确定因素，如环境的动态变化大、强随机干扰、系统的滞后大且存在未建模的高频特性等，以上因素均会使控制非常困难，这些可概括如下。

（1）建模困难。
（2）检测困难。
（3）过程噪声难以消除或限制在许可的范围内。
（4）难以保证长期运行的稳定性与可靠性。

滞后对控制系统的品质有很不利的影响，滞后的存在往往会导致扰动无法被及时察觉，控制作用无法及时奏效，从而造成控制效果不好，甚至无法控制。因此针对滞后现象设计的控制系统一直是控制科学中十分关注的问题。

因过程控制通道中纯滞后的存在，被控量不能及时反映系统承受的扰动。若调节不及时，过程会产生明显的超调量和较长的调节时间。

被控对象时滞与其瞬态过程时间常数值比较大，采用通常的控制策略时，不能实现系统的精度控制，甚至会造成系统不稳定。如图 6-3 所示为大滞后过程的常规 PID 控制系统框图。

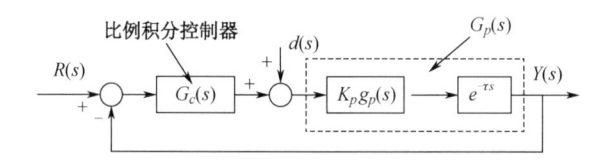

图 6-3 大滞后过程常规 PID 控制系统框图

当纯滞后时间取值不同时，传递函数如下：

$$\tau=10: G_p(s)=\frac{1.0}{10s+1}e^{-10s}$$

$$\tau=4: G_p(s)=\frac{1.0}{10s+1}e^{-4s}$$

建立如图 6-4 所示仿真框图，不同滞后时间的仿真结果如图 6-5 所示。

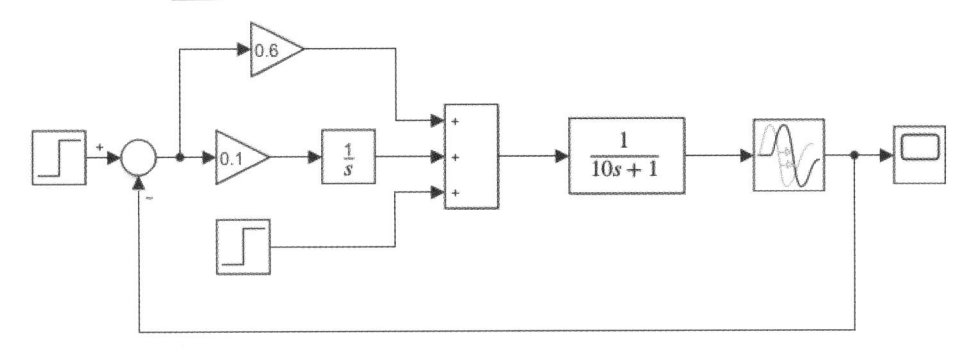

图 6-4 大滞后过程 PID 控制仿真框图

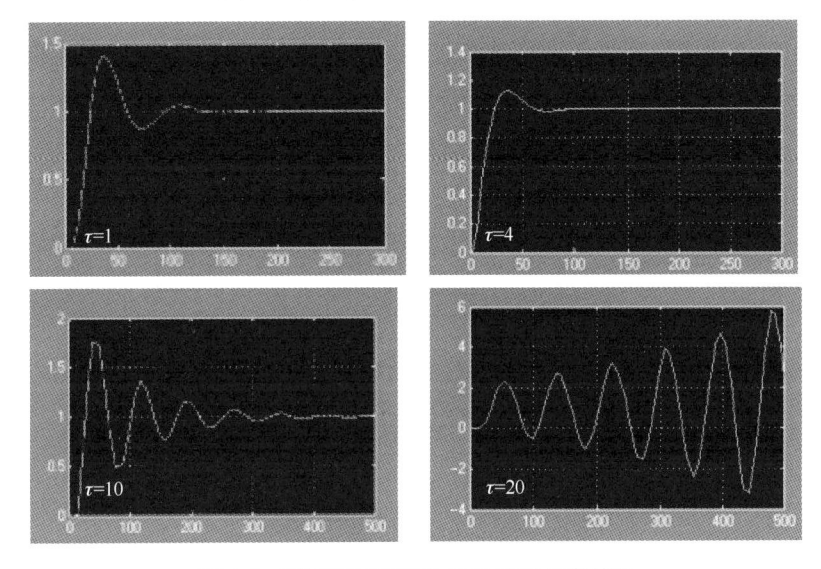

图 6-5 不同滞后时间的 PID 控制仿真结果

滞后是过程控制系统中的重要特征，滞后会导致系统不稳定。有些系统滞后较小，这时人们为了简化控制系统设计，一般会忽略滞后；但在滞后较大时，不能忽略。当被控对象的时滞与其瞬态过程时间常数之比大于 0.3 时，被控系统应按纯滞后系统设计。这类控制过程的特点是：当控制作用产生后，在滞后时间范围内，被控参数完全没有响应，系统在此时间范围内也不能及时随被控制量进行调整以克服系统所受的扰动。因此，这样的过程必然会产生较明显的超调量且需要较长的调节时间。所以，含有纯滞后的过程被公认为是较难控制的过程，其难控制程度随着纯滞后时间与整个过程动态时间参数的比例增加而增加。

对于滞后时间相对较大的系统，补偿纯滞后的控制方案包括微分先行控制和中间微分反馈控制。

6.3 大滞后补偿过程常规补偿控制

6.3.1 微分先行控制方案

将微分环节串联在反馈回路的控制方案，称为微分先行控制方案，如图 6-6 所示为大滞后过程的微分先行控制补偿系统框图。

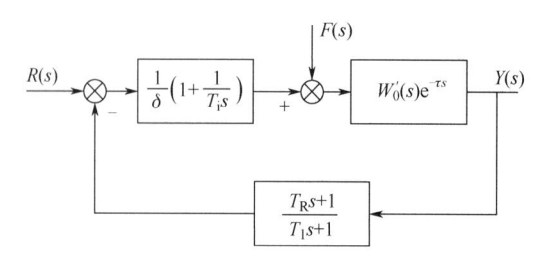

图 6-6 大滞后过程的微分先行控制补偿系统框图

微分环节输出信号中包含了被控量的大小及其变化速度，它将信号反馈到 PI 调节器，加强微分作用，进而达到减小超调量效果。当 $\tau = 10$ 时，建立如图 6-7 所示仿真框图，仿真结果如图 6-8 所示。

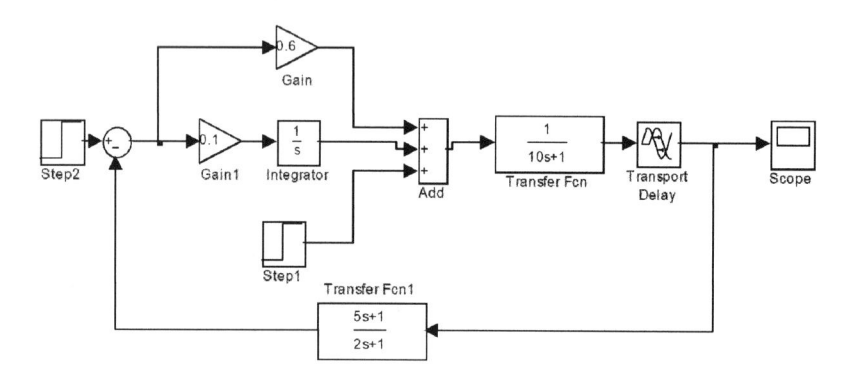

图 6-7 微分先行控制方案仿真框图

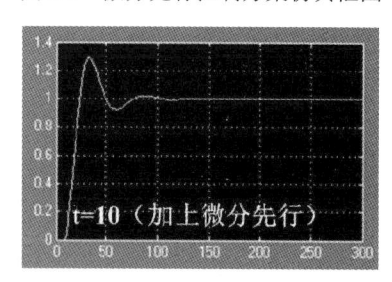

图 6-8 微分先行控制方案仿真结果

6.3.2 中间微分反馈控制方案

中间微分反馈控制系统的微分环节独立，在被控量变化时，能及时根据其变化速度大小起到附加校正作用，微分校正作用与 PI 调节器的输出信号无关，它只在动态时起作用，而在静态或被控量变化速度恒定时不起作用。如图 6-9 所示为大滞后过程的中间微分反馈控制补偿系统框图。

当 $\tau = 10$ 时，建立如图 6-10 所示仿真框图，仿真结果如图 6-11 所示。

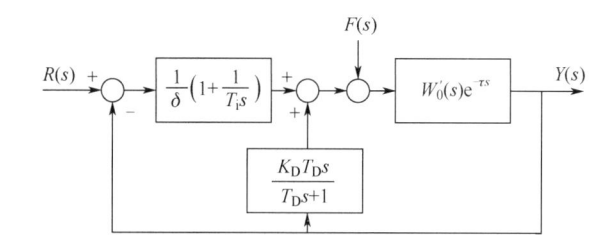

图 6-9　大滞后过程的中间微分反馈控制补偿系统框图

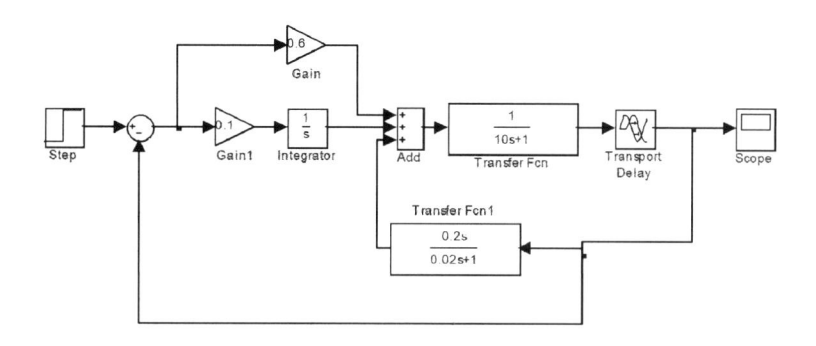

图 6-10　中间微分反馈控制方案仿真框图

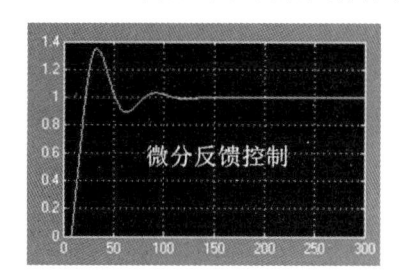

图 6-11　中间微分反馈控制方案仿真结果

大滞后过程的常规控制方案都能有效克服超调现象，缩短调节时间。但都存在较大超调量且响应速度慢，需高质量控制，需采用其他手段，如 Smith 预估控制。

6.4　Smith 预估控制

1957 年，为了改善大滞后系统的品质，史密斯（Smith）提出了一种以过程模型为基础的大滞后预估补偿控制方法，故该控制方法被称为 Smith 预估控制。

该方法按照对象特性，设计一种模型加入到反馈控制系统，预估出对象在扰动作用下的动态响应，并将预估结果反馈给控制器，使其提前动作，尽早对扰动进行补偿，从而降低超调量，加速调节过程。

Smith 预估控制的基本思想是按照过程特性，设想出一种模型并联在过程的两端，以补偿过程的动态特性，使补偿后的等效过程中的纯滞后特性消除，从而改善控制系统的控制质量。Smith 预估控制原理框图如图 6-12 所示。

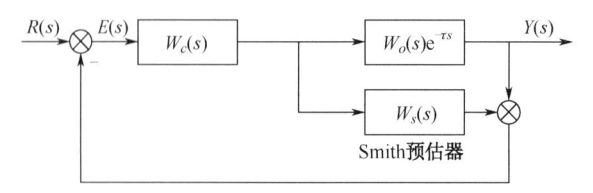

则，Smith 预估器为

$$W_o(s)\mathrm{e}^{-\tau s} + W_s(s) = W_o(s)$$

$$W_s(s) = W_o(s)(1-\mathrm{e}^{-\tau s})$$

图 6-12 经图 6-13 变化后，可化简等效为如图 6-14 所示的 Smith 预估控制系统等效框图。

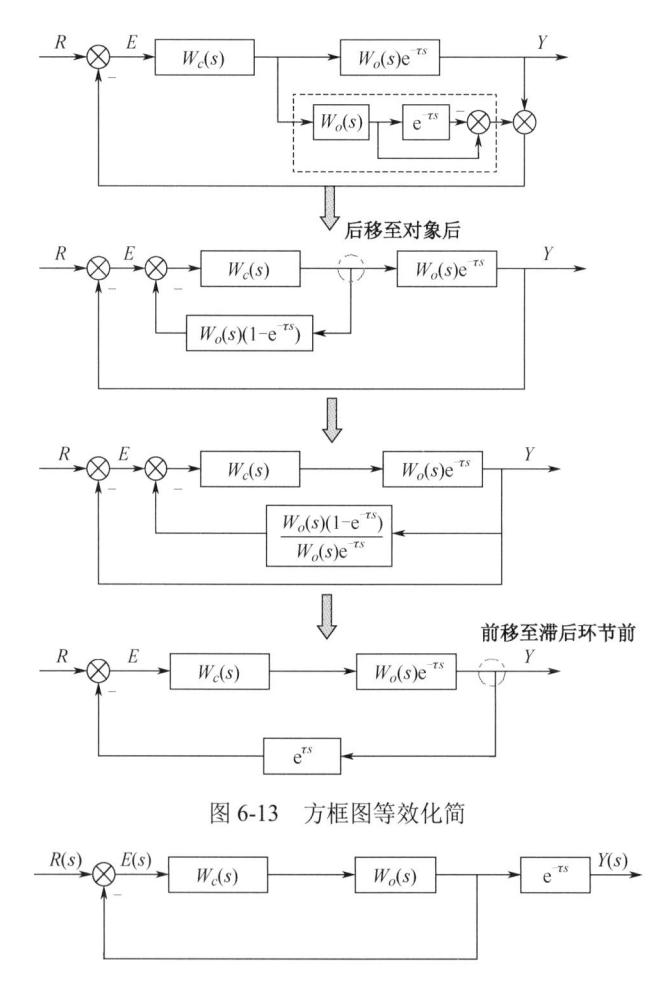

图 6-13 方框图等效化简

图 6-14 Smith 预估控制系统等效框图

在 Smith 预估补偿前，闭环系统特征方程为：

$$1 + W_c(s)W_0(s)\mathrm{e}^{-\tau s} = 0$$

在 Smith 预估补偿后，闭环系统特征方程：
$$1 + W_c(s)W_0(s) = 0$$
则经过预估补偿后闭环传递函数特征方程消去了 $e^{-\tau s}$，消去了纯滞后对系统控制品质的影响，系统的控制品质与无纯滞后时完全相同。至于分子中的 $e^{-\tau s}$ 仅仅将控制过程曲线在时间轴上推迟 τ。

建立如图 6-15 所示 Smith 预估补偿控制和常规 PID 控制仿真框图，采用 Smith 预估控制和采用常规 PID 控制的仿真结果对比如图 6-16 所示。

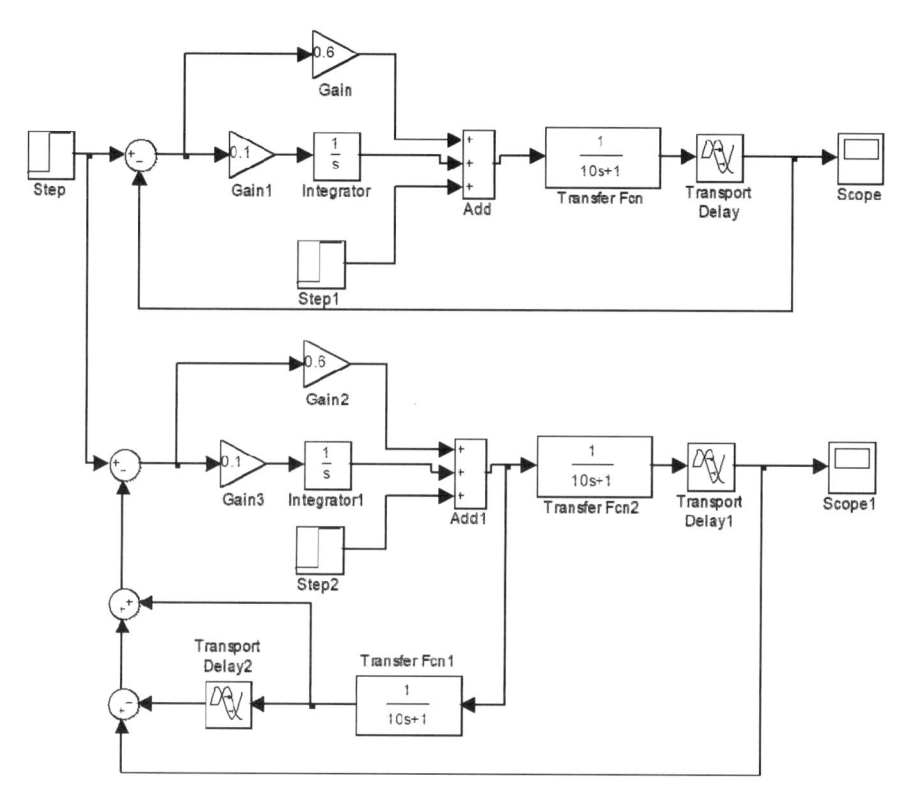

图 6-15　Smith 预估补偿控制和常规 PID 控制的仿真框图

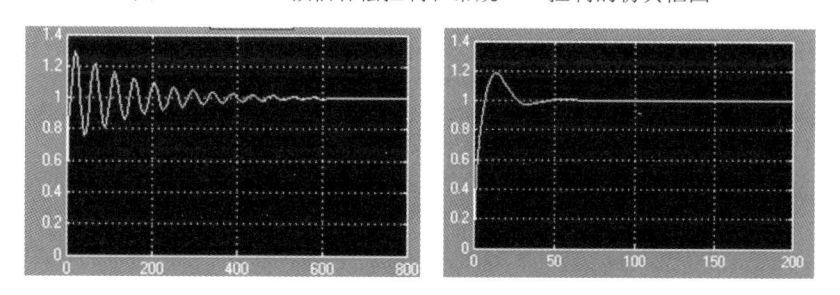

图 6-16　Smith 预估补偿控制和常规 PID 控制仿真结果对比

采用 Smith 预估控制和常规 PID 控制及补偿控制仿真结果对比如图 6-17 所示。

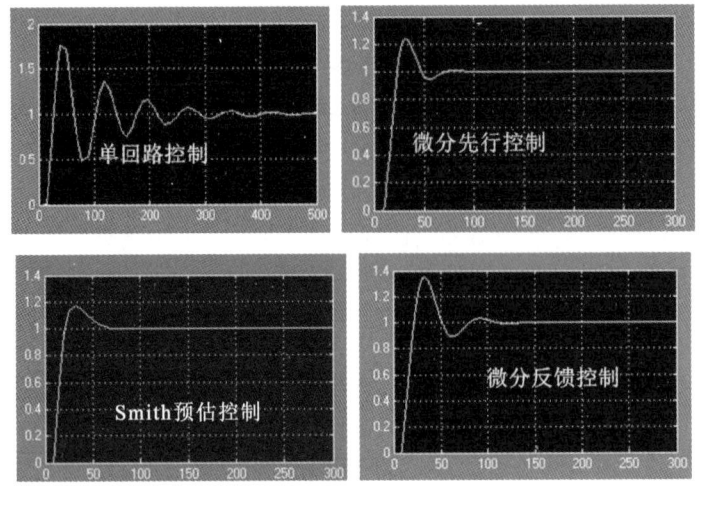

图 6-17 Smith 预估控制和常规 PID 控制及补偿控制仿真结果对比

6.5 Smith 预估控制注意事项

（1）前提：过程动态模型，即过程传递函数、时滞等已知，并有足够精确度。
闭环特征方程为：

$$1+W_c(s)\left[\hat{W}_0(s)-\hat{W}_0(s)\mathrm{e}^{-\hat{\tau}s}+W_0(s)\mathrm{e}^{-\tau s}\right]=0$$

$\hat{W}_0(s)$ 和 τ 表示实际过程，用 $\hat{W}_0(s)$ 和 $\hat{\tau}$ 表示过程模型。

当过程模型与真实过程完全一致时，Smith 预估控制才能实现完全补偿，模型与真实过程之间的误差越大，预估补偿效果越差。

（2）适应性：按某一工作点设计。若工况变化引起实际过程的时滞、时间常数、增益等变化时，Smith 预估补偿的效果会变差。

（3）控制器 $W_c(s)$ 的参数整定：与无时滞系统控制器的参数整定基本一致，但增益可取得稍小些，积分时间稍取大些。

（4）预估补偿器的参数整定：严格按照其数学模型确定。

思考题

1. 生产过程中的时间滞后是怎么引起的？
2. 试举一生产过程实例，简述当其扰动通道及控制通道存在纯滞后因素时，它们带给被控参数的不利影响如何？
3. 微分先行控制方案与常规 PID 控制方案有何异同？
4. 中间微分反馈控制方案的基本思路是什么？
5. 被控过程的数学模型如下，设计 Smith 预估器传递函数。

$$W_0(s)\mathrm{e}^{-l_0 s}=\frac{5}{3.2s+1}\mathrm{e}^{-2s}$$

第 7 章　其他复杂过程控制系统

7.1　比值控制系统

比值控制的目的是实现几种物料按一定比例混合，使生产能安全、正常进行。两个或两个以上参数符合一定比例关系的控制系统，称为比值控制系统。

在现代工业生产过程中，要求两种或多种物料流量成一定比例关系。例如，在工业锅炉的燃烧过程中，需要自动保持燃料量和空气量按一定比例混合后送入炉膛，以确保燃料的效率。又如，在制药生产过程中，要求将药物和注入剂按规定比例混合，以保证药品的有效成分；造纸过程中为保证纸浆浓度，要求自动控制纸浆量和水量比例。再如，在硝酸生产过程中，进入氧化炉的氨气和空气的流量要有合适的比例，否则会产生不必要的浪费。总之，为了实现如上所述的种种要求，需要设计一种特殊的过程控制系统，即比值控制系统。由此可见，所谓比值控制系统，简单来说，就是使一种物料随另一种物料按一定比例变化的控制系统。

凡是两个或多个变量自动维持一定比值关系的过程控制系统，统称为比值控制系统。在比值控制系统中，需要保持比值关系的两种物料中，必有一种物料处于主导地位，成为主物料、主动量、主流量，用 F_1 表示；而另一种物料按主物料进行配比，在控制过程中随主物料而变化，因此称为从物料、从动量、副流量，用 F_2 表示；副流量 F_2 与主流量 F_1 的比值关系为 $F_2 = KF_1$，其中 K 为副流量与主流量的流量比值系数或比例系数，F_1 为主物料，起主导作用，F_2 为从物料，跟随主动量变化。

7.1.1　比值控制系统的类型

1. 开环比值控制系统

开环比值控制系统如图 7-1 所示，从物料量 F_2 与主物料量 F_1 的比值关系为：$K = F_2/F_1$。开环比值控制系统结构简单，只需一台纯比例控制器，其比例度可以根据比值要求来设定。主、副流量均为开环，这种比值控制方案对副流量本身无抗干扰能力，所以这种系统只适用于副流量较平稳且比值要求不高的场合。

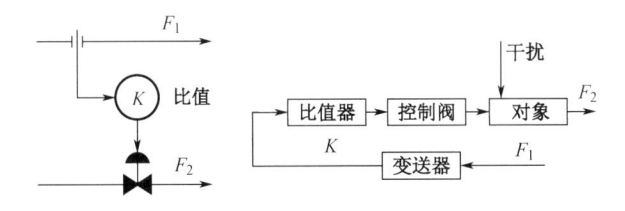

图 7-1　开环比值控制系统

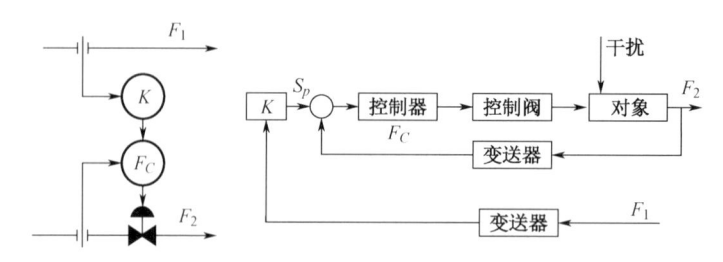

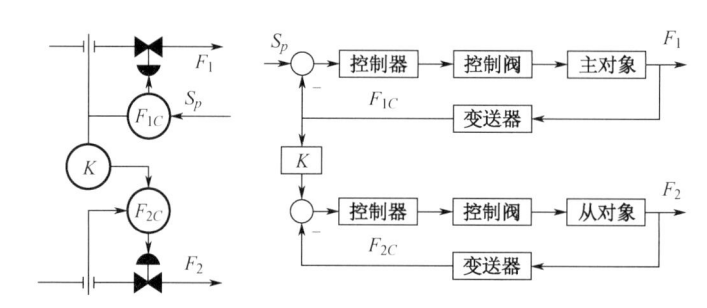

2. 单闭环比值控制系统

单闭环比值控制系统是为了克服开环比值控制方案的不足，在开环比值控制系统的基础上，通过增加一个副流量的闭环控制系统而组成的。单闭环比值控制系统如图 7-2 所示。

图 7-2　单闭环比值控制系统

单闭环比值控制系统不仅能使从动量跟随主动量的变化而变化，实现主、从动量的精确流量比值，还能克服进入从动量控制回路的扰动影响，因此，单闭环比值控制系统比开环比值控制系统的控制质量要好。它所增加的仪表投资较少，而控制品质提高较多。

3. 双闭环比值控制系统

双闭环比值控制系统的目的是保证主动量稳定在给定值，进而使总量稳定。结构上，在单闭环比值控制系统的基础上，增加了一个主动量的闭环控制系统。

图 7-3　双闭环比值控制系统

由一个定值控制的主动量回路和一个跟随主动量变化的从动量控制回路组成。主动量控制回路能克服主动量扰动，实现定值控制，从动量控制回路能克服从动量扰动，实现随动控制。

双闭环比值控制系统有两个独立的单回路控制系统。稳态时，调整两个单回路的设定值可使主、从动量之间保持所需比值，当主动量供应不足或扰动较大，使主动量偏离设定值时，仍可使从动量与主动量保持所需比值。

4. 变比值控制系统

要求两种物料的比值能灵活地随第三参数的需要而加以调整，这样就出现一种变比值控制系统。变比值控制系统是一个以第三参数为主变量（质量指标）、以两个流量比为副变量的串级控制系统。其含义是按照一定的工艺指标，自行修正比值系数的比值控制系统，即主动量与从动量的比值按照第三参数的需要而变化。变比值控制系统如图 7-4 所示。

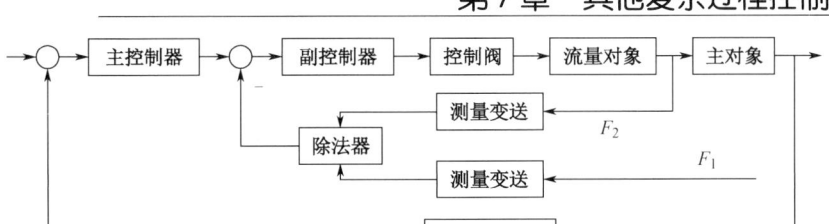

```
主控制器 → 副控制器 → 控制阀 → 流量对象 → 主对象
                    ↑测量变送 F_2
         除法器 ← 测量变送 F_1
         主测量变送
```

图 7-4　变比值控制系统

7.1.2　比值控制系统的设计

1. 主动量和从动量的选择

（1）一般选择在生产中起主导作用的物料流量为主动量，其余的物料流量跟随其变化，为从动量，从动量通常可测可控，并供应有余。

（2）一般选择工艺上不可控的物料流量为主动量，虽然主动量不可控，但是其可测。

（3）一般选择成本较昂贵的物料流量为主动量，主动量可能有供应不足的问题。

（4）当生产工艺有特殊要求时，主、副物料流量应根据工艺需要来选择，且要符合安全要求。

2. 比值控制系统的结构选择

控制方案的选择应根据不同的生产要求确定，同时还要兼顾经济性。

（1）如果工艺上仅要求两物料流量之比一定，而对总流量无要求，则可用单闭环比值控制系统。

（2）如果主、从动量的扰动频繁，而工艺上要求主、副物料总流量恒定的生产过程，可用双闭环比值控制系统。

（3）当生产工艺要求两种物料流量的比值要随着第三参数的需要进行调节时，可用变比值控制系统。

3. 比值控制系统调节器控制规律的确定

比值控制系统中，调节器的控制规律是根据控制方案和控制要求而定的。

在单闭环比值控制系统中，比值器 K 起比值计算作用，若用调节器实现，则选 P 调节；副流量调节器使副流量稳定，为保证控制精度可选 PI 调节。

双闭环比值控制不仅要求两动量保持恒定的比值关系，而且主、从动量均要实现定值控制，所以两个调节器均应选 PI 调节，比值器选 P 调节。

4. 比值控制系统的实现

比值控制的具体实现方案有两种，如图 7-5 所示。

（1）把两动量的测量值相除，所得商作为调节器的反馈值，该方案称为相除控制方案。

（2）把一个流量的测量值乘以比值系数，所得乘积作为副调节器的设定值，该方案称为相乘控制方案。

5. 比值控制系统的参数整定

在比值控制系统中，双闭环比值控制系统的主动量回路可按单回路控制系统进行整定；变比值控制系统因结构上属于串级控制系统，所以主调节器可按串级控制系统的整定方法进行。这样，比值控制系统的参数整定，就变成了讨论单闭环、双闭环及变比值控制从动量回路的整定问题。由于这些回路本质上都属于随动系统，要求从动量快速、准确地跟随主动量变化，而且不宜有超调，所以最好整定在振荡与不振荡的临界状态。具体整定步骤如下。

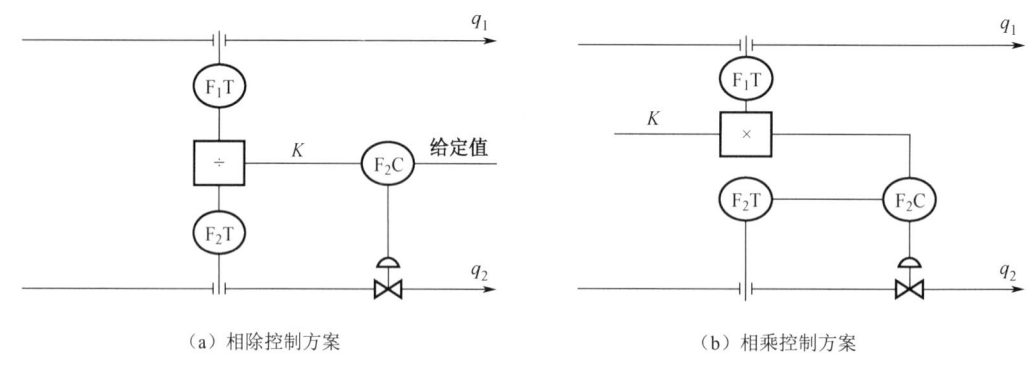

图 7-5 比值控制的实现方案

（a）相除控制方案　　（b）相乘控制方案

（1）在满足生产工艺流量比的条件下，计算比值器的参数，将比值控制系统投入运行。

（2）将积分时间置于最大，并由大到小逐渐调节比例度，使系统处于响应迅速、振荡与不振荡的临界状态。

（3）若欲投入积分作用，则应先适当增大比例度，再投入积分作用，并逐步减小积分时间，直到系统出现振荡与不振荡或稍有超调为止。

7.1.3 比值控制系统的设计示例

以典型的加热炉的燃烧控制为例，加热炉的被控变量是被加热物料的出口温度，用该变量作为主被控变量来控制燃料油（或燃料气）的流量，组成单回路控制系统。

由于燃料油（或燃料气）的流量检测困难，且容易造成堵塞事故，所以一般将检测控制阀后的压力作为近似的流量信号。炼油厂通常采用燃料油（或燃料气）压力和雾化蒸汽（或空气）压力组成压力比值控制系统，如图 7-6 所示。

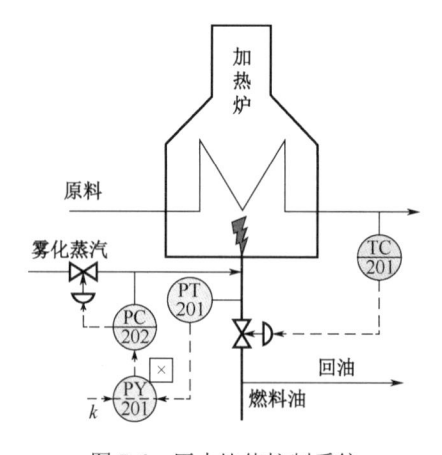

图 7-6 压力比值控制系统

7.2 均匀控制系统

连续精馏的多塔分离过程如图 7-7 所示，对甲塔来说，塔釜液位是一个重要的工艺参数，必须保持在一定范围内，为此配备了液位控制系统；对乙塔来说，从自身平稳操作的要求出发，希望进料量稳定，所以设置了流量控制系统；这样，甲、乙两塔间的供求关系就出现了矛盾。为解决这一前后工序上的供求矛盾，希望设计一种控制系统使液位与流量同时平稳，同时均匀地变化。

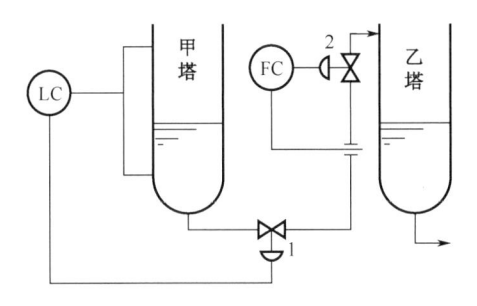

图 7-7 连续精馏的多塔分离过程控制系统

均匀控制要求表征前后供求矛盾的两个变量在控制过程中都应该是缓慢变化的，前后互相联系又互相矛盾的两个变量应保持在所允许的范围内波动，如图 7-8 所示。

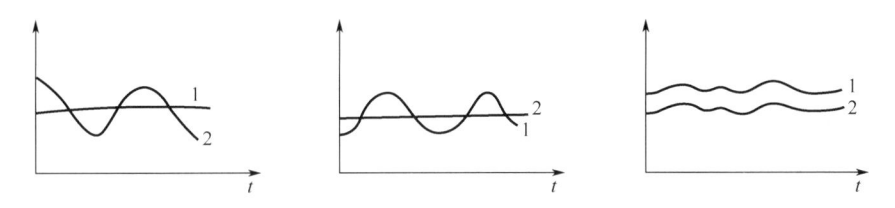

1——液位变化曲线 2——流量变化曲线
图 7-8 均匀控制系统响应曲线

不同于常规的定值控制系统，均匀控制系统对被控变量（CV）与控制变量（MV）都有平稳的要求；为解决 CV 与 MV 都平稳这一对矛盾，只能要求 CV 与 MV 都渐变。均匀控制通常要求在最大干扰下，CV 在上下限内波动，而 MV 应在一定范围内平缓渐变。

均匀控制指的是控制功能，而不是控制方案。因为就系统的结构来看，有时像简单控制系统，有时像串级控制系统。所以要识别控制方案是否起均匀控制作用，应从控制的目的进行确定。常用的两种均匀控制方案如图 7-9、图 7-10 所示。

均匀控制系统是通过设置控制器参数，而不是改变控制系统的结构，来实现前后两个变量间的相互协调的。参数整定的目的不是使变量尽快地回到给定值，而是要求变量在允许的范围内缓慢变化，控制器参数一般都采用纯比例控制，且控制器比例放很大，以使输出变化缓慢，只是在要求较高时，为了防止偏差超过允许范围，才引入了适当的积分控制。

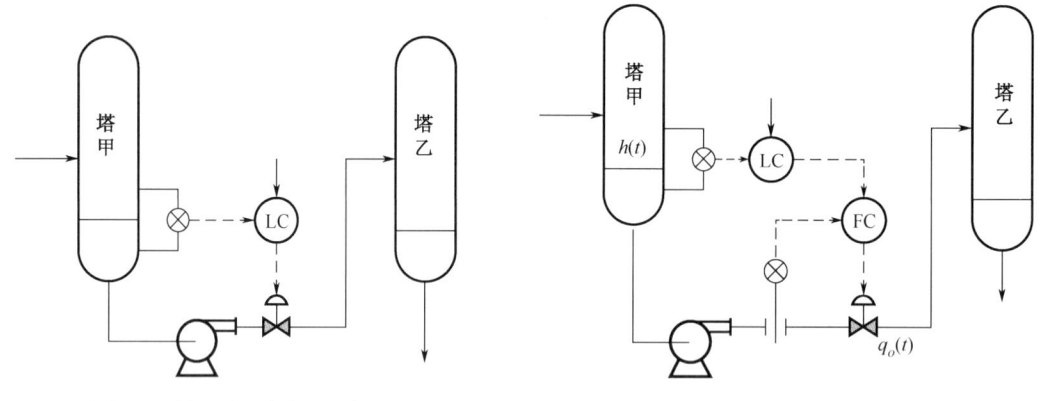

图 7-9　单回路均匀控制系统　　　　　图 7-10　串级均匀控制系统

均匀控制的特点如下。

（1）系统结构无特殊性。均匀控制取决于控制目的，而不是取决于控制系统的结构。在结构上，它既可以是一个单回路控制系统，也可以是其他结构形式的控制系统。所以，对于一个已定结构的控制系统，能否实现均匀控制，主要取决于其调节器的参数如何整定。

（2）参数均应缓慢地变化。均匀控制的任务是使前后设备物料供求之间相互协调，所以表征物料的所有参数都应缓慢变化。那种试图把两个参数都稳定不变或使其中一个变一个不变的想法都不能实现均匀控制。此外，还需注意的是，均匀控制在有些场合无须将两个参数平均分配，而要视前后设备的特性及重要性等因素来确定其主次，有时以液位参数为主，有时则以流量参数为主。

（3）参数变化应限制在允许范围内。在均匀控制系统中，参数的缓慢变化必须被限制在一定的范围内。如图 7-10 所示的两个串联的精馏塔中，塔乙液位的变化有一个规定的上、下限，过高或过低都可能造成"冲塔"或"抽干"的危险。同样，塔甲的进料流量也不能超过它所能承受的最大负荷和最低处理量，否则精馏过程难以正常进行。

7.3　选择性控制系统

控制系统的设计需要考虑各种工况，除了要求控制系统在生产处于正常运行情况下能克服外界干扰、维持生产的平稳运行，还要求当生产操作达到安全极限时，控制系统能采取相应的保护措施，促使生产操作离开安全极限，返回到正常情况，或者使生产暂时停下来，以防止事故的发生或危险进一步扩大。

考虑设置两套控制系统，一套为正常生产情况下的自动控制系统，另一套为非正常生产情况下的安全保护系统。当生产操作条件趋向限制条件时，用于控制不安全情况的自动保护系统自动将取代正常情况下工作的控制系统，直到生产操作重新回到安全范围。正常情况下工作的控制系统又自动恢复对生产过程的正常控制。这样的控制系统称为选择性控制系统，又称为取代控制系统或自动保护控制系统。

7.3.1　选择性控制系统的类型

1. 开关型选择控制系统

在安全生产的极限值以内，生产过程就按照工艺要求来进行正常控制。一旦安全指标达到极限值时,选择性控制系统会通过自动选择装置,切断工艺操作指标控制器的输出,将控制阀迅速关闭或打开,以防止事故的发生,直到安全生产指标回到限值以内,系统才又自动重新恢复到正常生产过程的控制,按工艺操作指标进行控制。开关型选择控制系统原理图如图 7-11 所示,开关型选择控制系统框图如图 7-12 所示。

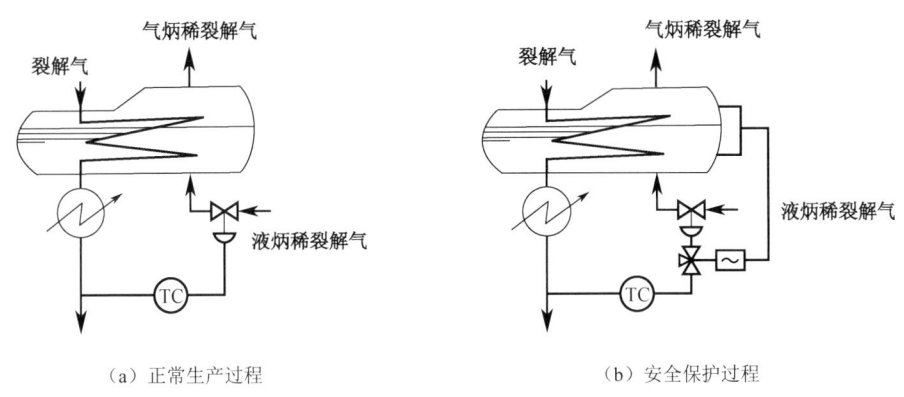

图 7-11 开关型选择控制系统原理图

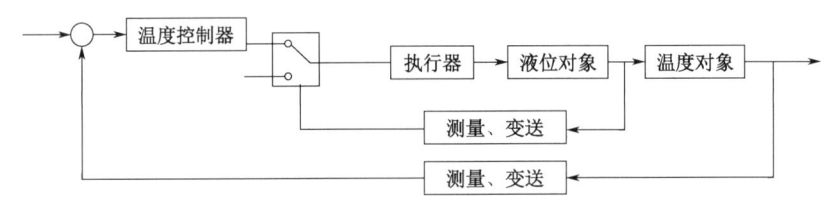

图 7-12 开关型选择控制系统框图

2. 连续型选择控制系统

当保护作用取代正常情况下的控制作用时,切换过程是连续的;一般有两台控制器,一台在正常工况下工作,另一台在非正常工况下工作。它们的输出同时送往选择器(高选器或低选器),进行选择后,再送往执行器。连续型选择控制系统原理图如图 7-13 所示,系统框图如图 7-14 所示。

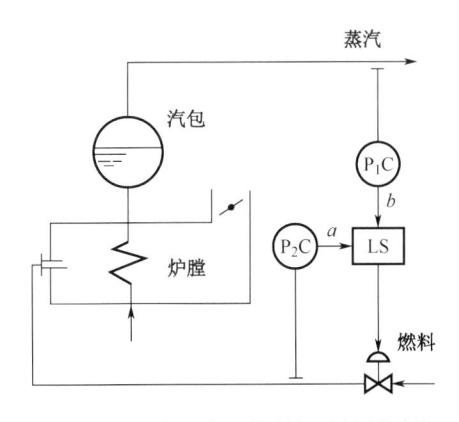

图 7-13 蒸汽压力与燃料低选控制系统

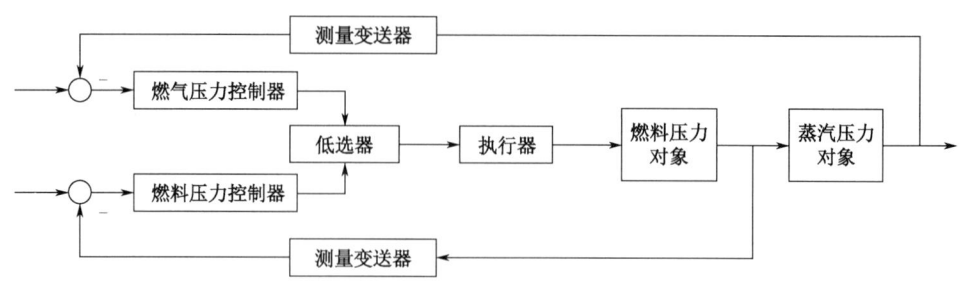

图 7-14 蒸汽压力与燃气压力选择性控制系统框图

3. 混合型选择控制系统

若一个控制系统中同时存在开关型选择性控制与连续型选择性控制，则被称为混合型选择性控制系统。如图 7-15 所示。

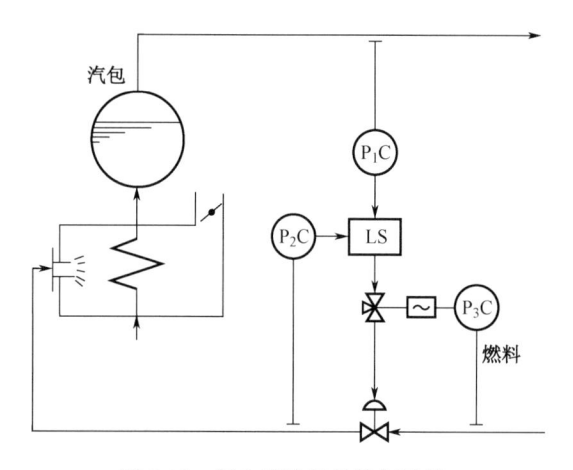

图 7-15 混合型选择性控制系统

7.3.2 选择性控制系统设计及工业应用

1. 选择性控制系统设计

选择性控制系统设计包括调节阀气开、气关形式的选择，调节器控制规律及其正、反作用方式的确定，选择器的选型，以及系统整定等内容。下面就此简单介绍。

（1）调节阀气开、气关形式的选择。

根据生产工艺安全原则来选择调节阀的气开、气关形式。

（2）调节器控制规律的选取及其作用方式的确定。

对于正常调节器，由于对控制精度的要求较高，同时还要保证产品的质量，所以应选用 PI 控制规律，如果过程的容量滞后较大，可以选用 PID 控制规律；对于取代调节器，由于在正常生产中有开环备用，仅要求在生产出问题时，能迅速及时采取措施，防止事故发生，故一般使用 P 控制规律即可。对于两个调节器的正、反作用方式，按照单回路控制系统设计原则来确定即可。

（3）选择器的选择。

选择器有高值选择器与低值选择器，前者可以容许较大信号通过，后者可以容许较小信号通过。

在选择器具体选型时,根据生产处于不正常情况下,取代调节器的输出信号为高值或低值来确定选择器的类型。如果取代调节器输出信号为高值时,则选用高值选择器;如果取代调节器输出信号为低值时,则选用低值选择器。

(4)系统调节器参数整定。

选择性控制系统调节器在做参数整定时,可按单回路控制系统的整定方法进行。但是,取代控制方案投入工作时,取代调节器必须发出较强的控制信号,产生及时的自动保护作用,所以其比例度应整定得小一些。如果有积分作用,积分作用也应整定得弱一些。

2. 应用举例

在锅炉的运行中,蒸汽负荷经常随用户需要波动。在正常情况下,用控制燃料量的方法来维持蒸汽压力稳定。当蒸汽用量增加时,蒸汽总管压力将下降,此时正常调节器输出信号去开大调节阀,以增加燃料量。同时,燃料气压力超过某一安全极限时,会产生脱火现象,可能会造成生产事故。为此,设计应采用如图 7-16 所示的蒸汽压力与燃料气压力的选择性控制系统。

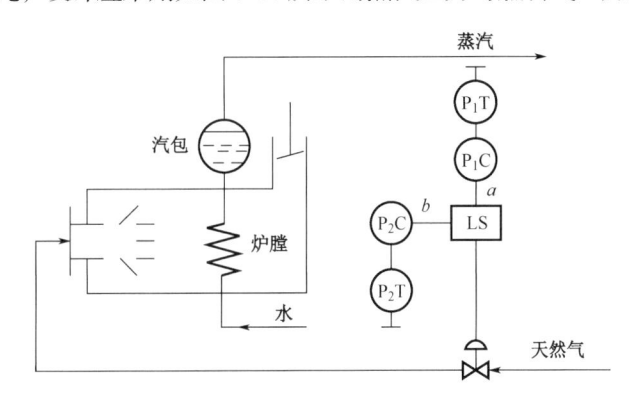

图 7-16 压力选择性控制系统

根据上述工艺过程的简单介绍,运用系统设计原则来设计压力选择性控制系统。

(1)选择调节阀。

从生产安全角度考虑,当气源发生故障时,天然气应切断,故应选择气开式调节阀。

(2)调节器正、反作用方式的确定。

对正常调节器来说,蒸汽压力升高,天然气流量应减小,调节阀应关小。由于调节阀为气开式,故应选择反作用式。对于取代调节器,当天然气压力升高到一定程度时,应使其输出压力减小,以便被选取其去关小调节阀,故应选择反作用式。

(3)选择器选型。

当生产处于不正常状态时,取代调节器的输出信号应减小,故应选用低值选择器。

至此,选择性控制方案已完成设计,为使系统能运行在最佳状态,还必须按上述整定要求进行系统的参数整定。

7.4 分程控制系统

在一般的过程控制系统中,调节器的输出通常只控制一个调节阀。但在某些工业生产中,根据工艺要求,需将调节器的输出信号分段,去分别控制两个或两个以上的调节阀,以便使每个调节阀在调节器输出的某段信号范围内全行程动作,这种控制系统被称为分程控制系统。在分程控制系统中,一个调节器的输出可以同时控制两个及两个以上的调节阀;分程控制系统中调节器按输出信号的不同区间去控制不同的阀门;分程一般是由附设在控制阀上的阀门定位器来实现的,如图 7-17 所示。

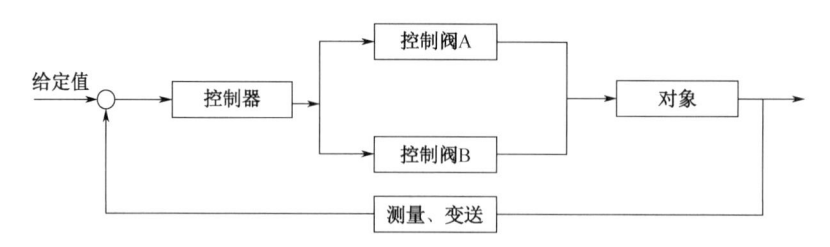

图 7-17 分程控制系统框图

间歇式化学反应过程需要在规定的温度中进行。在每次加料完毕后,为了达到规定的反应温度,需要用蒸汽对其进行加热;当反应过程开始后,因放热反应会产生大量热,为了保证反应仍在规定的温度下进行,所以需要用冷却水带走反应热。为此,需要设计以反应器温度为被控参数、以蒸汽流量和冷却水流量为控制参数的分程控制系统。间歇式化学反应器分程控制系统工艺流程图如图 7-18 所示。

在分程控制系统中,调节器输出信号的分段是通过阀门定位器来实现的。它将调节器的输出信号分成几段,不同区段的信号由相应的阀门定位器将其转换为 0.02~0.1MPa 的压力信号,使每个调节阀都作全行程动作。图 7-19 所示为使用两个调节阀的分程关系曲线图。

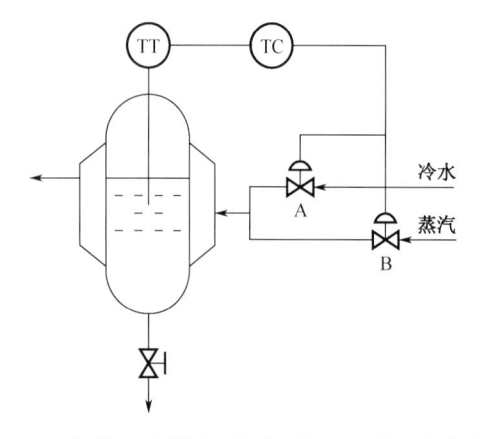

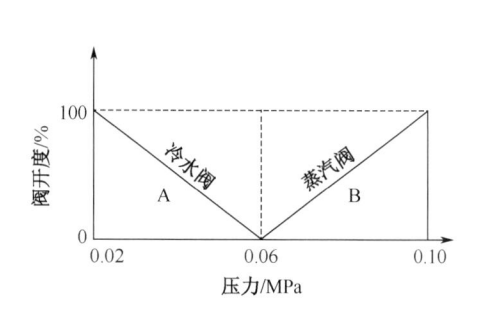

图 7-18 间歇式化学反应器分程控制系统工艺流程图　　图 7-19 使用两个调节阀的分程关系曲线图

由于调节阀的气开、气关形式和分程信号区段不同,分程控制系统又可分为两种类型。
(1)调节阀同向动作。

图 7-20 所示为调节阀同向动作示意图,图 7-20(a)表示两个调节阀都为气开式,图 7-20(b)表示两个调节阀都为气关式。由图 7-20(a)可知,当调节器输出信号从 2kpa 增大时,阀 A 开始打开,阀 B 处于全关状态;当信号增大到 60kpa 时,阀 A 全开,阀 B 开始打开;当信号增大到 100kpa 时,阀 B 也全开。由图 7-20(b)可知,当调节器输出信号从 20kpa 增大时,阀 A 由全开状态开始关闭,阀 B 则处于全开状态;当信号达到 60kpa 时,阀 A 全关,而阀 B 则由全开状态开始关闭;当信号达到 100kpa 时,阀 B 也全关。

(2)调节阀异向动作。

图 7-21 所示为调节阀异向动作示意图,图 7-21(a)为调节阀 A 选用气开式、调节阀 B 选用气关式,图 7-21(b)为调节阀 A 选用气关式、调节阀 B 选用气开式。由图 7-21(a)可知,当调节器输出信号大于 20kpa 时,阀 A 开始打开,阀 B 处于全开状态;当信号达到 60kpa 时,阀 A 全开,阀 B 开始关闭;当信号达到 100kpa 时,阀 B 也全关。图 7-21(b)的调节阀动作情况与图 7-21(a)相反。分程控制中调节阀同向或异向动作的选择完全由生产工艺安全与要求决定。

(a)两阀都为气开式　　　　　　　(b)两阀都为气关式

图 7-20　两阀同向动作示意图

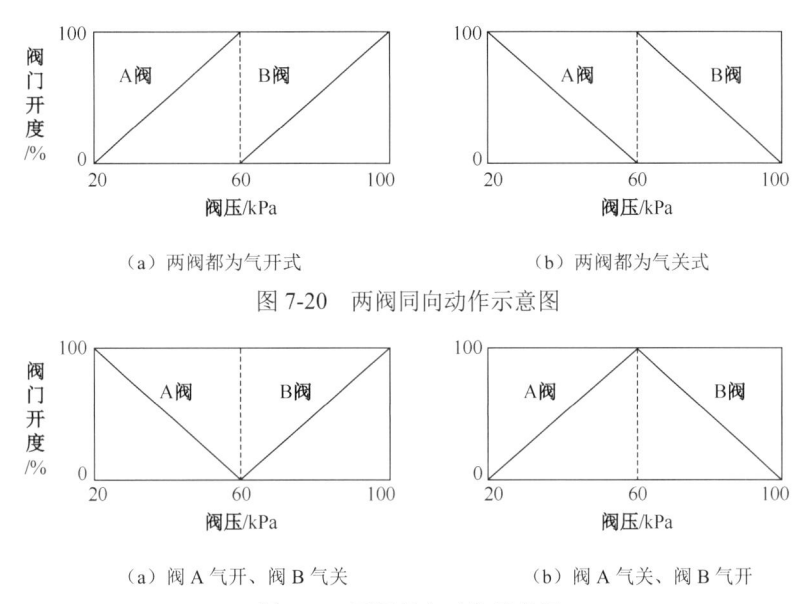

(a)阀 A 气开、阀 B 气关　　　　　(b)阀 A 气关、阀 B 气开

图 7-21　两阀异向动作示意图

分程控制应用 1:用于提高控制阀的可调比,如图 7-22 为蒸汽压力减压分程控制系统。小负荷时,只有 A 阀控制、B 阀不开,负荷较大时,A 阀全开、B 阀控制,两个流通能力相同的调节阀,共同调节蒸汽压力,分程后,总的流通能力扩大 1 倍。调节阀动作示意图如图 7-23 所示。

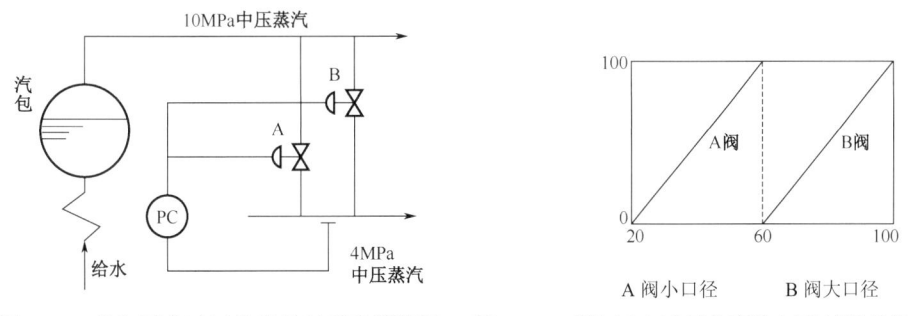

图 7-22　蒸汽压力减压分程控制系统流程图　　图 7-23　蒸汽压力减压分程控制系统调节阀动作示意图

控制阀的可调比为 $R = Q_{max}/Q_{min}$,由于口径固定,同一个控制阀能够控制的最大流量和最小流量不可能相差太大,满足不了生产上流量变化范围大的要求,在这种情况下可采用两个控制阀并联的分程控制方案。

分程控制应用 2:用于控制两种不同的介质,如图 7-24 所示为间歇式化学反应器分程控制系统流程图。

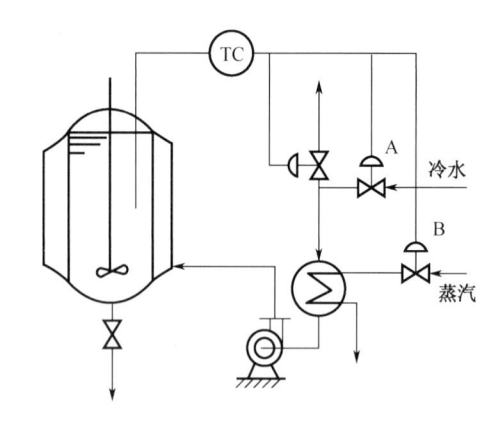

图 7-24 间歇式化学反应器分程控制系统流程图

对于间歇式化学反应器，既要考虑反应前的加热问题，又要考虑过程中移走热量的问题，为此可采用分程控制系统，在该系统中，利用 A、B 两个控制阀，分别控制冷水与蒸汽两种不同介质，以满足工艺上需要冷却和加热的不同需要，如图 7-25 所示为使用两个调节阀的分程关系曲线图。

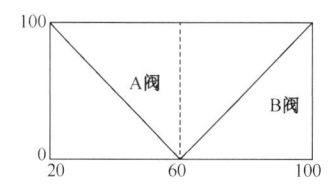

A 阀气关，B 阀气开，T_C 反作用

图 7-25 使用两个调节阀的分程关系曲线图

工作原理：

反应前升温阶段——温度测量值小于给定值，控制器 T_C 输出较大，A 阀将关闭，B 阀被打开，蒸汽通入加热反应物；反应物开始放热——控制器输出逐渐减小，A 阀将打开，B 阀关闭，冷水通入冷却反应物，维持反应温度不变。

分程控制应用 3：用作安全生产的保护措施，如图 7-26 所示。

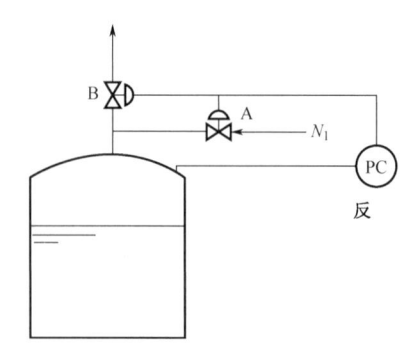

图 7-26 储罐氮封分程控制方案

化工厂的储罐需要进行氮封，以使油品与空气隔绝。存在的一个问题就是储罐中物料

量的增减会导致氮封压力的变化。为了维持罐压平衡，需要在物料被抽取时加氮补压，而在物料进料时排气减压。阀压升高时，测量值将大于给定值，压力控制器 PC 的输出将下降，A 阀关闭，B 阀打开，排气减压；贮压降低时，测量值小于给定值，控制器输出将变大，A 阀打开，B 阀关闭，补氮增压，如图 7-27 所示。A 阀气关，B 阀气开，PC 反作用。

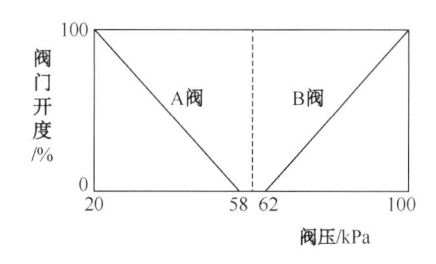

图 7-27 储罐氮封的分程控制

分程控制系统应用中应注意的几个问题。

（1）控制阀流量特性要正确选择。因为在两阀的分程点上，控制阀的放大倍数可能出现突变，表现为特性曲线上产生斜率突变的折点，这在大小控制阀并联时尤其重要。如果两控制阀均为线性特性，情况更严重。如果采用对数特性控制阀，分程信号重叠一小段，则情况会有所改善。

（2）大小阀并联时，大阀的泄漏量不可忽视，否则就不能充分发挥扩大可调范围的作用。当大阀的泄漏量较大时，系统的最小流通能力就不再是小阀的最小流通能力了。

（3）分程控制系统本质上是简单控制系统，因此控制器的选择和参数整定可参照简单控制系统进行处理。不过在运行中，如果两个控制通道特性不同，就是说广义对象特性是两个，控制器参数不能同时满足两个不同对象特性的要求。遇此情况，只好依照正常情况下的被控对象特性，按正常情况下整定控制器的参数。对另一个阀的操作要求，只要能在工艺允许的范围内即可。

7.5 多变量解耦控制维

在现代化的工业生产中，不断出现一些较复杂的设备或装置，这些设备或装置的本身所要求的被控参数往往较多，因此，必须设置多个控制回路对该种设备进行控制，有多个参数（被控量）需要控制，又有多个变量可用作控制量。由于控制回路的增加，往往会在它们之间造成相互影响的耦合作用，也即系统中每一个控制回路的输入信号对所有回路的输出都会有影响，而每一个回路的输出又会受到所有输入的影响，被控量与控制量之间交互影响，每个控制量的变化会同时引起几个被控量变化。要想实现一个输入只控制一个输出几乎不可能，这种变量间的交互影响称为耦合。耦合的存在会使过程控制系统变得更复杂，使系统难于控制、性能很差。

简化控制系统结构的一种方法是采用解耦控制系统，通过引入某种补偿网络或补偿通道把一个有耦合的多变量过程化成一些无耦合的单变量过程，或者经过适当的变换和处理以减小耦合影响。

所谓解耦控制，就是采用某种结构，寻找合适的控制规律来消除系统中各控制回路之间的相互耦合关系，使每个输入只控制相应的一个输出，每个输出又只受到一个输入的作用。解耦控制是多变量系统控制的有效手段。

7.5.1 系统的关联分析

生产装置设置若干个控制回路，回路之间，就可能相互关联，相互耦合，相互影响，构成多输入—多输出的相关（耦合）控制系统。图 7-28 所示流量、压力控制方案，就是相互耦合的系统。

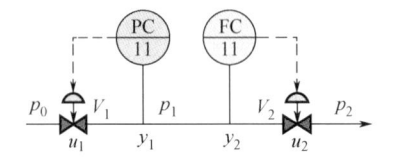

图 7-28 关联严重的控制系统

压力 y_1 低，经压力控制系统开大控制阀 V_1，这时，流量 y_2 亦随之增大，而流量控制系统必须关小控制阀 V_2，结果又使压力升高，流量低，经流量控制阀 V_2，使其开度增加，p_1 随之减小，而压力控制系统必须开大控制阀 V_1，结果使流量进一步升高。两个控制系统相互影响，同时运行时，不能正常运行。

流量、压力耦合过程控制系统框图如图 7-29 所示。

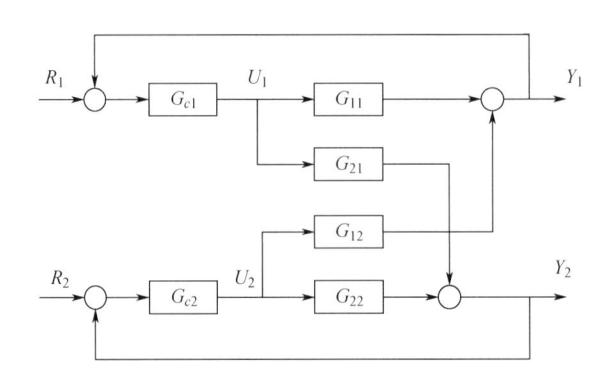

图 7-29 流量、压力耦合过程控制系统框图

则系统传递函数可表示如下：

$$\begin{bmatrix} Y_1(s) \\ Y_2(s) \end{bmatrix} = \begin{bmatrix} G_{11}(s) & G_{12}(s) \\ G_{21}(s) & G_{22}(s) \end{bmatrix} \cdot \begin{bmatrix} U_1(s) \\ U_2(s) \end{bmatrix}$$

若除了被控系统传递函数矩阵的主对角线元素，其他项元素均为零，则被控系统之间没有关联。从静态看，如果其他项元素增益比主对角线元素增益小得多，则被控系统关联就弱，即 G_{12} 和 G_{21} 不全为零时，有耦合；G_{12} 和 G_{21} 全为零时，无耦合；G_{12} 或 G_{21} 有一个为零时，称半耦合。

7.5.2 解耦控制系统设计

解耦控制系统设计原则

自治原则：多变量控制系统之间存在关联，因此，设计时应将被控变量与变量配对，使它们的相对增益尽量接近 1。

解耦原则：当控制系统中各变量之间的关联严重时，需要选择合适的解耦控制方法。

协调跟踪原则：将控制系统分解为若干具有自治功能的控制系统，可以减小系统之间的关联，但并未根本解决关联问题。为此，应对各个自治的控制系统进行协调，组成协调控制系统。例如，电站中汽轮机与锅炉之间的协调控制系统，大型锅炉控制系统的变量配对选择系统关联最小的配对方案，如表 7-1 所示。

被控变量：产出的蒸汽压力 P、蒸汽温度 T、锅炉汽包水位 L、炉膛负压 P_s、过剩空气系数 α 等。

控制变量：给水流量 W、减温水喷水流量 W_s、燃料流量 F_u、送风空气流量 F_a 和引风量 F_f。

表 7-1 系统关联最小的配对方案

被控变量	锅炉汽包水位 L	蒸汽压力 P	蒸汽温度 T	过剩空气系数 α	炉膛负压 P_s
控制变量	给水流量 W	燃料流量 F_u	减温水喷水流量 W_s	送风空气流量 F_a	引风量 F_f

7.5.3 减少与解除耦合的途径

为减少被控变量间的解耦，应正确匹配被控变量和控制变量，合理整定控制器参数，尽量减少控制回路，串接解耦装置，通过模态控制，使各输出互不影响，实现解耦控制，或者用多变量控制器使多变量系统对角优势化。

常见的解除控制回路或系统变量之间耦合的方法如下。

1. 前馈补偿解耦法

前馈补偿解耦法是一种很有效的抗扰动控制方法。在多变量系统中，经过合理的变量配对选择后，其他变量对该通道来说都相当于扰动，因此前馈补偿解耦法同样适用于多变量解耦控制系统。前馈补偿解耦法是根据不变性原理进行解耦网络设计的，以此来解除系统的耦合关联。

前馈补偿解耦系统框图如图 7-30 所示。

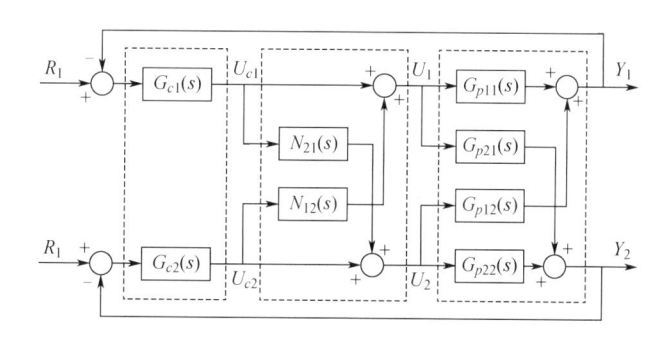

图 7-30 前馈补偿解耦系统框图

如果要实现对 U_{c1} 与 Y_2、U_{c2} 与 Y_1 之间的解耦，根据前馈补偿原理可得：

$$U_{c1}G_{p21}(s) + U_{c1}N_{21}(s)G_{p22}(s) = 0$$
$$U_{c2}G_{p12}(s) + U_{c2}N_{12}(s)G_{p11}(s) = 0$$

因此，前馈补偿解耦器的传递函数为：
$$N_{21}(s) = -G_{p21}(s)/G_{p22}(s)$$
$$N_{12}(s) = -G_{p12}(s)/G_{p11}(s)$$

前馈补偿解耦方法与前馈控制设计所论述的方法一样，补偿器对过程特性的依赖性较大。前馈补偿解耦法所需的解耦网络结构简单，且其解耦模型阶次低，因而易于实现。前馈补偿解耦法是目前工业上应用最普遍的一种解耦方法，但当输入—输出变量较多时，则不宜采用此方法。

2. 对角阵解耦法

对角阵解耦法是一种常见的解耦方法，它要求被控对象的特性矩阵与解耦环节矩阵的乘积等于对角阵，对角阵解耦系统框图如图 7-31 所示。

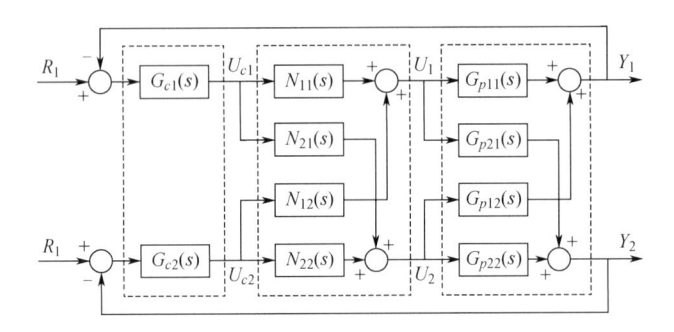

图 7-31　对角阵解耦系统框图

根据对角阵解耦设计要求，即：
$$\begin{bmatrix} G_{p11}(s) & G_{p12}(s) \\ G_{p21}(s) & G_{p22}(s) \end{bmatrix} \begin{bmatrix} N_{11}(s) & N_{12}(s) \\ N_{21}(s) & N_{22}(s) \end{bmatrix} = \begin{bmatrix} G_{p11}(s) & 0 \\ 0 & G_{p22}(s) \end{bmatrix}$$

因此，被控对象的输出与输入变量之间应满足如下矩阵方程：
$$\begin{bmatrix} Y_1(s) \\ Y_2(s) \end{bmatrix} = \begin{bmatrix} G_{p11}(s) & 0 \\ 0 & G_{p22}(s) \end{bmatrix} \begin{bmatrix} U_{c1}(s) \\ U_{c2}(s) \end{bmatrix}$$

假设对象传递矩阵 $G_p(s)$ 为非奇异阵，即：
$$\begin{vmatrix} G_{p11}(s) & G_{p12}(s) \\ G_{p21}(s) & G_{p22}(s) \end{vmatrix} \neq 0$$

得到的解耦器数学模型为：
$$\begin{bmatrix} G_{p11}(s) & G_{p12}(s) \\ G_{p21}(s) & G_{p22}(s) \end{bmatrix} \begin{bmatrix} N_{11}(s) & N_{12}(s) \\ N_{21}(s) & N_{22}(s) \end{bmatrix} = \begin{bmatrix} G_{p11}(s) & 0 \\ 0 & G_{p22}(s) \end{bmatrix}$$

$$\begin{bmatrix} N_{11}(s) & N_{12}(s) \\ N_{21}(s) & N_{22}(s) \end{bmatrix} = \begin{bmatrix} G_{p11}(s) & G_{p12}(s) \\ G_{p21}(s) & G_{p22}(s) \end{bmatrix}^{-1} \begin{bmatrix} G_{p11}(s) & 0 \\ 0 & G_{p22}(s) \end{bmatrix}$$

$$= \frac{1}{G_{p11}(s)G_{p22}(s) - G_{p12}(s)G_{p21}(s)} \begin{bmatrix} G_{p22}(s) & -G_{p12}(s) \\ -G_{p21}(s) & G_{p11}(s) \end{bmatrix} \begin{bmatrix} G_{p11}(s) & 0 \\ 0 & G_{p22}(s) \end{bmatrix}$$

$$= \begin{bmatrix} \dfrac{G_{p11}(s)G_{p22}(s)}{G_{p11}(s)G_{p22}(s)-G_{p12}(s)G_{p21}(s)} & \dfrac{-G_{p22}(s)G_{p12}(s)}{G_{p11}(s)G_{p22}(s)-G_{p12}(s)G_{p21}(s)} \\ \dfrac{-G_{p11}(s)G_{p21}(s)}{G_{p11}(s)G_{p22}(s)-G_{p12}(s)G_{p21}(s)} & \dfrac{G_{p11}(s)G_{p22}(s)}{G_{p11}(s)G_{p22}(s)-G_{p12}(s)G_{p21}(s)} \end{bmatrix}$$

$$\begin{bmatrix} Y_1(s) \\ Y_2(s) \end{bmatrix} = \begin{bmatrix} G_{p11}(s) & 0 \\ 0 & G_{p22}(s) \end{bmatrix} \begin{bmatrix} U_{c1}(s) \\ U_{c2}(s) \end{bmatrix}$$

对角阵解耦后的等效系统框图如图 7-32 所示。

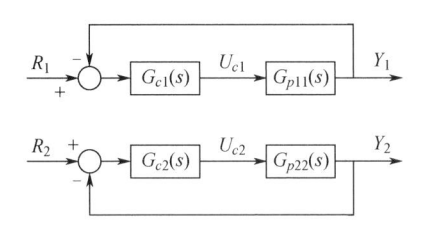

图 7-32 对角阵解耦后的等效系统框图

3. 单位矩阵解耦法

单位阵解耦法是对角阵解耦法的一种特殊情况，它要求被控对象特性矩阵与解耦环节矩阵的乘积等于单位阵，即：

$$\begin{bmatrix} G_{p11}(s) & G_{p12}(s) \\ G_{p21}(s) & G_{p22}(s) \end{bmatrix} \begin{bmatrix} N_{11}(s) & N_{12}(s) \\ N_{21}(s) & N_{22}(s) \end{bmatrix} = \begin{bmatrix} 1 & 0 \\ 0 & 1 \end{bmatrix}$$

因此，系统输入与输出变量满足如下关系：

$$\begin{bmatrix} Y_1(s) \\ Y_2(s) \end{bmatrix} = \begin{bmatrix} 1 & 0 \\ 0 & 1 \end{bmatrix} \begin{bmatrix} U_{c1}(s) \\ U_{c2}(s) \end{bmatrix}$$

得到的解耦器的数学模型为：

$$\begin{bmatrix} N_{11}(s) & N_{12}(s) \\ N_{21}(s) & N_{22}(s) \end{bmatrix} = \begin{bmatrix} G_{p11}(s) & G_{p12}(s) \\ G_{p21}(s) & G_{p22}(s) \end{bmatrix}^{-1}$$

$$= \dfrac{1}{G_{p11}(s)G_{p22}(s)-G_{p12}(s)G_{p21}(s)} \begin{bmatrix} G_{p22}(s) & -G_{p12}(s) \\ -G_{p21}(s) & G_{p11}(s) \end{bmatrix}$$

$$= \begin{bmatrix} \dfrac{G_{p22}(s)}{G_{p11}(s)G_{p22}(s)-G_{p12}(s)G_{p21}(s)} & \dfrac{-G_{p12}(s)}{G_{p11}(s)G_{p22}(s)-G_{p12}(s)G_{p21}} \\ \dfrac{-G_{p21}(s)}{G_{p11}(s)G_{p22}(s)-G_{p12}(s)G_{p21}(s)} & \dfrac{G_{p11}(s)}{G_{p11}(s)G_{p22}(s)-G_{p12}(s)G_{p21}(s)} \end{bmatrix}$$

单位阵解耦后的等效系统框图如图 7-33 所示。

总之，任意一种解耦方法都能达到解耦的目的，都是设法解除交叉通道，并使其等效成两个独立的单回路系统。

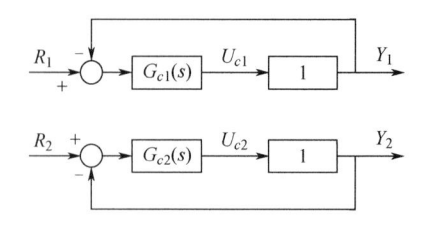

图 7-33 单位阵解耦后的等效系统框图

7.5.4 解耦控制系统的简化设计

由上述解耦控制系统的设计方法可知，它们都是以获得过程的数学模型为前提的，而工业过程千差万别，影响因素众多，要想得到精确的数学模型相当困难，即使采用机理分析法或试验法得到了数学模型，但利用它们设计的解耦装置往往比较复杂，在工程上难以实现。因此，必须对获得的过程模型进行简化，以利于工程应用。简化的方法很多，当过程模型的时间常数相差很大时，则可以忽略较小的时间常数；当过程模型的时间常数相差不大时，则可以让它们相等。例如，一个三变量被控过程的传递函数阵为：

$$G_o(s) = \begin{bmatrix} G_{o11}(s) & G_{o12}(s) & G_{o13}(s) \\ G_{o21}(s) & G_{o22}(s) & G_{o23}(s) \\ G_{o31}(s) & G_{o32}(s) & G_{o33}(s) \end{bmatrix}$$

$$= \begin{bmatrix} \dfrac{2.6}{(2.7s+1)(0.3s+1)} & \dfrac{-1.6}{(2.7s+1)(0.2s+1)} & 0 \\ \dfrac{1}{3.8s+1} & \dfrac{1}{4.5s+1} & 0 \\ \dfrac{2.74}{0.2s+1} & \dfrac{2.6}{0.18s+1} & \dfrac{-0.87}{0.25s+1} \end{bmatrix}$$

根据上述简化方法，将 $G_{o11}(s)$ 和 $G_{o12}(s)$ 简化为一阶惯性环节，将 $G_{o31}(s)$、$G_{o32}(s)$ 和 $G_{o33}(s)$ 的时间常数忽略而成为比例环节，同时令 $G_{o21}(s)$ 和 $G_{o22}(s)$ 的时间常数相等，则上述传递函数矩阵最终简化为：

$$\begin{bmatrix} G_{o11}(s) & G_{o12}(s) & G_{o13}(s) \\ G_{o21}(s) & G_{o22}(s) & G_{o23}(s) \\ G_{o31}(s) & G_{o32}(s) & G_{o33}(s) \end{bmatrix} \approx \begin{bmatrix} \dfrac{2.6}{2.7s+1} & \dfrac{-1.6}{(2.7s+1)} & 0 \\ \dfrac{1}{4.5s+1} & \dfrac{1}{4.5s+1} & 0 \\ \dfrac{2.74}{0.2s+1} & \dfrac{2.6}{0.18s+1} & \dfrac{-0.87}{0.25s+1} \end{bmatrix}$$

最后，利用对角矩阵法或单位矩阵法，依据简化后的传递函数矩阵求出解耦装置，经实验验证，其解耦效果是令人满意的。

必须指出的是，有时尽管做了简化，解耦装置还是比较复杂。因此在工程上常常采用更简单的方法，即静态解耦法。例如一个 2×2 的系统，已经求得解耦装置的传递矩阵为：

$$\begin{bmatrix} G_{o11}(s) & G_{o12}(s) \\ G_{o21}(s) & G_{o22}(s) \end{bmatrix} = \begin{bmatrix} 0.328(2.7s+1) & 0.21(s+1) \\ -0.52(2.7s+1) & 0.94(s+1) \end{bmatrix}$$

如果采用静态解耦法，使解耦装置成为比例环节，即：

$$\begin{bmatrix} G_{o11}(s) & G_{o12}(s) \\ G_{o21}(s) & G_{o22}(s) \end{bmatrix} \approx \begin{bmatrix} 0.328 & 0.21 \\ -0.52 & 0.94 \end{bmatrix}$$

这样，其解耦装置的物理实现特别简单。经研究，同样可以取得较好的解耦效果。

对于某些系统，如果动态解耦是必需的，可以考虑采用超前—滞后环节进行近似地动态解耦，这样既可以节约成本又能取得较好的解耦效果。

当然，如果在生产控制中要求更好的解耦效果，则可以将获得的解耦装置用计算机软件实现，此时的解耦装置可以复杂一些，但也不是越复杂越好。

思考题

1. 什么是比值控制系统？常用的比值控制系统方案有哪些？比较其优缺点。
2. 什么是均匀控制？简述均匀控制的目的和要求。
3. 均匀控制系统的参数整定有何特点？
4. 均匀控制系统设置的目的是什么？
5. 简单均匀控制系统与单回路反馈控制系统有什么相同点与不同点？
6. 选择性控制按选择变量的不同可分为哪几种类型？
7. 选择性控制中取代控制器的比例度为什么一般要整定得较小？
8. 什么是分程控制？简述分程控制的特点。怎样实现分程控制？
9. 分程控制有哪些类型？
10. 为什么在分程点上会发生流量特性的突变？怎样实现流量特性的平滑过渡？
11. 在分程控制系统中，什么情况下需选用同向动作控制阀，什么情况下需选用反向动作控制阀？
12. 什么叫耦合？试举出工业上一个耦合对象的例子，并分析其变量间的耦合关系。
13. 为什么必须对多变量耦合系统进行解耦设计？
14. 解耦设计包括哪些内容？
15. 合理选择变量配对在多变量解耦控制中的作用如何？
16. 试分析用对角矩阵法、前馈补偿法进行解耦设计的基本思路和解耦效果。
17. 已知某精馏塔数学模型为：

$$G(s) = \begin{bmatrix} \dfrac{0.088}{(1+75s)(1+722s)} & \dfrac{0.1825}{(1+15s)(1+722s)} \\ \dfrac{0.282}{(1+10s)(1+1850s)} & \dfrac{0.4121}{(1+15s)(1+1850s)} \end{bmatrix}$$

试用前馈补偿法进行解耦设计，并讨论此解耦模型用模拟仪表如何实现。

第 8 章　模糊控制

模糊控制是利用模糊数学的基本思想和理论的控制方法，在传统的控制领域里，控制系统动态模式的精确度是影响控制效果的最关键因素。系统的动态信息越详细，则越能达到精确控制的目的。然而，对于复杂的系统，由于变量太多，往往难以正确地描述系统的动态，于是工程师便利用各种方法来简化系统动态，以达到控制的目的，但却不尽理想。换言之，传统的控制理论对于明确系统的特有强而有力的控制能力，但对于过于复杂或难以精确描述的系统，就显得无能为力了，因此便尝试着以模糊数学的思想来处理这些控制问题。

8.1　模糊控制的基本概念

1965 年，美国加利福尼亚大学控制论专家 LA.Zadeh 创立了模糊集合论，1973 年他给出了模糊逻辑控制的定义和相关的定理。1974 年，英国的 E.H.Mamdani 首次根据模糊控制语句组成模糊控制器，并将它应用于锅炉和蒸汽机的控制，获得了实验室的成功，这一开拓性的工作标志着模糊控制论的诞生。

所谓模糊，是指客观事物彼此间的差异在中间过渡时，界限不分明。比如，天气热，那么到底气温达到多少才算热呢？显然，这并没有明确的界限，这种概念称为模糊概念。

模糊控制实质上是一种非线性控制，属于智能控制的范畴。模糊控制系统是把操作者的观察和思维判断过程存放在计算机中，利用模糊集合论将它定量化，使控制器模仿人的操作策略进行控制，这就是模糊控制器。由模糊控制器组成的系统称为模糊控制系统。

近 20 多年，模糊控制无论在理论上还是技术上都有了长足的进步，是自动控制领域一个非常活跃而又硕果累累的分支。其典型应用涉及生产和生活的许多方面。例如，在家用电器设备中有模糊洗衣机、空调、微波炉、吸尘器、照相机和摄录机等；在工业控制领域中有水净化处理、发酵过程、化学反应釜、水泥窑炉等；在专用系统和其他方面有地铁靠站停车、汽车驾驶、电梯、自动扶梯、蒸汽引擎及机器人。

模糊控制作为一种新颖的智能控制方式，不依赖于被控对象的精确数学模型，无须对被控过程建立数学模型。模糊控制完全是在模仿操作人员控制的基础上设计的控制系统，因此，不需要建立数学模型。

模糊控制具有强鲁棒性，对被控过程参数变化不灵敏，因此，模糊控制是一种容易控制、掌握的较理想的非线性控制器，能够简化系统的设计，特别适用于非线性、时变、滞后、模型不完全的系统。

模糊控制具有强实时性，它的规则大多是通过离线计算获得的，不需要在线复杂的运算智能性。模糊控制的规则是操作人员对过程控制作用的直观描述和思维逻辑，利用控制规则来描述系统变量间的关系，体现了人工智能，它是人类知识在过程控制领域应用的具体体现。模糊控制器是一语言控制器,更便于操作人员使用自然语言进行人机对话,不是用数值而是用语言式的模糊变量来描述系统的。

模糊控制的基本原理

模糊控制是利用人的知识对被控对象进行控制的一种方法,通常用"if 条件,then 结果"的形式来表现,所以又通俗地称为语言控制。一般无法以严密的数学表示的控制对象模型,即可利用人(熟练专家)的经验和知识来很好地控制。因此,利用人的智力模糊地进行系统控制的方法就是模糊控制。

它的核心部分为模糊控制器。模糊控制器的控制规律是由计算机的程序实现的,实现一步模糊控制算法的过程是:计算机采样获取被控制量的精确值,然后将此值与给定值比较得到误差 E;一般选误差 E 作为模糊控制器的一个输入量,把 E 的精确量进行模糊量化变成模糊量,误差 E 的模糊量可用相应的模糊语言表示,从而得到误差 E 的模糊语言集合的一个子集 e(e 实际上是一个模糊向量);再由 e 和模糊控制规则 R(模糊关系)根据推理的合成规则进行模糊决策,得到的模糊控制量 u 为:

$$u = eR$$

式中,u 为一个模糊量。为了对被控对象施加精确的控制,还需要将模糊量 u 进行非模糊化处理转换为精确量,得到精确数字量后,经数模转换变为精确的模拟量送给执行机构,对被控对象进一步控制;然后,进行第二次采样,完成第二步控制,这样循环下去,就实现了对被控对象的模糊控制。

8.2 模糊控制基础

模糊控制的基本思想是利用计算机来实现人的控制经验,而这些经验多是用语言表达的,因此,具有相当的模糊性。模糊控制器(Fuzzy Controller,FC)获得巨大成功的主要原因在于它具有如下一些突出特点。

(1)模糊控制是一种基于规则的控制。它直接采用语言型控制规则,出发点是现场操作人员的控制经验或相关专家的知识,在设计中不需要建立被控对象的精确数学模型,因而使得控制机理和策略易于接受与理解,设计简单,便于应用。

(2)由工业过程的定性认识出发,比较容易建立语言控制规则,因而模糊控制非常适用于数学模型难以获取、动态特性不易掌握或变化非常显著的对象。

(3)基于模型的控制算法及系统设计方法,由于出发点和性能指标的不同,容易导致较大差异;但一个系统的语言控制规则却具有相对的独立性,利用这些控制规律间的模糊连接,容易找到折中的办法,使其控制效果优于常规控制器。

(4)模糊控制算法是基于启发性的知识及语言决策规则设计的,这有利于模拟人工控制的过程和方法,增强控制系统的适应能力,使之具有一定的智能水平。

(5)模糊控制系统的鲁棒性强,干扰和参数变化对控制效果的影响被大大减弱,尤其适合于非线性、时变及纯滞后系统的控制。

模糊控制系统的基本结构如图 8-1 所示。

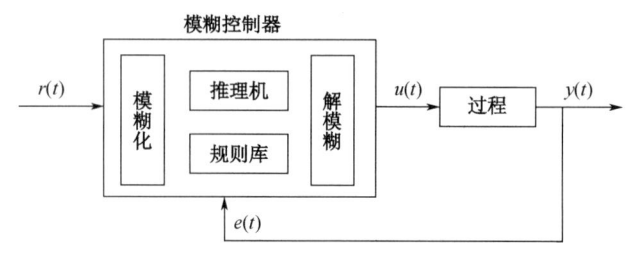

```
                            ┌─────────────────────┐
                            │      模糊控制器      │
                            │ ┌─────┬──────┬─────┐ │
          r(t)              │ │模糊 │推理机│解模 │ │  u(t)   ┌──────┐  y(t)
         ─────────→─────────┤ │化   ├──────┤糊   ├─┼─────────→│ 过程 ├─────→
                            │ │     │规则库│     │ │         └──────┘
                            │ └─────┴──────┴─────┘ │              │
                            └──────────↑───────────┘              │
                                       │ e(t)                     │
                                       └──────────────────────────┘
```

图 8-1 模糊控制系统的基本结构

其中 r 为系统的设定值，y 为系统输出，e 是系统偏差信号，也就是模糊控制器的输入，u 为控制器输出的控制信号，由图可知模糊控制器主要包含三个功能环节：用于输入信号处理的模糊量化和模糊化环节，用于模糊推理的模糊控制算法功能单元，以及用于输出模糊结论的模糊判决环节。

8.2.1 模糊集合

模糊逻辑控制是以模糊集合论、模糊语言变量和模糊逻辑推理为基础的控制，它是模糊数学在控制系统中的应用，是一种非线性智能控制。模糊控制系统中的重要变量需用模糊集合来描述，下面重点介绍模糊控制中涉及的模糊集合的相关概念。

模糊集合是用来表达模糊性概念的集合，又称模糊集，即指具有某个模糊概念所描述的属性的对象的全体。由于概念本身不是清晰的、界限分明的，因而对象对集合的隶属关系也不是明确的、非此即彼的。模糊集合这一概念的出现使得数学的思维和方法可以用于处理模糊性现象，从而奠定了模糊集合论的基础。给定一个论域 U，那么从 U 到单位区间 $[0，1]$ 的一个映射称为 U 上的一个模糊集，或 U 的一个模糊子集。

若对论域（研究的范围）U 中的任一元素 x，都有一个数 $A(x) \in [0, 1]$ 与之对应，则称 A 为 U 上的模糊集，$A(x)$ 称为 x 对 A 的隶属度。当 x 在 U 中变动时，$A(x)$ 就是一个函数，称为 A 的隶属函数。隶属度 $A(x)$ 越接近于 1，表示 x 属于 A 的程度越高，$A(x)$ 越接近于 0，表示 x 属于 A 的程度越低。用取值于区间 $(0, 1)$ 的隶属函数 $A(x)$ 表征 x 属于 A 的程度高低。

模糊集合的主要表示法如下。

（1）Zadeh 表示法：

$$A = \sum_{i=1}^{n} \frac{\mu_A(x_i)}{x_i} = \frac{\mu_A(x_1)}{x_1} + \frac{\mu_A(x_2)}{x_2} + \cdots + \frac{\mu_A(x_n)}{x_n}$$

$\mu_A(x_i)(i = 1, 2, \cdots, n)$ 为隶属度，x_i 为论域中的元素。例如，模糊集合：

$$A = 1/a + 0.9/b + 0.4/c + 0.2/d$$

注意，与普通集合一样，上式不是分式求和，仅是一种表示法的符号，其分母表示论域 U 中的元素，分子表示相应元素的隶属度，隶属度为 0 的那一项可以省略。

（2）向量表示法：

$$A = [\mu_A(x_1), \mu_A(x_2), \cdots, \mu_A(x_n)]$$

（3）序偶表示法：

$$A = \{(x_1, \mu_A(x_1)), (x_2, \mu_A(x_2)), \cdots, (x_n, \mu_A(x_n))\}$$

(4)公式表示法：

$$\mu_A = \begin{cases} 0, & 0 \leqslant x \leqslant 50 \\ 1 / \left[1 + \left(\dfrac{x-50}{5} \right)^{-2} \right], & 50 < x \leqslant 100 \end{cases}$$

【例1】 设论域 $U = \{0,1,2,\cdots,10\}$，模糊集 F 为"接近于0的整数"，各元素对应的隶属度为 $F(1.0, 0.9, 0.75, 0.5, 0.2, 0.1, 0, 0, 0, \cdots)$

Zadeh 表示法：

$$F = \frac{1.0}{0} + \frac{0.9}{1} + \frac{0.75}{2} + \frac{0.5}{3} + \frac{0.2}{4} + \frac{0.1}{5} \left(+ \frac{0}{6} + \frac{0}{7} + \frac{0}{8} + \cdots \right)$$

向量表示法：

$$\boldsymbol{F} = [1, 0.9, 0.75, 0.5, 0.2, 0.1, 0, 0, 0, \cdots]$$

【例2】 某专家根据他本身的经验对"舒适温度"的定义如下：

$$舒适温度 = 0/0\text{℃} + 0.5/10\text{℃} + 1/20\text{℃} + 0.5/30\text{℃} + 0/40\text{℃}$$

模糊集合是用隶属度函数来描述的，描述隶属度函数的基本图形如图8-2、图8-3 所示。

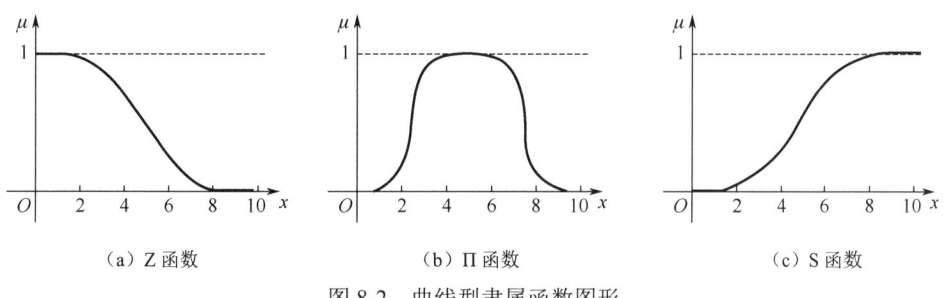

(a) Z函数　　　(b) Π函数　　　(c) S函数

图 8-2　曲线型隶属函数图形

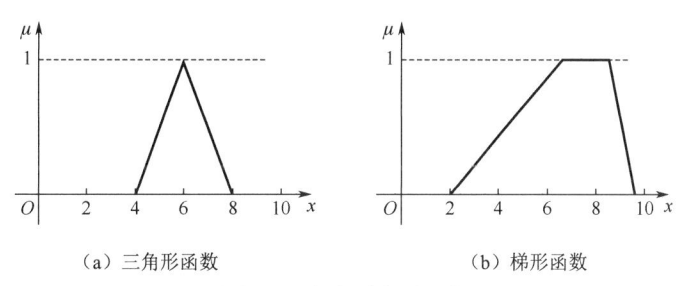

(a) 三角形函数　　　(b) 梯形函数

图 8-3　直线型隶属函数

8.2.2　模糊集合的基本运算

模糊集合的运算是由其隶属函数的运算来刻画的，设 A、B 是论域 U 上的两个模糊集合，隶属函数分别为 μ_A 和 μ_B，常用的运算有：

(1) **模糊"交"运算**：$A \cap B$，可用图 8-4 来描述。

$\mu_C(x) = \min[\mu_A(x), \mu_B(x)]$，即 $C = A \cap B$

【例8-1】 设 $x = \{1, 2, 3\}$ 上有两个模糊子集为：

$$\underset{\sim}{A} = 1/1 + 0.8/2 + 0.6/3$$

$$\underset{\sim}{B} = 0.3/1 + 0.5/2 + 0.7/3$$

求两模糊子集的"交"运算。

解：
$$A \cap B = 0.3/1 + 0.5/2 + 0.6/3$$

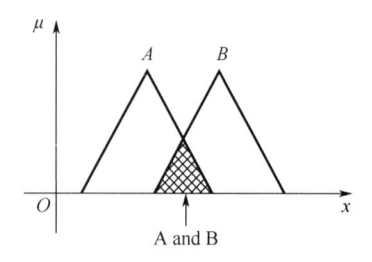

图 8-4 模糊集合"交"运算

（2）模糊"并"运算：$A \cup B$，如图 8-5 所示。

$\mu_C(x) = \max[\mu_A(x), \mu_B(x)]$，即 $C = A \cup B$

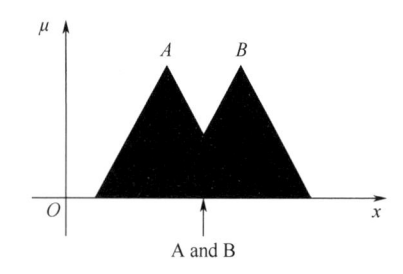

图 8-5 模糊集合"并"运算

【例 8-2】 设 $x = \{1, 2, 3\}$ 上有两个模糊子集为：
$$A = 1/1 + 0.8/2 + 0.6/3$$
$$B = 0.3/1 + 0.5/2 + 0.7/3$$

求两模糊子集的"并"运算。

解：
$$A \cup B = 1/1 + 0.8/2 + 0.7/3$$

（3）模糊"补"运算 $\bar{A}$：
$$\mu_{\bar{A}}(u) = 1 - \mu_A(u)$$

【例 8-3】

已知 $A = 1/1 + 0.8/2 + 0.6/3$，$\bar{A} = 0/1 + 0.2/2 + 0.4/3$，$B = 0.3/1 + 0.5/2 + 0.7/3$，$\bar{B} = 0.7/1 + 0.5/2 + 0.3/3$，论域 $U = \{u_1, u_2, u_3, u_4, u_5\}$，且 $A = \dfrac{0.2}{u_1} + \dfrac{0.4}{u_2} + \dfrac{0.9}{u_3} + \dfrac{1}{u_4} + \dfrac{0.5}{u_5}$，$B = \dfrac{0.1}{u_1} + \dfrac{0.7}{u_3} + \dfrac{1}{u_4} + \dfrac{0.3}{u_5}$，试求 $A \cup B$，$A \cap B$，$\bar{A}$，$\bar{B}$。

解：
$$A \cup B = \dfrac{0.2}{u_1} + \dfrac{0.4}{u_2} + \dfrac{0.9}{u_3} + \dfrac{1}{u_4} + \dfrac{0.5}{u_5}$$

$$A \cap B = \dfrac{0.1}{u_1} + \dfrac{0.7}{u_3} + \dfrac{1}{u_4} + \dfrac{0.3}{u_5}$$

$$\bar{A} = \frac{0.8}{u_1} + \frac{0.6}{u_2} + \frac{0.1}{u_3} + \frac{0.5}{u_5}$$

$$\bar{B} = \frac{0.9}{u_1} + \frac{1}{u_2} + \frac{0.3}{u_3} + \frac{0.7}{u_5}$$

8.3 模糊控制器设计

如图 8-6 所示，模糊控制器的基本结构包括模糊规则库、模糊推理、输入参数模糊化、输出参数去模糊四部分。

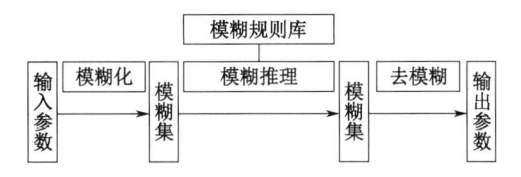

图 8-6 模糊控制器的基本结构

首先将输入参数以适当的比例转换成论域的数值，其次利用隶属度函数来描述测量物理量的过程，根据适合的语言值（linguistic value）求该值相对的隶属度，转换后的变量称为模糊子集合（fuzzy subsets）。规则库由一组语言控制规则描述控制目标和策略，运用模糊逻辑和模糊推论法进行推论，得到模糊控制作用。最后将推论所得到的模糊值转换为明确的控制变量，并将其作为系统的输入值。模糊控制器原理如图 8-7 所示。

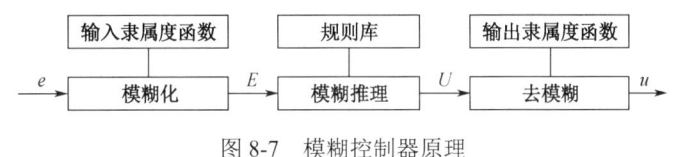

图 8-7 模糊控制器原理

8.3.1 模糊控制器输入变量的模糊化

模糊控制器输入变量的模糊化具体步骤如下。

1. 选定模糊控制器的输入、输出变量，并进行量程转换

模糊控制器的输入、输出变量的选取方法一般如图 8-8 二维模糊控制器所示，即输入、输出分别取 e、e_c 和 u。

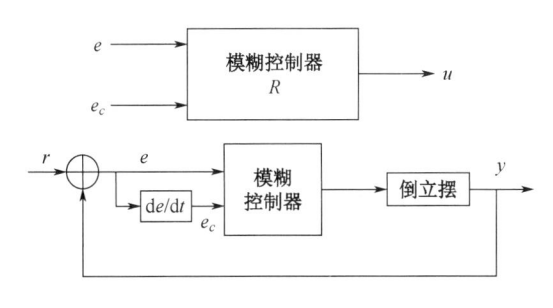

图 8-8 二维模糊控制器

由于各变量取值范围不同，故首先应将各基本论域分别以不同的对应关系映射到一个标准化论域中，通常，对应关系取为量化因子，即将输入值以适当的比例转换到模糊论域内的数值。如果精确量 x 的实际变化范围为 $[a, b]$，将 $[a, b]$ 区间的精确量转换为模糊论域 $[-6, +6]$ 区间变化的变量 y，采用如下公式：

$$y = \frac{12}{b-a}\left[x - \frac{a+b}{2}\right]$$

精确量经对应关系转换为标准论域上的基本元素，在该元素上具有最大隶属度的模糊子集即为该精确量对应的模糊子集。

2. 确定各变量的模糊语言取值及相应的隶属函数，即进行模糊化

各模糊子集以隶属函数表明基本论域上的精确值属于该模糊子集的程度，因此，需要将基本论域上的精确值依据隶属函数归并到各模糊子集中，从而用语言变量值（大、中、小等）代替精确值。这个过程代表了人在控制过程中对观察到的变量和控制量的模糊划分。为便于处理，将标准论域等分离散化，然后对论域进行模糊划分，定义模糊子集，如 NB、PZ、PS 等。

模糊语言值即模糊集合数通常选取 3、5 或 7 个的模糊子集。例如，语言变量值取为{大、中、小}，或取为{负，零，正}，{负大，负小，零，正小，正大}或{负大，负中，负小，零，正小，正中，正大}等。然后对所选取的模糊集定义隶属函数，可取三角形隶属度函数或梯形隶属度函数，并依据问题的不同取为均匀间隔或非均匀间隔的，也可采用单点模糊集方法进行模糊化。

1) 线性划分法

这是最为简单的一种方法，只须根据研究对象的具体情况，将研究对象的论域均匀划分即可，如图 8-9 所示。

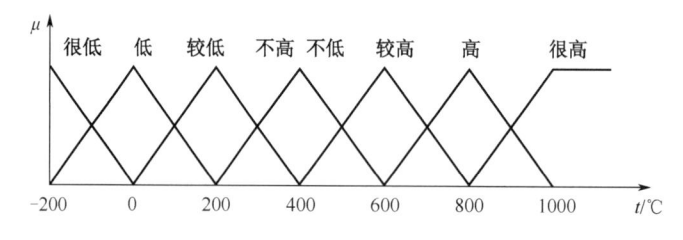

图 8-9　模糊化的线性划分法

2) 非线性划分法

这种方法主要应用于采用非线性敏感元件（如热敏电阻等）的模糊控制系统的模糊化，如图 8-10 所示。

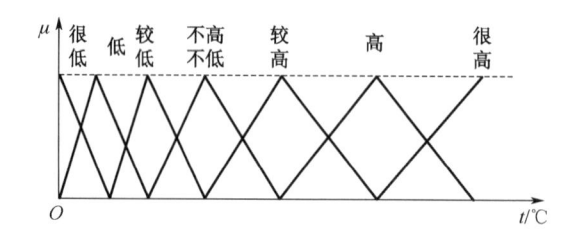

图 8-10　模糊化的非线性划分法

【例8-4】 假设模糊控制器的输入量 e 的范围为[-2，+2]，模糊控制器的基本论域为[-6，+6]，将精确的输入量1.5进行模糊化。

解：首先对输入量 x 进行量化，将其转化为论域[-6，+6]内的值 y。利用式 $y = x * k_e = x * n / e_{max} = 1.5 * 6 / 2 = 4.5$，四舍五入 x 为1.5量化时，量化结果为5。

找5分别属于各语言值的隶属度，可得 $p_b(5) = 0.8$，$p_m(5) = 0.7$，取大，所以5用模糊语言值 p_b 表示。

所以精确量1.5最后模糊化的结果为：

$$p_b = 0.1 / 3 + 0.4 / 4 + 0.8 / 5 + 1 / 6$$

8.3.2 模糊控制规则及模糊推理

模糊控制规则是建立在语言变量的基础上的，即使是同一个模糊控制规则库对基本论域的模糊划分不同控制效果也不同。具体来说，对应关系、标准论域、模糊子集数及各模糊子集的隶属函数都对控制效果有很大影响。

模糊控制规则的形成：

规则库的建立是从实际控制经验过渡到模糊控制器的中心环节。根据有经验的操作人员或专家的知识和经验，将其制定成若干个模糊逻辑控制规则并存入计算机，这些规则可以用自然语言来表达。

控制律通常由一组if...then结构的模糊条件语句构成，如if e=N and c=N, then u=PB 等。

模糊控制器是基于模糊规则进行模糊推理的，最基本的模糊推理形式为：

（1）前提1：if A then B

前提2：if A' then B'

其中，A、A'为论域 U 上的模糊子集，B、B'为论域 V 上的模糊子集。前提1称为模糊蕴涵关系，记为 $A \to B$。在实际应用中，一般先针对各条规则进行推理，然后将各个推理结果总合而得到最终推理结果。

则模糊关系矩阵：

$$R = (A \times B)$$
$$\mu_R(u,v) = (\mu_A(u)) \wedge (\mu_B(v))$$
$$B_1 = A_1 \bigcirc R$$

×表示模糊直积运算，○表示模糊合成运算。

【例8-5】 一个模糊系统的输入输出关系 $R(X,Y)$ 是根据模糊规则 "if x is A, then y is B" 推理得到的，给定模糊集合 A 和 B 为：

$$A = \frac{0.5}{x_1} + \frac{1}{x_2} + \frac{0.6}{x_3}$$

$$B = \frac{1}{y_1} + \frac{0.4}{y_2}$$

试推导 $R(X,Y)$，并给出当输入为 $A' = \frac{0.2}{x_1} + \frac{0.5}{x_2} + \frac{0.8}{x_3}$ 时，模糊系统的输出 $B' = (0.6, 0.4)$。

解：

模糊关系 R 为：

$$R = (A \times B)$$

$$A \times B = \begin{bmatrix} 0.5 \\ 1 \\ 0.6 \end{bmatrix} \times \begin{bmatrix} 1 & 0.4 \end{bmatrix} = \begin{bmatrix} 0.5 & 0.4 \\ 1 & 0.4 \\ 0.6 & 0.4 \end{bmatrix}$$

则

$$B' = A' \circ R = \begin{bmatrix} 0.2 & 0.5 & 0.8 \end{bmatrix} \circ \begin{bmatrix} 0.5 & 0.4 \\ 1 & 0.4 \\ 0.6 & 0.4 \end{bmatrix} = \begin{bmatrix} 0.6 & 0.4 \end{bmatrix}$$

（2）"if A then B else C"，"如 A 则 B 否则 C"
模糊关系 R 为：

$$(A \to B) \vee (\overline{A} \to C)$$
$$R = (A \times B) \cup (\overline{A} \times C)$$
$$B_1 = A_1 \circ R$$

【例 8-6】 一个系统，当输入为 A 时，输出为 B，否则输出为 C。已知：

$$A = 1/x_1 + 0.4/x_2 + 0.1/x_3$$
$$B = 0.8/y_1 + 0.5/y_2 + 0.2/y_3$$
$$C = 0.5/y_1 + 0.6/y_2 + 0.7/y_3$$

当输入 $A' = 0.2/x_1 + 1/x_2 + 0.4/x_3$ 时，求输出 D。

解：

模糊关系 R 为：

$$R = (A \times B) \cup (\overline{A} \times C)$$

$$A \times B = \begin{bmatrix} 0.8 & 0.5 & 0.2 \\ 0.4 & 0.4 & 0.2 \\ 0.1 & 0.1 & 0.1 \end{bmatrix}$$

$$\overline{A} \times C = \begin{bmatrix} 0 & 0 & 0 \\ 0.5 & 0.6 & 0.6 \\ 0.5 & 0.6 & 0.7 \end{bmatrix}$$

$$R = \begin{bmatrix} 0.8 & 0.5 & 0.2 \\ 0.5 & 0.6 & 0.6 \\ 0.5 & 0.6 & 0.7 \end{bmatrix}$$

$$D = \begin{bmatrix} 0.2 & 1 & 0.4 \end{bmatrix} \circ R = \begin{bmatrix} 0.5 & 0.6 & 0.6 \end{bmatrix}$$

（3）"if A and B then C"，"如 A 且 B 则 C"。

$$R = (A \times B)^{T1} \times C$$

如图 8-11 所示。

式中，$(A \times B)^{T1}$ 为由模糊关系矩阵 $(A \times B)$ 构成的 $n \times m$ 维列向量（T1 表示处理成列），n 和 m 分别为模糊集合 A 与 B 的论域元素数。

根据推理合成规则，可求得与已知模糊集合（A_1 and B_1）对应的模糊集合 C_1 为：

$$C_1 = (A_1 \times B_1)^{T2} \circ R$$

第 8 章 模糊控制

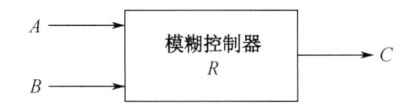

图 8-11 if A and B then C

这里，$(A_1 \times B_1)^{T2}$ 为由模糊关系矩阵 $(A_1 \times B_1)$ 构成的 $n \times m$ 维行向量（T2 表示处理成行）。
$(A \times B)^{T1} = (A \times B)_{n \times m}$ 为列向量

$$C_1 = (A_1 \times B_1)^{T2} \circ R$$

$(A_1 \times B_1)^{T2} = (A_1 \times B_1)_{n \times m}$ 为行向量

【例 8-7】 设 $A = \dfrac{1}{x_1} + \dfrac{0.5}{x_2}$ 且 $B = \dfrac{0.1}{y_1} + \dfrac{0.5}{y_2} + \dfrac{1}{y_3}$，则 $C = \dfrac{0.2}{z_1} + \dfrac{1}{z_2}$

已知：$A' = \dfrac{0.8}{x_1} + \dfrac{0.1}{x_2}$，$B' = \dfrac{0.5}{y_1} + \dfrac{0.2}{y_2} + \dfrac{0}{y_3}$，求 C'。

解：

$$D = A \times B = \begin{bmatrix} 0.1 & 0.5 & 1 \\ 0.1 & 0.5 & 0.5 \end{bmatrix}$$

$$R = D^T \times C = \begin{bmatrix} 0.1 & 0.1 \\ 0.5 & 0.5 \\ 0.5 & 1 \end{bmatrix} \times \begin{bmatrix} 0.2 & 1 \end{bmatrix} = \begin{bmatrix} 0.1 & 0.1 \\ 0.2 & 0.5 \\ 0.2 & 1 \\ 0.1 & 0.1 \\ 0.2 & 0.5 \\ 0.2 & 0.5 \end{bmatrix}$$

$$D' = A' \times B'$$

$$D' = \begin{bmatrix} 0.5 & 0.2 & 0 \\ 0.1 & 0.1 & 0 \end{bmatrix}$$

$$C' = DT' \circ R$$

$$C' = \dfrac{0.2}{z_1} + \dfrac{0.2}{z_2}$$

（4）多输入-多输出模糊推理（Multi-Input Multi-Output，MIMO）若有 n 条规则，其一般形式为：

$$\begin{aligned}
&\text{if } A_1 \text{ and } B_1 \text{ then } C_1 \\
&\text{else if } A_2 \text{ and } B_2 \text{ then } C_2 \\
&\text{else if } A_3 \text{ and } B_3 \text{ then } C_3 \\
&\cdots \\
&\text{else if } A_n \text{ and } B_n \text{ then } C_n
\end{aligned}$$

每一条规则 i 都对应了一个模糊关系 R_i，这 n 条规则是"或"的关系，总的规则对应的模糊关系 R 就是 n 条规则对应的模糊关系 R_i 的"并"。

在 "A' and B'" 输入下，推理结果为：$C' = (A' \times B')^{T2} \circ R$

【例 8-8】 已知双输入单输出的模糊系统，其输入量为 x 和 y，输出为 z，满足的规则为

R_1：如果 x 是 A_1 and y 是 B_1，则 z 是 C_1。

R_2：如果 x 是 A_2 and y 是 B_2，则 z 是 C_2。

输入为 x 是 A' and y 为 B'时，则 z 为 $C'=?$

已知：

$$A_1 = \frac{1.0}{a_1} + \frac{0.5}{a_2} + \frac{0}{a_3}, \quad B_1 = \frac{1.0}{b_1} + \frac{0.6}{b_2} + \frac{0.2}{b_3}, \quad C_1 = \frac{1.0}{c_1} + \frac{0.4}{c_2} + \frac{0}{c_3},$$

$$A_2 = \frac{0}{a_1} + \frac{0.5}{a_2} + \frac{1.0}{a_3}, \quad B_2 = \frac{0.2}{b_1} + \frac{0.5}{b_2} + \frac{1.0}{b_3}, \quad C_2 = \frac{0}{c_1} + \frac{0.4}{c_2} + \frac{1.0}{c_3},$$

$$A' = \frac{0.5}{a_1} + \frac{1.0}{a_2} + \frac{0.5}{a_3}, \quad B' = \frac{0.6}{b_1} + \frac{1.0}{b_2} + \frac{0.6}{b_3}$$

解：

$$\overline{R}_{A \times B} = A \times B$$
$$R_1 = \overline{R}_{A_1 \times B_1}^{\mathrm{T}} \wedge C_1$$
$$R_2 = \overline{R}_{A_2 \times B_2}^{\mathrm{T}} \wedge C_2$$
$$R = R_1 \vee R_2$$

$\overline{R}_{A \times B}$ 为列向量，$\overline{R}_{A' \times B'}$ 为行向量。

经计算可得：

$$C' = \overline{R}_{A' \times B'} \circ R = \begin{bmatrix} 0.5 & 0.4 & 0.5 \end{bmatrix}$$

8.3.3 解模糊化方法

经过模糊推理得到的控制输出是一个模糊隶属函数或模糊子集，必须从模糊输出隶属函数中找出一个最能代表这个模糊集合作用的精确量，然后直接驱动控制装置的精确值，这就是解模糊化。

推理得到的模糊子集要转换为精确值，以得到最终控制量输出 y。常用精确化方法有最大隶属度法、中位数法、系数加权平均、重心法、求和法或估值法等，针对系统要求或运行情况的不同而选取相适应的方法，从而将模糊量转化为精确量，用以实施最后的控制策略。

1）重心法（Center of Gravity，COG）

重心法是将推理结论得到的模糊子集的隶属函数与横坐标所围面积的重心所对应的标准论域元素作为精确化结果的方法。在得到推理结果的精确值后，还应按对应关系得到最终的输出量 y。

2）最大隶属度法（Max Criterion，MC）

最大隶属度法是指在推理结论的模糊集合中选取隶属度最大的元素作为精确控制量的方法。

如果论域上多个元素同时出现最大隶属度值，则取它们的平均值作为解模糊判决结果。

3）中位数法（Center of Area，COA）

中位数法是全面考虑推理结论模糊集合各部分信息作用的一种方法，即把隶属函数曲线与横坐标所围成的面积分成两部分，当两部分相等时，将两部分分界点所对应的论域元

素作为判决结果。

4）系数加权平均法（Weighted Average，WA）

系数加权平均法是指将输出量模糊集合中各元素进行加权平均后的输出值作为输出量，则为：

$$u = \frac{\sum k_i \cdot x_i}{\sum k_i}$$

【例8-9】 已知两个模糊集合：

$$U_1 = \frac{0}{-6} + \frac{0}{-5} + \frac{0}{-4} + \frac{0.1}{-3} + \frac{0.3}{-2} + \frac{0.5}{-1} + \frac{0.8}{0} + \frac{0.6}{1} + \frac{0.5}{2} + \frac{0.2}{3} + \frac{0}{4} + \frac{0}{5} + \frac{0}{6}$$

$$U_2 = \frac{0}{-6} + \frac{0}{-5} + \frac{0}{-4} + \frac{0.1}{-3} + \frac{0.3}{-2} + \frac{0.5}{-1} + \frac{0.8}{0} + \frac{0.8}{1} + \frac{0.7}{2} + \frac{0.8}{3} + \frac{0}{4} + \frac{0}{5} + \frac{0}{6}$$

利用系数加权平均法求解模糊判决结果。

解：利用加权平均法进行模糊判决的结果为

$$u_1' = \frac{(-6-5-4) \times 0 + (-3) \times 0.1 + (-2) \times 0.3 + (-1) \times 0.5 + 0 \times 0.8 + 1 \times 0.6 + 2 \times 0.5 + 3 \times 0.2 + (4+5+6) \times 0}{0+0+0+0.1+0.3+0.5+0.8+0.6+0.5+0.2+0+0+0}$$

$$= 0.27$$

$$u_2' = \frac{(-6-5-4) \times 0 + (-3) \times 0.1 + (-2) \times 0.3 + (-1) \times 0.5 + 0 \times 0.8 + 1 \times 0.8 + 2 \times 0.7 + 3 \times 0.8 + (4+5+6) \times 0}{0+0+0+0.1+0.3+0.5+0.8+0.8+0.7+0.8+0+0+0}$$

$$= 0.8$$

不同解模糊方法的比较：

（1）重心法不仅有公式可循，而且在理论上也比较合理。它涵盖和利用了模糊集合的所有信息，而且根据隶属度的不同而有所侧重，但计算复杂，主要用于理论推导和实时性要求不高的场合。

（2）最大隶属度法的明显优点是简单易行、使用方便、算法实时性好，它的一个明显缺点是仅仅利用了最大隶属度的信息，忽略了较小隶属度元素的影响和作用，输出信息量利用的太少，代表性不强。这种方法常用于简单控制系统。

（3）中位数法虽然比较充分地利用了模糊集合提供的信息量，考虑了所有信息的作用，但是计算过程较为麻烦，而且缺乏对隶属度较大元素提供主导信息的重视。

（4）系数加权平均法可以通过选择和调整权系数大小来改善系统的响应特性。这种方法灵活性较大，但权系数的选择需要根据实际操作经验和实验观测反复进行调整才能取得较好的控制效果。

8.4 水箱液位模糊推理系统实现

设有一个水箱，通过调节阀可向内注水和向外抽水，其示意图如图8-12所示。设计一个模糊控制器，通过调节阀门将水位稳定在固定点附近。

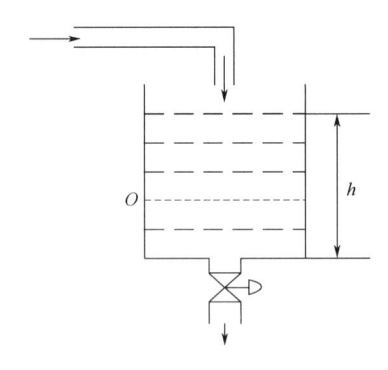

图 8-12 水箱液位控制示意图

按照日常的操作经验，可以得到基本的控制规则：
（1）若液位高于 O 点，则向外排水，差值越大，排水越快；
（2）若液位低于 O 点，则向内注水，差值越大，注水越快。
根据上述经验，设计的水箱液位模糊控制系统如图 8-13 所示。

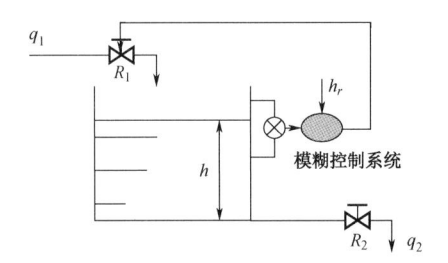

图 8-13 水箱液位模糊控制系统

按下列步骤设计模糊控制器：
（1）确定被控变量和控制量。
定义理想水位为 h_0，实际测得的水位高度为 h，选择液位差：
$$e = \Delta h = h_0 - h$$
将当前水位对于理想水位的偏差 e 作为被控量。
（2）输入量和输出量的模糊化。
将偏差 e 分为五级：负大（NB），负小（NS），零（O），正小（PS），正大（PB）。
将当前水位的偏差 e 作为输入量，注水调节阀的开度作为输出量。
根据偏差 e 的变化范围（-3, -2, -1, 0, +1, +2, +3），得到表 8-1 e 模糊表。

表 8-1 e 模糊表

隶属度		变化等级						
		-3	-2	-1	0	1	2	3
模糊集	PB	0	0	0	0	0	0.5	1
	PS	0	0	0	0	1	0.5	0
	O	0	0	0.5	1	0.5	0	0
	NS	0	0.5	1	0	0	0	0
	NB	1	0.5	0	0	0	0	0

控制量 u 为调节阀门开度的变化,将其分为五个模糊集:负大(NB),负小(NS),零(ZO),正小(PS),正大(PB)。并将 u 的变化范围分为九个等级:-4,-3,-2,-1,0,+1,+2,+3,+4。得到的控制量模糊划分如表 8-2 所示。

表 8-2 控制量模糊划分

隶属度		变化等级								
		-4	-3	-2	-1	0	1	2	3	4
模糊集	PB	0	0	0	0	0	0	0	0.5	1
	PS	0	0	0	0	0	0.5	1	0.5	0
	O	0	0	0	0.5	1	0.5	0	0	0
	NS	0	0.5	1	0.5	0	0	0	0	0
	NB	1	0.5	0	0	0	0	0	0	0

(3)规则库建立。

根据日常的经验,设计以下模糊规则。

① 若 e 为负大,则 u 为负大;
② 若 e 为负小,则 u 为负小;
③ 若 e 为 0,则 u 为 0;
④ 若 e 为正小,则 u 为正小;
⑤ 若为 e 正大,则 u 为正大。

注:开方向为正,关方向为负。

若将上述规则采用"if A then B"形式来描述,则为:

① if e=NB then u=NB;
② if e=NS then u=NS;
③ if e=O then u=O;
④ if e=PS then u=PS;
⑤ if e=PB then u=PB。

根据上述经验规则,可得模糊控制规则表 8-3。

表 8-3 模糊控制规则表

若(if)	NBe	NSe	Oe	PSe	PBe
则(then)	NBu	NSu	Ou	PSu	PBu

(4)进行模糊推理,求模糊关系 R。

模糊控制规则是一个多条语句,它可以表示为 $U \times V$ 上的模糊子集,即模糊关系 R:

$$R = (NBe \times NBu) \cup (NSe \times NSu) \cup (Oe \times Ou) \cup (PSe \times PSu) \cup (PBe \times PBu)$$

其中规则内的模糊集运算取交集,规则间的模糊集运算取并集。

$$\text{NB}e \times \text{NB}u = \begin{bmatrix} 1 \\ 0.5 \\ 0 \\ 0 \\ 0 \\ 0 \\ 0 \end{bmatrix} \times \begin{bmatrix} 1 & 0.5 & 0 & 0 & 0 & 0 & 0 & 0 & 0 \end{bmatrix} = \begin{bmatrix} 1.0 & 0.5 & 0 & 0 & 0 & 0 & 0 & 0 & 0 \\ 0.5 & 0.25 & 0 & 0 & 0 & 0 & 0 & 0 & 0 \\ 0 & 0 & 0 & 0 & 0 & 0 & 0 & 0 & 0 \\ 0 & 0 & 0 & 0 & 0 & 0 & 0 & 0 & 0 \\ 0 & 0 & 0 & 0 & 0 & 0 & 0 & 0 & 0 \\ 0 & 0 & 0 & 0 & 0 & 0 & 0 & 0 & 0 \\ 0 & 0 & 0 & 0 & 0 & 0 & 0 & 0 & 0 \end{bmatrix}$$

$$\text{NS}e \times \text{NS}u = \begin{bmatrix} 0 \\ 0.5 \\ 1 \\ 0 \\ 0 \\ 0 \\ 0 \end{bmatrix} \times \begin{bmatrix} 0 & 0.5 & 1 & 0.5 & 0 & 0 & 0 & 0 & 0 \end{bmatrix} = \begin{bmatrix} 0 & 0 & 0 & 0 & 0 & 0 & 0 & 0 & 0 \\ 0 & 0.5 & 0.5 & 0.5 & 0 & 0 & 0 & 0 & 0 \\ 0 & 0.5 & 1.0 & 0.5 & 0 & 0 & 0 & 0 & 0 \\ 0 & 0 & 0 & 0 & 0 & 0 & 0 & 0 & 0 \\ 0 & 0 & 0 & 0 & 0 & 0 & 0 & 0 & 0 \\ 0 & 0 & 0 & 0 & 0 & 0 & 0 & 0 & 0 \\ 0 & 0 & 0 & 0 & 0 & 0 & 0 & 0 & 0 \end{bmatrix}$$

$$Oe \times Ou = \begin{bmatrix} 0 \\ 0 \\ 0.5 \\ 1.0 \\ 0.5 \\ 0 \\ 0 \end{bmatrix} \times \begin{bmatrix} 0 & 0 & 0 & 0.5 & 1 & 0.5 & 0 & 0 & 0 \end{bmatrix} = \begin{bmatrix} 0 & 0 & 0 & 0 & 0 & 0 & 0 & 0 & 0 \\ 0 & 0 & 0 & 0 & 0 & 0 & 0 & 0 & 0 \\ 0 & 0 & 0 & 0.5 & 0.5 & 0.5 & 0 & 0 & 0 \\ 0 & 0 & 0 & 0.5 & 1.0 & 0.5 & 0 & 0 & 0 \\ 0 & 0 & 0 & 0.5 & 0.5 & 0.5 & 0 & 0 & 0 \\ 0 & 0 & 0 & 0 & 0 & 0 & 0 & 0 & 0 \\ 0 & 0 & 0 & 0 & 0 & 0 & 0 & 0 & 0 \end{bmatrix}$$

$$\text{PS}e \times \text{PS}u = \begin{bmatrix} 0 \\ 0 \\ 0 \\ 0 \\ 1.0 \\ 0.5 \\ 0 \end{bmatrix} \times \begin{bmatrix} 0 & 0 & 0 & 0 & 0 & 0.5 & 1.0 & 0.5 & 0 \end{bmatrix} = \begin{bmatrix} 0 & 0 & 0 & 0 & 0 & 0 & 0 & 0 & 0 \\ 0 & 0 & 0 & 0 & 0 & 0 & 0 & 0 & 0 \\ 0 & 0 & 0 & 0 & 0 & 0 & 0 & 0 & 0 \\ 0 & 0 & 0 & 0 & 0 & 0 & 0 & 0 & 0 \\ 0 & 0 & 0 & 0 & 0 & 0.5 & 1.0 & 0.5 & 0 \\ 0 & 0 & 0 & 0 & 0 & 0.5 & 0.5 & 0.5 & 0 \\ 0 & 0 & 0 & 0 & 0 & 0 & 0 & 0 & 0 \end{bmatrix}$$

$$\text{PB}e \times \text{PB}u = \begin{bmatrix} 0 \\ 0 \\ 0 \\ 0 \\ 0 \\ 0.5 \\ 1.0 \end{bmatrix} \times \begin{bmatrix} 0 & 0 & 0 & 0 & 0 & 0 & 0 & 0.5 & 1.0 \end{bmatrix} = \begin{bmatrix} 0 & 0 & 0 & 0 & 0 & 0 & 0 & 0 & 0 \\ 0 & 0 & 0 & 0 & 0 & 0 & 0 & 0 & 0 \\ 0 & 0 & 0 & 0 & 0 & 0 & 0 & 0 & 0 \\ 0 & 0 & 0 & 0 & 0 & 0 & 0 & 0 & 0 \\ 0 & 0 & 0 & 0 & 0 & 0 & 0 & 0 & 0 \\ 0 & 0 & 0 & 0 & 0 & 0 & 0 & 0.5 & 0.5 \\ 0 & 0 & 0 & 0 & 0 & 0 & 0 & 0.5 & 1.0 \end{bmatrix}$$

由以上五个模糊矩阵求并集（即隶属函数最大值），得：

$$R = \begin{bmatrix} 1.0 & 0.5 & 0 & 0 & 0 & 0 & 0 & 0 & 0 \\ 0.5 & 0.5 & 0.5 & 0.5 & 0 & 0 & 0 & 0 & 0 \\ 0 & 0.5 & 1.0 & 0.5 & 0.5 & 0.5 & 0 & 0 & 0 \\ 0 & 0 & 0 & 0.5 & 1.0 & 0.5 & 0 & 0 & 0 \\ 0 & 0 & 0 & 0.5 & 0.5 & 0.5 & 1.0 & 0.5 & 0 \\ 0 & 0 & 0 & 0 & 0 & 0.5 & 0.5 & 0.5 & 0.5 \\ 0 & 0 & 0 & 0 & 0 & 0 & 0 & 0.5 & 1.0 \end{bmatrix}$$

（5）模糊决策。

模糊控制器的输出为误差向量和模糊关系的合成：

$$u = e \circ R$$

当误差 e 为-2.5时，输入为NB：

$$e = \begin{bmatrix} 1.0 & 0.5 & 0 & 0 & 0 & 0 & 0 \end{bmatrix}$$

控制器输出为

$$u = e \circ R = \begin{bmatrix} 1 & 0.5 & 0 & 0 & 0 & 0 & 0 \end{bmatrix} \circ \begin{bmatrix} 1.0 & 0.5 & 0 & 0 & 0 & 0 & 0 & 0 & 0 \\ 0.5 & 0.5 & 0.5 & 0.5 & 0 & 0 & 0 & 0 & 0 \\ 0 & 0.5 & 1.0 & 0.5 & 0.5 & 0.5 & 0 & 0 & 0 \\ 0 & 0 & 0 & 0.5 & 1.0 & 0.5 & 0 & 0 & 0 \\ 0 & 0 & 0 & 0.5 & 0.5 & 0.5 & 1.0 & 0.5 & 0 \\ 0 & 0 & 0 & 0 & 0 & 0.5 & 0.5 & 0.5 & 0.5 \\ 0 & 0 & 0 & 0 & 0 & 0 & 0 & 0.5 & 1.0 \end{bmatrix}$$

$$= \begin{bmatrix} 1 & 0.5 & 0.5 & 0.5 & 0 & 0 & 0 & 0 & 0 \end{bmatrix}$$

（6）控制量的解模糊化。

由模糊决策可知，当误差为负大时，实际液位远高于理想液位，e = NB，控制器的输出为模糊向量，可表示为：

$$u = \frac{1}{-4} + \frac{0.5}{-3} + \frac{0.5}{-2} + \frac{0.5}{-1} + \frac{0}{0} + \frac{0}{+1} + \frac{0}{+2} + \frac{0}{+3} + \frac{0}{+4}$$

如果按照隶属度最大原则进行解模糊化，应选择的控制量为 $u = -4$，即阀门的开度应关大一些，减少进水量。

8.5 水箱液位模糊控制器设计

MATLAB 软件提供了一个模糊推理系统（FIS）编辑器，只要在 MATLAB 命令窗口输入 Fuzzy，就能启动模糊推理系统编辑器进入模糊控制器编辑环境，如图 8-14 所示。窗口上方的方框图显示了输入、输出和它们中间的模糊规则处理器。单击任意一个变量框，使选中的方框成为当前变量，此时它会变成红色高亮方框，双击任意一个变量，弹出隶属度函数编辑器，双击模糊规则编辑器，弹出规则编辑器。

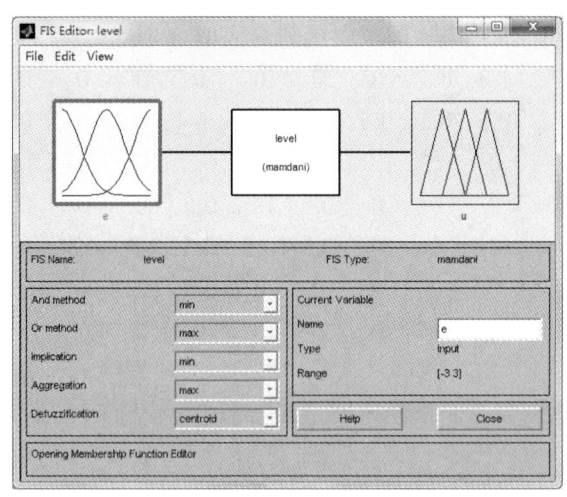

图 8-14 模糊推理系统（FIS）编辑器

选择 input（选中为红框），在界面右边文字输入处输入相应的名称。可启动隶属度函数编辑器（Mfedit），如图 8-15 所示。

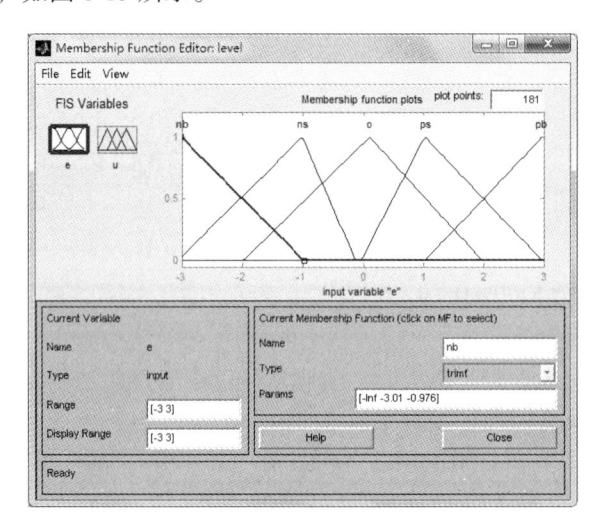

图 8-15 隶属度函数编辑器（Mfedit）

该编辑器用来设计和修改模糊推理器中各语言变量对应的隶属度函数的形状、范围、论域大小等，系统提供的隶属度函数有三角形、高斯形、梯形等 11 种，用户也可自行定义。在此选常用的三角形隶属度函数（trimf）。

用类似的方法设置输出 output 的参数，如图 8-16 所示。

在 Edit 菜单中选择 Rules，弹出一新界面 Rule Editon，在底部的选择框内选择相应的 if…and…then 规则，点击 Add rule 按钮，上部框内将显示相应的规则，如图 8-17 所示。

填入所有规则后，在 View 菜单中选择 Rules，弹出一新界面 Rule Viewer，如图 8-18 所示。

由模糊逻辑工具箱实现的水箱液位控制仿真结果与上节推理计算的结果一致，得到的同一等级控制量为 $u = -4$。

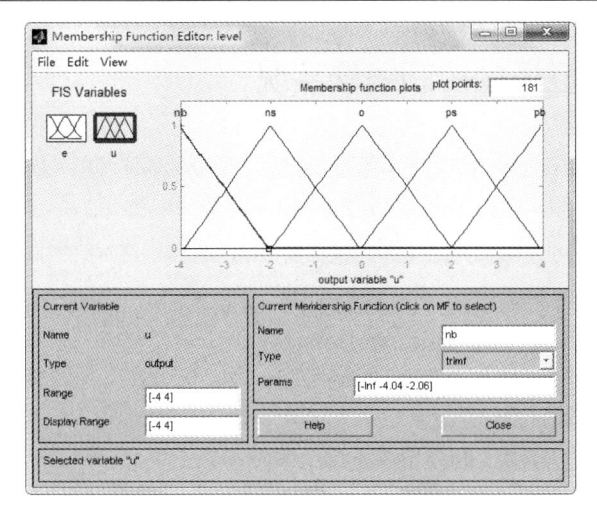

图 8-16 输出 output 的参数设置

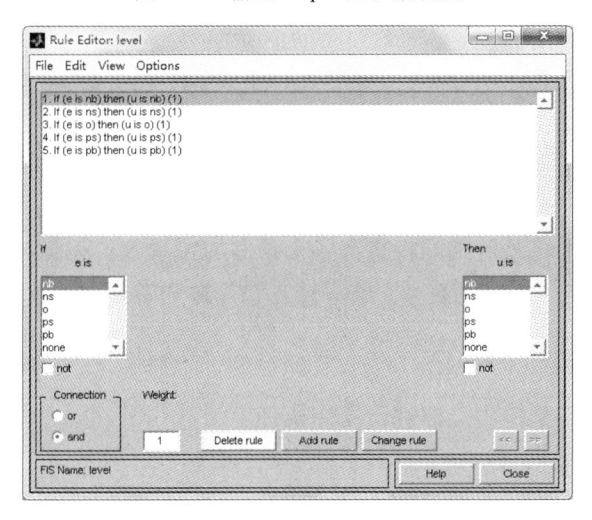

图 8-17 规则库设置

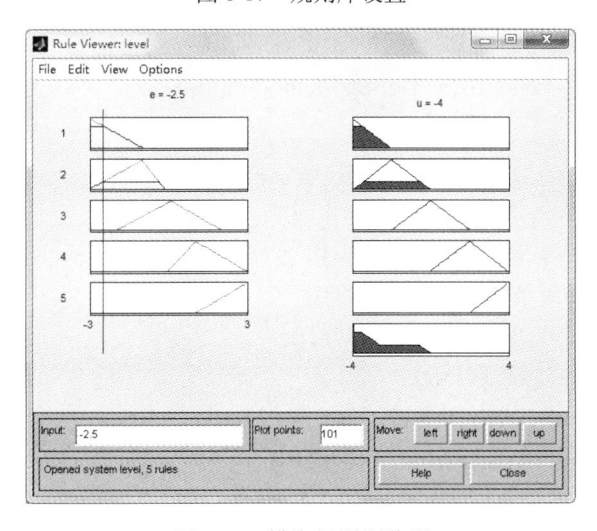

图 8-18 模糊规则浏览器

8.6 水箱液位模糊控制编程实现

用 MATLAB 中的 Fuzzy 工具箱函数实现水箱液位模糊控制，步骤如下：
（1）创建一个 FIS（Fuzzy Inference System）对象。

a = newfis(fisName)
（2）增加模糊语言变量。

a = addvar(a, 'varType', 'varName', varBounds)
模糊变量有两类：input 和 output。每增加一个模糊变量，都会按顺序分配一个 index，后面要通过该 index 来使用该变量。

（3）增加模糊语言名称，即模糊集合。

a = addmf(a, 'varType', varIndex, 'mfName', 'mfType', mfParams)
参数 mfType 即隶属度函数（Membership Functions），它可以是 Gaussmf、trimf、trapmf 等，也可以是自定义的函数。

每个语言名称都会有一个 index，按加入的先后顺序从 1 开始。

（4）增加控制规则，即模糊推理的规则。

a = addrule(a, ruleList)
其中 ruleList 是一个矩阵，每一行为一条规则。

最后两个分别表示该条规则的权重和各个条件的关系，1 表示 AND，2 表示 OR。

例如，当"输入 1"为"名称 1"和"输入 2"为"名称 3"时，输出为"输出 1"的"状态 2"，则写为：

[1 3 2 1 1]
（5）给定输入，得到输出，即进行模糊推理。

output = evalfis(input，fismat)
其中 fismat 为前面建立的那个 FIS 对象。

用 MATLAB 的 **M-file** 实现的水箱液位模糊控制程序如下：

clear all;
a= newfis('myfis');   a=setfis(a, 'DefuzzMethod', 'lom')
a = addvar(a, 'input', 'E', [-3 3]);
a = addmf(a, 'input', 1, 'Nb', 'trimf', [-inf -3 -1]);
a = addmf(a, 'input', 1, 'Ns', 'trimf', [-3 -1 0]);
a = addmf(a, 'input', 1, 'o', 'trimf', [-2 0 2]);
a = addmf(a, 'input', 1, 'Ps', 'trimf', [0 1 3]);
a = addmf(a, 'input', 1, 'PB', 'trimf', [1 3 inf]);
a = addvar(a, 'output', 'U', [-4 4]);
a = addmf(a, 'output', 1, 'Nb', 'trimf', [-inf -4 -2]);
a = addmf(a, 'output', 1, 'Ns', 'trimf', [-4 -2 0]);
a = addmf(a, 'output', 1, 'o', 'trimf', [-2 0 2]);
a = addmf(a, 'output', 1, 'Ps', 'trimf', [0 2 4]);

```
a= addmf(a, 'output', 1, 'PB', 'trimf', [2 4 inf]);
rulelist=[1 1 1 1;
         2 2 1 1;
         3 3 1 1;
         4 4 1 1;
         5 5 1 1];
a = addrule(a, rulelist);
u = evalfis(-2.5, a)
```

8.7 模糊 PID 控制

PID 调节器的控制规律为

$$u(k) = K_p e(k) + K_i \sum e(i) + K_d e_c(k)$$

其中 K_p 为比例系数，K_i 为积分系数，K_d 为微分系数，$e(k)$、$e_c(k)$ 分别为偏差和偏差变化率。传统 PID 控制器自出现以来，凭借其结构简单、稳定性好、工作可靠、调整方便等优点成为工业控制中的主要应用。当被控对象的结构和参数具有一定的不确定性，无法对其建立精确的模型时，采用 PID 控制技术就显得尤为方便。PID 控制原理简单、易于实现，但是其参数整定较麻烦。对于一些复杂的控制系统而言，由于其为时变非线性系统，不同时刻需要选用不同的 PID 参数，采用传统的 PID 控制器很难使整个运行过程具有较好的运行效果。

模糊自整定 PID 参数的目的是使参数 K_p、K_i、K_d 随 e 和 e_c 的变化而自行调整，故应首先建立它们之间的关系。根据实际经验，参数 K_p、K_i、K_d 在不同的 e 和 e_c 下的自调整可满足一定的模糊规则对 PID 的参数进行实时的优化，以克服传统 PID 参数无法实时调整 PID 参数的缺点。模糊 PID 控制包括模糊化、确定模糊规则、解模糊等组成部分。模糊 PID 控制器是将模糊算法与 PID 控制参数的自整定相结合的一种控制算法。可以说是模糊算法在 PID 参数整定上的应用。模糊 PID 控制系统框图如图 8-19 所示。

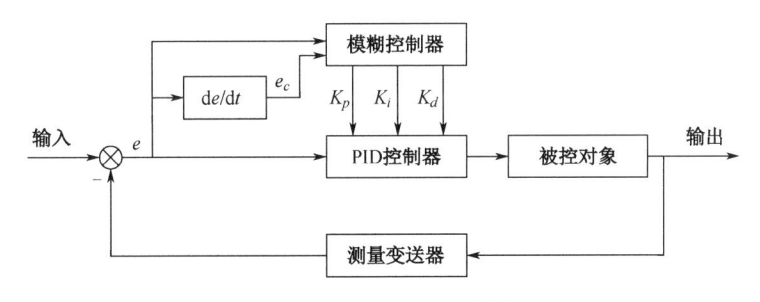

图 8-19 模糊 PID 控制系统框图

模糊 PID 控制是以偏差 e 及偏差的变化 e_c 为输入，利用模糊控制规则在线对 PID 参数进行调整，以满足不同的偏差 e 和偏差的增量 e_c 对 PID 参数的不同要求，即被控对象通过传感器采集输出信息，确定当前测量值的偏差 e 及当前偏差和上次偏差的变化 e_c，根据给定的模糊规则进行模糊推理，最后对模糊参数进行解模糊，输出 PID 控制参数。

8.8 模糊 PID 控制的仿真实现

启动模糊推理系统编辑器，进入模糊控制器编辑环境，定义输入、输出变量，如图 8-20 所示。

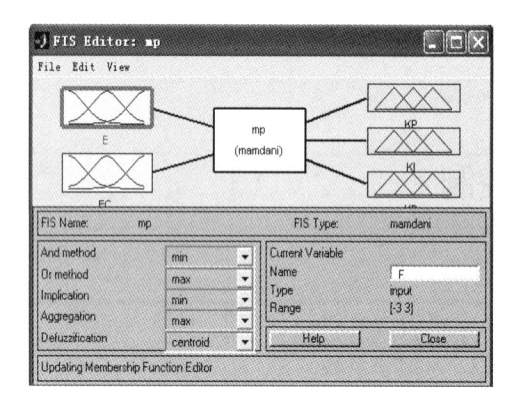

图 8-20 模糊控制器编辑环境

对输入、输出变量进行模糊集合划分，如图 8-21 所示。

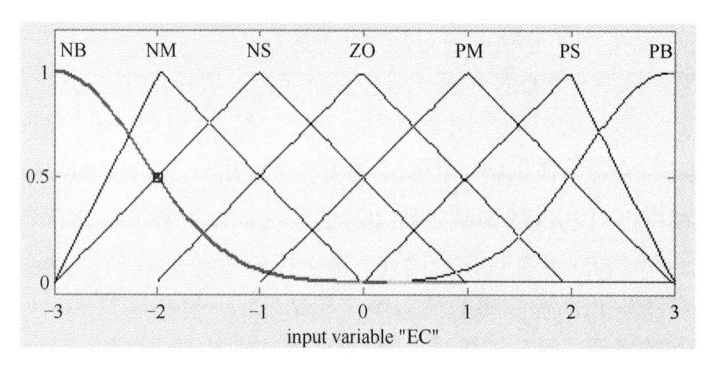

(a) 输入变量 e_c 模糊集合划分

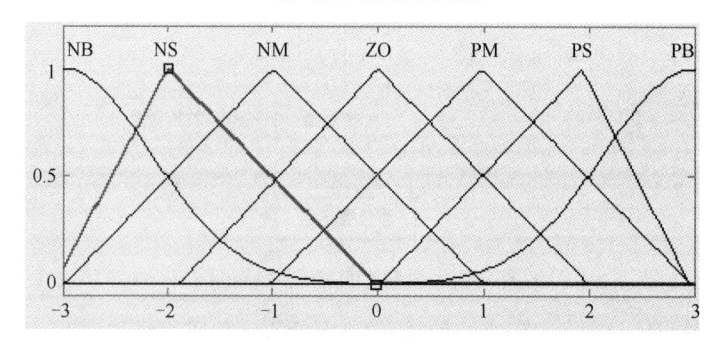

(b) 输出变量 K_p 模糊集合划分

图 8-21 对输入、输出变量进行模糊集合划分

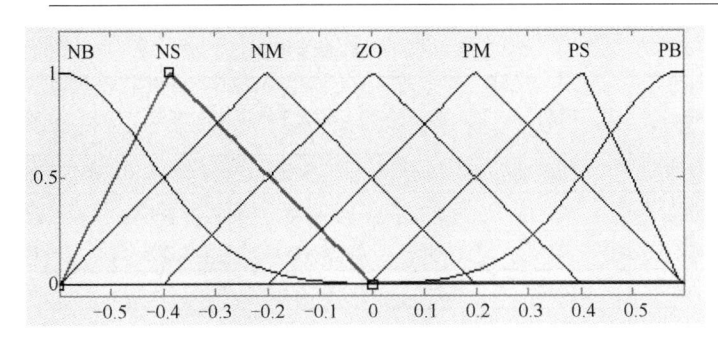

(c) 输出变量 K_i 模糊集合划分

图 8-21　对输入、输出变量进行模糊集合划分（续）

要对 K_p、K_i 和 K_d 三个参数进行调整，需先建立这 3 个变量的模糊规则库。

8.8.1　K_p 模糊规则设计

在 PID 控制器中，K_p 的选取决定着系统的响应速度。增大 K_p 能提高响应速度，减小稳态偏差，但 K_p 过大会产生较大的超调，甚至使系统不稳定；减小 K_p 可以减小超调，提高稳定性，但 K_p 过小会减慢响应速度，延长调节时间。因此，调节初期应适当选取较大的 K_p 以提高响应速度；而在调节中期，K_p 应选择较小值，以使系统具有较小的超调，并能保证一定的响应速度；而在调节后期，应将 K_p 调到较大值来减小静差，提高控制精度。依据以上分析，定义的 K_p 模糊规则如表 8-4 所示。

表 8-4　K_p 的模糊规律

e \ e_C	NB	NM	NS	ZO	PS	PM	PB
NB	PB	PB	PM	PM	PS	ZO	ZO
NM	PB	PB	PM	PS	PS	ZO	NS
NS	PM	PM	PM	PS	ZO	NS	NS
ZO	PS	PM	PS	ZO	NS	NM	NM
PS	PS	PS	ZO	NS	NS	NS	NM
PM	PS	ZO	NS	NM	NM	NM	NB
PB	ZO	ZO	NM	NM	NM	NB	BN

8.8.2　K_i 模糊规则设计

在系统控制中，积分控制主要是用来消除系统的稳态偏差的。由于某些原因（如饱和非线性等），积分过程有可能在调节过程的初期产生积分饱和，从而在调节过程中产生较大超调。因此，在调节初期，为防止积分饱和，其积分作用应当弱一些，甚至可以取零；而在调节中期，为了避免影响稳定性，其积分作用应该比较适中；在调节后期，则应增强积分作用，以减小调节静差。依据以上分析，制定的 K_i 模糊规则如表 8-5 所示。

表8-5 K_i 的模糊规则

e \ e_C	NB	NM	NS	ZO	PS	PM	PB
NB	NB	NB	NM	NM	NS	ZO	ZO
NM	NB	NB	NM	NS	NS	ZO	ZO
NS	NB	NM	NS	NS	ZO	PS	PS
ZO	NM	NM	NS	ZO	PS	PM	PM
PM	NM	NS	ZO	PS	PS	PM	PB
PS	ZO	ZO	PS	PS	PM	PB	PB
PB	ZO	ZO	PS	PM	PM	PB	PB

8.8.3 K_d 模糊规则设计

微分环节主要是针对大惯性过程引入的，微分环节系数的作用在于改变系统的动态特性。系统的微分环节系数能反映信号变化的趋势，并能在偏差信号变化太大之前，在系统中引入一个有效的早期修正信号，从而加快响应速度，缩短调节时间，消除振荡，最终改变系统的动态性能。因此，K_d 的选取对调节动态特性影响很大。K_d 过大，调节过程制动就会超前，致使调节时间过长；K_d 过小，调节过程制动就会落后，从而导致超调增大。根据实际过程经验，在调节初期，应加大微分作用，这样超调较小甚至避免超调；而在调节中期，由于调节特性对 K_d 的变化比较敏感，因此，K_d 应适当小一些并应保持固定不变；然后在调节后期，K_d 应减小，以减小被控过程的制动作用，进而补偿在调节过程初期由于 K_d 较大所造成的调节过程的时间延长。依据以上分析，制定的 K_d 模糊规则如表8-6所示。

表8-6 K_d 的模糊规则

e \ e_C	NB	NM	NS	ZO	PS	PM	PB
NB	PS	NS	NB	NB	NB	NM	PS
NM	PS	NS	NB	NM	NM	NS	ZO
NS	ZO	NS	NM	NM	NS	NS	ZO
ZO	ZO	NS	NS	NS	NS	NS	ZO
PM	ZO	ZO	ZO	ZO	ZO	ZO	ZO
PS	PB	NS	PS	PS	PS	PS	PB
PB	PB	PM	PM	PM	PS	PS	PB

接下来，根据偏差 e 和偏差增量 e_C 模糊化的结果及规则库，推理出 ΔK_p、ΔK_i、ΔK_d 对应的模糊子集。由于前面我们设计的是采用隶属度函数来定义输入、输出量在模糊子集的隶属度，所以推理出来的 ΔK_p、ΔK_i、ΔK_d 的模糊子集通常是一个由模糊变量组成的矩阵。而输入量 e 和 e_C 则是一个由模糊变量组成的向量。

最后，需要明确不同的模糊变量所对应的量化数据。这个量化数据与物理量的对应对于不同对象是完全不一样的。

新建一个 simulink 模型同时拖入一个 fuzzy logic controller 模块，双击输入已经保存的 FIS 模糊控制器的名字。由于这个控制模块只有一个输入端口，因此需要用到 mux 模块。

模糊 PID 算法的 matlab/simulink 仿真框图及仿真结果如图 8-22、图 8-23 所示。

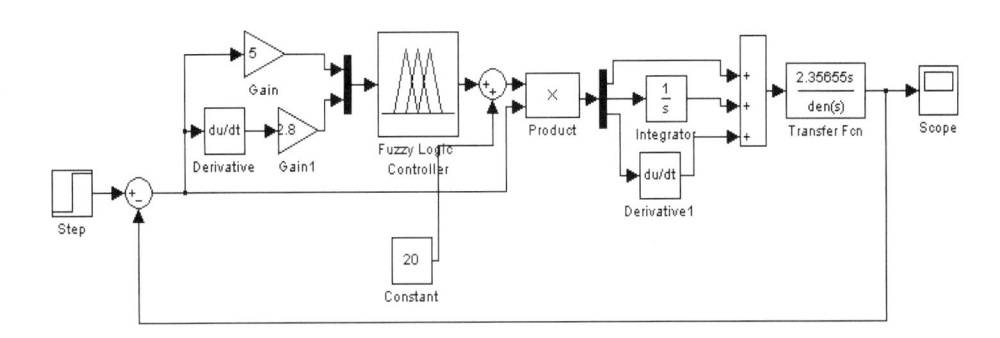

图 8-22 模糊 PID 算法的 matlab/simulink 仿真框图

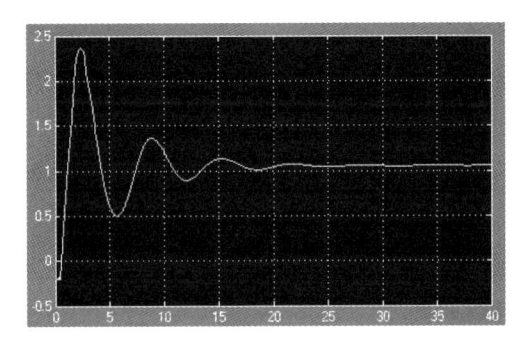

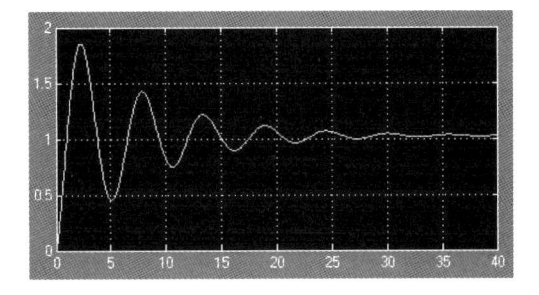

图 8-23 模糊 PID 算法的 matlab/simulink 仿真结果

对于该被控过程，如果采用传统的 PID 控制，matlab/simulink 仿真框图及仿真结果如图 8-24、图 8-25 所示。

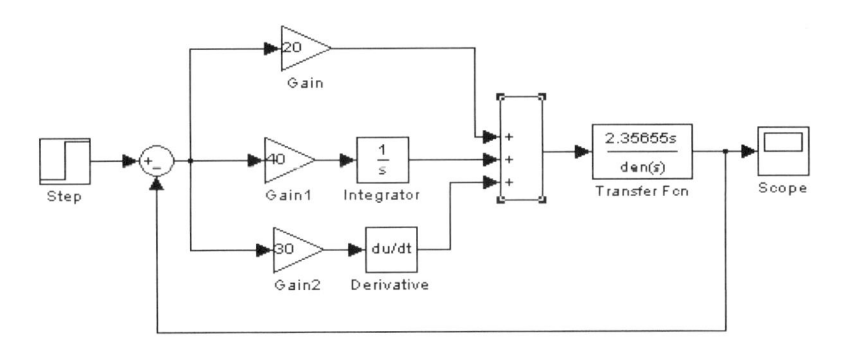

图 8-24 PID 控制的 matlab/simulink 仿真框图

图 8-25 PID 控制的 matlab/simulink 仿真结果

思考题

1. 模糊集合的表示方法有几种？这几种表示方法各有什么特点？
2. 模糊控制系统一般由哪些部分组成？
3. 简要说明模糊控制系统的工作原理。
4. 模糊控制器的结构有哪些？
5. 模糊控制器由哪些部分组成？试简述各部分的作用。
6. 简述量化因子和比例因子的作用，试举例说明。
7. 模糊控制器的控制规则如何建立？试举例说明。
8. 已知：

$$A = \frac{0.5}{a_1} + \frac{1}{a_2} + \frac{0.1}{a_3}, \quad B = \frac{0.1}{b_1} + \frac{1}{b_2} + \frac{0.6}{a_3}, \quad C = \frac{0.4}{c_1} + \frac{1}{c_2}$$

试确定"if A and B then C"所决定的模糊关系 R，以及当输入为：

$$A_1 = \frac{1.0}{a_1} + \frac{0.5}{a_2} + \frac{0.1}{a_3}, \quad B_1 = \frac{0.1}{b_1} + \frac{1}{b_2} + \frac{0.6}{b_3}$$

时的输出 C_1。

第 9 章　网络化过程控制系统

基于计算机的过程控制系统已经被广泛地应用，随着互联网技术的发展，互联网在控制领域表现出了巨大的应用前景。基于互联网的过程控制系统的设计是控制领域的热门研究课题，基于互联网的过程控制系统的功能主要是实现被控对象的远程监控，研究目标是在满足控制系统安全的前提下，采取有效策略克服不确定性变化的影响。过程控制系统及其网络化是现代工业自动化的核心技术，过程控制系统经历了分散控制阶段、集中控制阶段、集散控制阶段和现场总线控制系统阶段。目前，过程控制正朝着综合化、智能化方向发展，以智能控制理论为基础，以计算机和网络为主要手段，对企业的经营、计划、调度、管理和控制全面综合，实现了从原料进库到产品出厂的自动化和整个生产系统信息管理的最优化。本章重点介绍工业生产中应用较多的集散控制系统和现场总线控制系统。

9.1　集散控制系统

集散控制系统（Distributed Control System，DCS）是计算机技术（computer）、通信技术（communication）、阴极射线管显示技术（Cathode-Ray Tube，CRT）和控制技术（control）（简称 4C 技术）发展起来的产物，它采用危险和控制分散，而操作和管理集中的基本设计思想，以及分层、分级和合作自治的结构形式，适应现代工业的生产和管理要求。DCS 也是一种模拟数字混合系统，它是在常规组合模拟仪表与计算机集中 DDC 的基础上发展形成的。其变送、执行单元仍然采用 4~20mA 的模拟仪表，控制计算、监控与人机界面采用多个 CPU 递阶构成的集中与分散相结合的分散控制系统。

常规的模拟调节仪表组成的过程控制系统存在许多局限性。例如，难以实现多变量相关对象的控制，难以实现复杂的高级控制算法和参数的集中显示操作，由于生产工艺过程的复杂和规模的扩大，相应的就要增大仪表屏，模拟仪表也要随之增大，会给操作人员的监视记录带来极大的不便。虽不难实现用一台计算机控制几十个，甚至上百个回路，但这样必然降低系统的安全性能。DCS 将多台微机分散应用于过程控制，整个装置继承了常规仪表分散控制和计算机集中控制的优点，克服了常规仪表功能单一、人机交互差及单台微机控制系统危险性高度集中的缺点，实现了既在监视、操作与管理三方面集中，又在功能、负荷和危险性三方面分散。

9.1.1　集散控制系统产生的背景

20 世纪 60 年代初，人们开始将电子计算机应用于过程控制，一台计算机控制着几十个，甚至几百个回路，整个生产过程的监视、操作、报警、控制、管理等功能都集中在这台计算机上。一旦计算机的公共部分发生故障，轻则造成装置或整个工厂停工，重则导致设备损坏，甚至发生火灾、爆炸等恶性事故，这就是所谓"危险集中"。工业生产过程正处于一个由劳动力密集型、设备密集型、信息密集型到知识密集型的转变过程,在这一过程中,以计算机为基础而构成的控制、管理、决策系统无疑起着非常重要的作用。而集散控制系统,正是在这种背景下产生的,它是继直接作用式气动仪表、气动单元组合仪表、电动单元组合仪表和组件组装式仪表之后的又一代控制系统。

根据"危险分散"的设计思想,过去由一台大型计算机完成的功能,现在可以由几十台,甚至几百台微机来完成。各微机之间可以用通信网络连接起来,从而构成一个完整的集散系统。

集散控制系统又称分散型综合控制系统,是对生产过程进行集中监视、操作、管理和分散控制的一种全新的分布式计算机控制系统。该系统将若干台微机分散应用于过程控制,全部信息由上位管理计算机通过通信网络监控,实现最优化控制,通过 CRT 装置、通信总线、键盘、打印机等进行集中操作、显示和报警。整个装置继承了常规仪表分散控制和计算机集中控制的优点,克服了常规仪表功能单一、人机联系差及单台微型计算机控制系统危险性高度集中的缺点,既在管理、操作和显示三方面集中,又在功能、负荷和危险性三方面分散。它主要用于大规模的连续过程控制系统中,如石化、冶金、电力等。DCS 利用通信系统将各微机连接起来,按控制功能或按区域将微处理机进行分散配置,实行分散控制;该系统中的一台微处理机只需要控制几个到几十个回路,即使某一微处理机发生故障,也只是影响它所控制的少数回路,从而使危险分散;该系统采用图形显示监视着过程和系统的运行,实现了操作和信息管理集中。

自上世纪 70 年代 DCS 问世以来,各国公司推出了多种不同设计的 DCS,即使是同一厂家,其早期产品和近期产品也有很大差异。尽管种种 DCS 千差万别,其核心结构却基本上是一致的,即所谓"三点一线"式结构,"一线"是指 DCS 的骨架——计算机网络,"三点"则是指连接在网络上的三种不同类型的节点。这三种不同类型的节点是:面向被控过程现场的现场 I/O 控制站,面向操作人员的操作站,面向 DCS 监视管理人员的工程师站。一般情况下,一个 DCS 中只需配置一台工程师站,而现场 I/O 控制站和操作站的数量则应根据实际要求配置,这三种节点通过系统网络互相连接并相互交换信息,协调各方面的工作,共同实现 DCS 的整体功能。

目前,DCS 产品国外的厂商主要有西屋电气公司、艾默生电气公司、FOXBORO、ABB、西门子股份公司、霍尼韦尔国际公司、横河电机株式会社、罗克韦尔自动化公司等。国内的 DCS 主要厂商有上海新华控制技术集团有限公司、南京科远智慧科技集团股份有限公司、杭州优稳自动化系统有限公司、浙江中控技术股份有限公司、北京和利时集团、浙江威盛自动化有限公司、上海自动化仪表股份有限公司、山东鲁能控制工程有限公司、北京国电智深控制技术有限公司、上海华文自动化系统工程有限公司、上海乐华电子科技发展有限公司、浙江正泰中自控制工程有限公司等,我国应用 DCS 是在 20 世纪 70 年代末、80 年代初,当时从国外引进的 DCS 多达几百套,主要用于化工、石化、炼油、冶金、电力、轻工等工业过程控制,并取得了良好的技术经济效益。随着我国 DCS 在工业中的发展,与外商合资合作,不断引进先进技术,DCS 逐步国产化,研制出许多适合中国国情的 DCS。比较有代表性的产品是浙江中控技术股份有限公司的 WebField ECS-100、杭州和利时自动化有限公司的 MACS、上海新华控制工程有限公司的 XDPS-400 等。

9.1.2 集散控制系统的基本构成

集散控制系统通常采用多层分级、合作自治的结构形式,其主要特征是集中管理和分散控制。集散控制系统采用的分级递阶结构如图 9-1 所示,每一级由若干子系统组成,每一个子系统实现若干特定的有限目标,形成金字塔结构。集散控制系统是纵向分层、横向分散的大型综合控制系统,它以多层计算机网络为依托,将分布在全厂范围内的各种控制设备和数据处理设备连接在一起,实现各部分的信息共享和协调工作,共同完成各种控制、管理及决策功能。从结构上划分,系统中的所有设备分别处于四个不同的层次,自下而上分别是现场级、控制级、监控级和管理级。这四个层次分别由四层计算机网络即现场网络 Fnet (Field Network)、控制网络 Cnet (Control Network)、监控网络 Snet (Supervision Network) 和管理网络 Mnet (Management Network) 把相应的设备连接在一起。

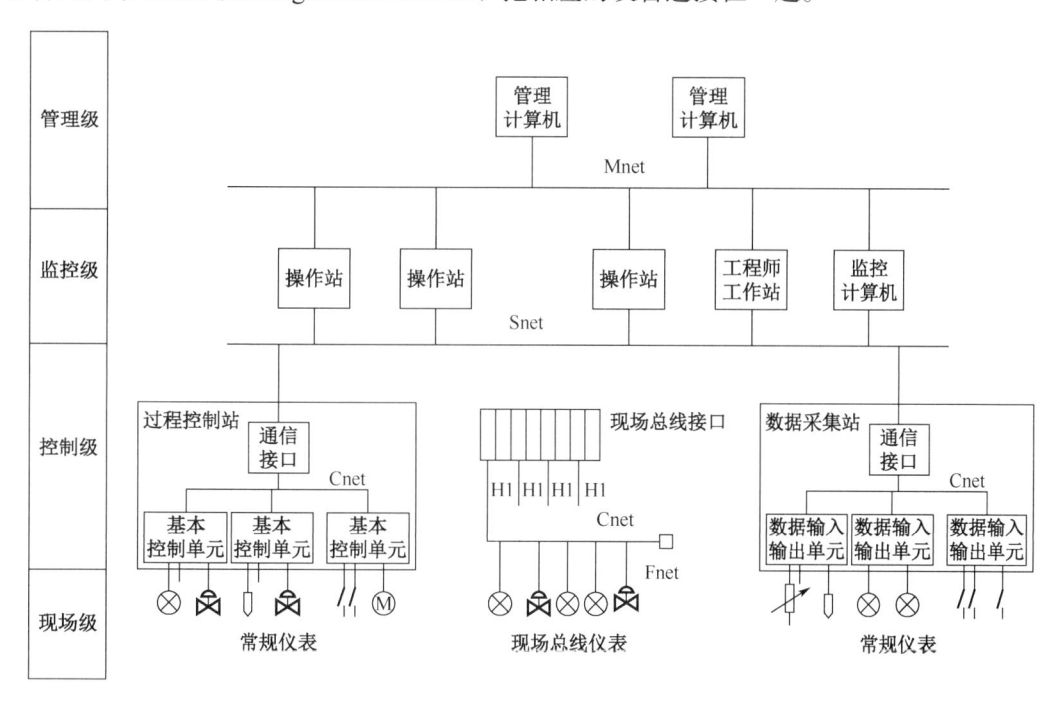

图 9-1 集散控制系统的分级递阶结构

1. 现场级

现场级设备直接与生产过程相连,是 DCS 的基础。典型的现场级设备是各类传感器、变送器和执行器。它们将生产过程中的各种工艺变量转换为适合计算机接收的电信号(如 4~20mADC 电流信号或现场总线变送器输出的数字信号),然后送往过程控制站或数据采集站;过程控制站又将输出的控制器信号(如 4~20mADC 信号或现场总线数字信号)送到现场级设备,以驱动控制阀或变频调速装置等,进而实现对生产过程的控制,如图 9-2 所示。

归纳起来,现场级设备的任务主要有以下几个方面:一是完成过程数据采集与处理;二是直接输出操作命令,实现分散控制;三是完成与上级设备的数据通信,实现网络数据库共享;四是完成对现场级智能设备的监测、诊断、组态等。

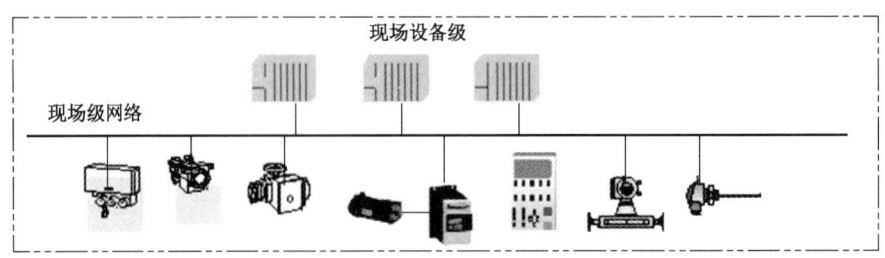

图 9-2　现场级

现场网络与各类现场传感器、变送器和执行器相连，以实现对生产过程的监测与控制。同时与过程控制级的计算机相连，接收上层的管理信息，传递装置的实时数据。现场网络的信息传递有三种方式，第一种是传统的模拟信号（如 4~20mADC 或其他类型的模拟量信号）传输方式；第二种是全数字信号（现场总线信号）传输方式；第三种是混合信号（如在 4~20mADC 模拟量信号上，叠加调制后的数字量信号）传输方式。现场信息将以现场总线为基础的全数字传输作为今后的发展方向。

2. 控制级

控制级主要由过程控制站、数据采集站、现场总线接口等构成。过程控制站接收现场级设备送来的信号，按照预定的控制规律进行运算，并将运算结果作为控制信号，送回现场的执行器。过程控制站可以同时实现反馈控制、逻辑控制、顺序控制等功能，如图 9-3 所示。

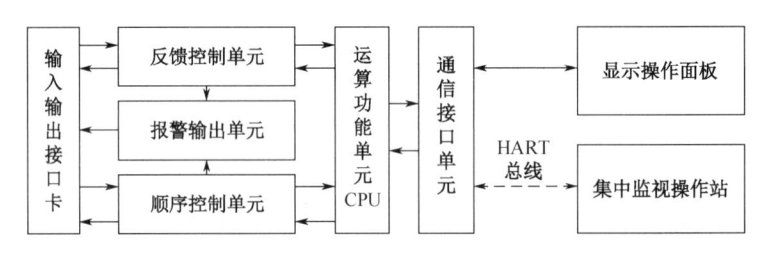

图 9-3　过程控制站的功能

数据采集站与过程控制站类似，也接收由现场设备送来的信号，并对其进行必要的转换和处理后送到集散控制系统中的其他工作站（如管理级设备）。数据采集站接收大量的非控制过程信息，并通过管理级设备传递给运行人员，它不直接完成控制功能。

在 DCS 的监控网络上可以挂接现场总线服务器（Fieldbus Server，FS），实现 DCS 网络与现场总线的集成。现场总线服务器是一台安装了现场总线接口卡与 DCS 监控网络接口卡的完整的计算机。现场设备中的输入、输出、运算、控制等功能模块可以在现场总线上独立构成控制回路，不必借用 DCS 控制站的功能。

现场设备通过现场总线与 FS 上的接口卡进行通信。FS 通过它的 DCS 网络接口卡与DCS 网络进行通信。FS 和 DCS 可以实现资源共享，FS 可以不配备操作站或工程师站，直接借用 DCS 实现监控和管理。

控制级的主要功能表现在以下几个方面：一是采集过程数据，进行数据转换与处理；二是对生产过程进行监测和控制，输出控制信号，实现反馈控制、逻辑控制、顺序控制和批量控制功能；三是现场设备及 I/O 卡件的自诊断；四是与管理级进行数据通信。

3. 监控级

监控级的主要设备有操作站、工程师站、监控计算机等，如图9-4所示。

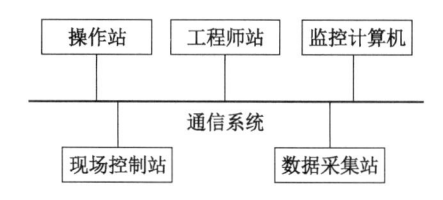

图 9-4　监控级的主要设备

（1）操作站（Operator Station，OS）。

操作人员通过操作站来监视和控制生产过程，可以在操作站上观察生产过程的运行情况，了解每个过程变量的数值和状态，判断每个控制回路的工作是否正常，并且还可以根据需要随时进行手动、自动、串级、后备串级等控制方式的无扰动切换，修改设定值，调整控制信号，控制现场设备，以实现对生产过程的干预。另外，还可以打印各种报表，复制屏幕上的画面和曲线等。为了实现以上功能，操作站须包括一台具有较强图形处理功能的微型机及相应的外部设备，一般配有 CRT 或 LCD 显示器、大屏幕显示装置（选件）、打印机、键盘、鼠标等，开放型 DCS 采用个人计算机作为其人机接口。

（2）工程师站（Engineer Station，ES）。

工程师站是为了控制工程师对 DCS 进行配置、组态、调试、维护所设置的工作站，它是为专业工程技术人员设计的。其内装有相应的组态平台和系统维护工具，工程师站的硬件配置与操作站基本一致。工程师站的另一个作用是对各种设计文件进行归类和管理，形成各种设计、组态文件，如各种图样、表格等。工程师站一般由 PC 机配置一定数量的外部设备组成，如打印机、绘图仪等。

（3）监控计算机（Supervisory Control Computer，SCC）。

监控计算机通过网络收集系统中各单元的数据信息，根据数学模型和优化控制指标进行后台计算、优化控制等，它还可用于全系统信息的综合管理。监控计算机的主要任务是实现对生产过程的监督控制，如机组运行优化和性能计算、先进控制策略的实现等。根据产品、原材料库存及能源的使用情况，以优化准则来协调装置间的相互关系，进而实现全企业的优化管理。另外，监控计算机通过获取监控级的实时数据，进行生产过程的监视、故障检测和数据存档。由于监控计算机的主要功能是完成复杂的数据处理和运算功能，因此，对它主要是运算能力和运算速度的要求。一般，监控计算机由超级微型机或小型机构成。

4. 管理级

管理级是全厂自动化系统的最高一层。只有大规模的集散控制系统才具备这一级。管理级的设备可能是厂级管理计算机，也可能是若干个生产装置的管理计算机，它们所面向的使用者是厂长、经理、总工程师等行政管理或运行管理人员。

厂级管理系统的主要功能是监视企业各部门的运行情况，利用历史数据和实时数据预测可能发生的各种情况，从企业全局利益出发，帮助企业管理人员进行决策，帮助企业实现计划目标。它从系统观念出发，从原料进厂到产品的销售、市场和用户分析、定货、库存到交货，生产计划等进行一系列的优化协调，从而降低成本，增加产量，保证质量，提高经济效益。此外还应考虑商业事务、人事组织及其他各方面，并与办公自动化系统相连，完成整个系统的优化。

管理级也可分为实时监控和日常管理两部分。实时监控是全厂各机组和公用辅助工艺系统的运行管理层，承担全厂性能监视、运行优化、全厂负荷分配和日常运行管理等任务。日常管理承担全厂的管理决策、计划管理、行政管理等任务，主要是为厂长和各管理部门服务。对管理计算机的要求是具有能够对控制系统做出高速反应的实时操作系统，能够对大量数据进行高速处理与存储，具有能够连续运行可冗余的高可靠性系统，能够长期保存生产数据，并具有优良的、高性能的、方便的人机接口，丰富的数据库管理软件，过程数据收集软件，人机接口软件及生产管理系统生成等工具软件，实现整个工厂的网络化和计算机的集成化。

9.1.3 集散控制系统的硬件结构

DCS 的硬件系统主要由集中操作管理装置、分散过程控制装置和通信接口设备等组成，通过通信网络系统将这些硬件设备连接起来，共同实现数据采集、分散控制和集中监视、操作及管理等功能，集散控制系统的硬件结构如图 9-5 所示。由于不同 DCS 厂家采用的计算机硬件不尽相同，因此，DCS 的硬件系统之间的差别也很大。集中操作管理装置的主要设备是操作站，而分散过程控制装置的主要设备是现场控制站。

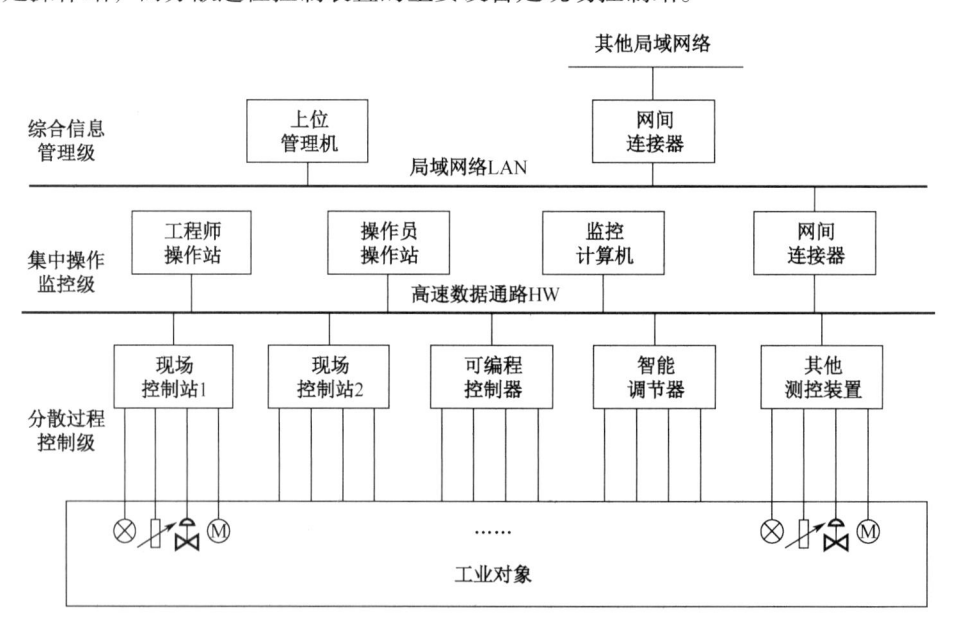

图 9-5 集散控制系统的硬件结构

这里，着重介绍 DCS 的现场控制站和操作站。

1. 现场控制站

从功能上讲，分散过程控制装置主要包括现场控制站、数据采集站、顺序逻辑控制站和批量控制站等，其中现场控制站功能最为齐全，为了便于结构的划分，下面统称之为现场控制站。现场控制站是 DCS 与生产过程之间的接口，它是 DCS 的核心。分析现场控制站的构成，有助于理解 DCS 的特性。一般来说，现场控制站中的主要设备是现场控制单元。

现场控制单元是 DCS 直接与生产过程进行信息交互的 I/O 处理系统，它的主要任务是进行数据采集及处理，对被控对象实施闭环反馈控制、顺序控制和批量控制。用户可以根据不同的应用需求，选择不同配置的现场控制单元以构成现场控制站。它可以是以面向连续生产的过程控制为主，辅以顺序逻辑控制，构成一个可以实现多种复杂控制方案的现场控制站；也可以是以顺序控制、联锁控制功能为主的现场控制站；还可以是一个对大批量过程信号进行总体信息采集的现场控制站。现场控制站是一个可独立运行的计算机检测控制系统。由于它是专为过程检测、控制而设计的通用型设备，所以其机柜、电源、输入输出通道和控制计算机等与一般的计算机系统有所不同。

（1）机柜。

现场控制站的机柜内部均装有多层机架，以供安装各种模块及电源之用。为了给机柜内部的电子设备提供完善的电磁屏蔽，其外壳均采用金属材料（如钢板或铝材），并且活动部分（如柜门与机柜主体）之间要保证有良好的电气连接。同时，机柜还要求可靠接地，接地电阻应小于 4Ω。为保证柜中电子设备的散热降温，一般柜内均装有风扇，以提供强制风冷。同时为防止灰尘侵入，在与柜外进行空气交换时，要采用正压送风，将柜外低温空气经过滤网过滤后引入柜内。在灰尘多、潮湿或有腐蚀性气体的场合（如安装在室外使用时），一些厂家还提供密封式机柜，冷却空气仅在机柜内循环，通过机柜外壳的散热叶片与外界交换热量。为了保证在特别冷或特别热的室外环境下正常工作，还为这种密封式机柜设计了专门的空调装置，以保证柜内温度维持在正常范围。另外，现场控制站机柜内大多设有温度自动检测装置，当机柜内温度超过正常范围时，会产生报警信号。

（2）电源。

只有保持电源（交流电源和直流电源）稳定、可靠，才能确保现场控制站正常工作。为了保证电源系统的可靠性，通常采取以下四种措施：一是每个现场控制站均采用双电源供电，互为冗余；二是如果现场控制站机柜附近有经常开关的大功率用电设备，应采用超级隔离变压器，将其初级、次级线圈间的屏蔽层可靠接地，以消除共模干扰的影响；三是如果电网电压波动很严重，应采用交流电子调压器，快速稳定供电电压；四是在石油、化工等对连续性控制要求特别高的场合，应配有不间断供电电源 UPS，以保证供电的连续性，现场控制站内各功能模块所需的直流电源一般为±5V、±15V（或±12V）及±24V。

为增加直流电源系统的稳定性，一般可以采取以下三条措施：一是为减少相互间的干扰，给主机供电与给现场设备供电的电源要在电气上隔离；二是采用冗余的双电源方式给各功能模块供电；三是一般由统一的主电源单元将交流电变为 24V 直流电供给柜内的直流母线，然后通过 DC/DC 转换器将 24V 直流电源变换为子电源所需的电压，主电源一般采用 1:1 冗余配置，而子电源一般采用 N:1 冗余配置。

（3）控制计算机。

控制计算机是现场控制站的核心，一般是由 CPU、存储器、输入/输出通道等基本部分组成的。

① CPU　尽管世界各地的 DCS 产品差别很大，但现场控制站大都采用 Motorola 公司 M68000 系列和 Intel 公司 80×86 系列的 CPU 产品。为提高性能，各生产厂家大都采用准 32 位或 32 位微处理器。由于数据处理能力的提高，因此可以执行复杂的先进控制算法，如自动整定、预测控制、模糊控制和自适应控制等。

② 存储器　与其他计算机一样，控制计算机的存储器也分为 RAM 和 ROM。由于控制计算机在正常工作时运行的是一套固定的程序，所以 DCS 中大多采用程序固化的办法，故在控制计算机中 ROM 占有较大的比例。有的系统甚至将用户组态的应用程序也固化在 ROM 中，只要加电，控制站就能正常运行，使用更加方便，但修改组态时要复杂一些。

在一些采用冗余 CPU 的系统中，还特别设有双端口随机存储器，其中存放有过程输入输出数据、设定值和 PID 参数等。两块 CPU 板均可对其进行读写，保证了双 CPU 间运行数据的同步。当原先在线主 CPU 板出现故障时，原离线 CPU 板便可立即接替工作，这样对生产过程不会产生任何扰动。

③ 总线　常见的控制计算机总线有 Intel 公司的多总线 MULTIBUS，"EOROCARD"标准的 VME 总线和 STD 总线，前两种总线都是支持多主 CPU 的 16 位/32 位总线，由于 STD 总线是一种 8 位数据总线，使用时会受到限制，因此已经逐渐淡出市场。

近年来，随着 PC 在过程控制领域的广泛应用，PC 总线（ISA、EISA 总线等）在中规模 DCS 的现场控制站中也得到了应用。

④ 输入/输出通道　过程控制计算机的输入/输出通道一般包括模拟量输入/输出（AI/AO）、开关量输入/输出（SI/SO）、数字量输入/输出（DI/DO）及脉冲量输入通道（PI）。

- 模拟量输入/输出通道（AI/AO）　生产过程中的连续性被测变量（如温度、流量、液位、压力、浓度、pH 值等），只要由在线检测仪表将其转变为相应的电信号，均可送入 AI 通道，经过 A/D 转换后，将数字量送给 CPU。而模拟量输出通道一般将计算机输出的数字信号转换为 4～20mA DC（或 1～5V DC）的连续直流信号，用于控制各种执行机构。
- 开关量输入/输出通道（SI/SO）　开关量输入通道主要用来采集各种限位开关、继电器或电磁阀连动触点的开、关状态，并输入至计算机。开关量输出通道主要用于控制电磁阀、继电器、指示灯、声光报警器等只具有开、关两种状态的设备。
- 脉冲输入通道（PI）　许多现场仪表（如涡轮流量计、罗茨式流量计以及一些机械计数装置等）输出的测量信号为脉冲信号，它们必须通过脉冲输入通道才能送入计算机。

2. 操作站

DCS 操作站一般分为操作员站和工程师站两种。其中工程师站主要是技术人员与控制系统的人机接口，或者对应用系统进行监视。工程师站上配有组态软件，为用户提供了一个灵活的、功能齐全的工作平台，通过它来实现用户所要求的各种控制策略。为节省投资，许多系统的工程师站可以用一个操作员站代替。运行在 PC 硬件平台、NT 操作系统下的通用操作站的出现，给 DCS 用户带来了许多方便。由于通用操作站的适用面广，相对生产量大，成本下降，因而可以节省用户的经费。维护费用也比较少。采用通用系统要比各种不同的专用系统更为简单，用户也可减少人员培训的费用。开放性能好，很容易建立生产管理信息系统，更新和升级容易。因此，通用操作站是 DCS 今后的发展方向。

为了实现监视和管理等功能，操作站必须配置有以下设备。

（1）操作台。

操作台用来安装、承载和保护各种计算机和外部设备。目前流行的操作台有桌式操作台、集成式操作台和双屏操作台等，用户可以根据需要选择。

（2）微处理机系统。

DCS 操作站的功能越来越强，这就对操作站的微处理机系统提出了更高的要求。通常 DCS 操作站会采用 32 位或 64 位微处理机。

（3）外部存储设备。

为了更好地完成 DCS 操作站的历史数据存储功能，许多 DCS 的操作站都配有 1～2 个大容量的外部存储设备，有些系统还配备了历史数据记录仪。

（4）图形显示设备。

当前 DCS 的图形显示设备主要是 LCD，有些 DCS 还在使用 CRT。有些 DCS 操作站配备有厂家专用的图形显示器。

（5）操作键盘和鼠标。

① 操作员键盘　操作员键盘一般都采用具有防水、防尘能力，有明确图案或标志的薄膜键盘。这种键盘从键的分配和布置上都充分考虑到操作直观、方便，外表美观，并且在键体内装有电子蜂鸣器，以提示报警信息和操作响应。

② 工程师键盘　工程师键盘一般为常用的击打式键盘，主要用来进行编程和组态。

现代的 DCS 操作站已采用了通用 PC 机系统，因此，无论是操作员还是工程师都在使用通用标准键盘和通用标准鼠标。

（6）打印输出设备。

有些 DCS 操作站配有两台打印机，一台用于打印生产记录报表和报警报表，另一台用于拷贝流程画面。随着激光等非击打式打印机的性能不断提高，其价格也在不断下降，有的 DCS 已经采用这类打印机，以求得清晰、美观的打印质量和降低噪声。

9.1.4　集散控制系统的软件结构

一个计算机系统的软件一般包括系统软件和应用软件两部分。由于集散控制系统采用分布式结构，在其软件体系中既包括了上述两种软件，还增加了诸如通信管理软件、组态生成软件及诊断软件等，DCS 的软件体系如图 9-6 所示，通常可以为用户提供相当丰富的功能软件模块和功能软件包，控制工程师利用 DCS 提供的组态软件，将各种功能软件进行适当的"组装连接"（即组态），生成满足控制系统要求的各种应用软件。

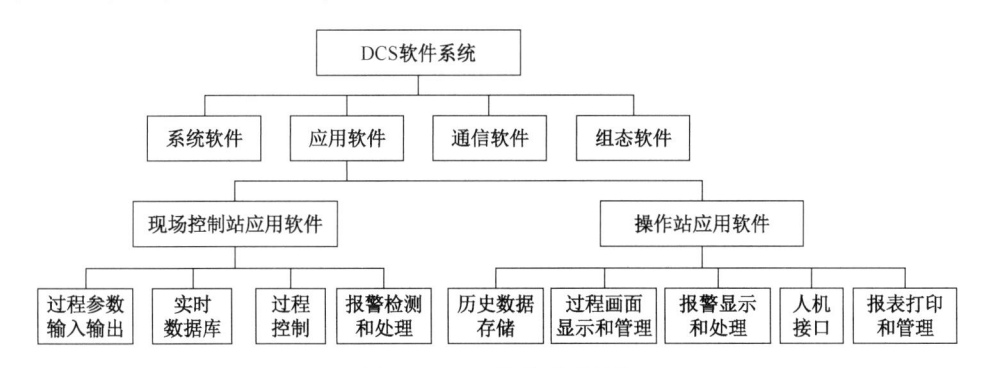

图 9-6　DCS 软件体系结构

1. 现场控制单元的软件系统

如图 9-7 所示，现场控制单元的软件主要包括以实时数据库为中心的数据巡检、控制算法、控制输出和网络通信四个软件模块。

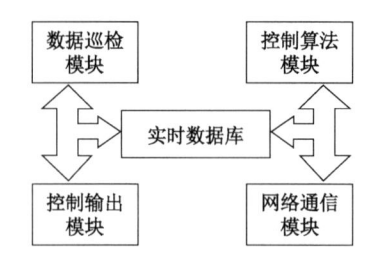

图 9-7　现场控制单元的软件系统

实时数据库是中心环节，数据在这里进行共享，各执行代码都与它交换数据，用来存储现场采集的数据、控制输出及某些计算的中间结果和控制算法结构等方面的信息。数据巡检模块用以实现现场数据、故障信号的采集，并实现必要的数字滤波、单位变换、补偿运算等辅助功能。DCS 的控制功能通过组态生成不同的系统，需要的控制算法模块各不相同，通常会涉及以下一些模块：算术运算模块、逻辑运算模块、PID 控制模块、变型 PID 模块、手/自动切换模块、非线性处理模块、执行器控制模块等。控制输出模块主要实现控制信号故障处理的输出。

2. 操作站的软件系统

DCS 中的操作站用以完成系统的开发、生成、测试和运行等任务，这就需要相应的系统软件支持，这些软件包括操作系统、编程语言及各种工具软件等。一套完善的 DCS 的应用软件在操作站上运行时应能实现如下功能：实时数据库、网络管理、历史数据库管理、图形管理、历史数据趋势管理、数据库详细显示与修改、记录报表生成与打印、人机接口控制、控制回路调节、参数列表、串行通信和各种组态等。

集散控制系统的系统软件是一组支持开发、生成、测试、运行和维护程序的工具软件，它与一般应用对象无关，主要由实时多任务操作系统、面向过程的编程语言和工具软件等部分组成。

DCS 软件一般采用模块化结构，其中，系统的图形显示功能、数据库管理功能、控制运算功能、历史存储功能等都有成熟的软件模块。但不同的应用对象，对这些内容的要求有较大的区别。因此，一般的 DCS 具有一个（或一组）功能很强的软件工具包（即组态软件），该软件具有一个友好的用户界面，使用户在不需要什么代码程序的情况下便可以生成自己需要的应用"程序"。

DCS 的开发过程主要是采用系统组态软件依据控制系统的实际需要生成各类应用软件的过程。DCS 组态是指根据实际生产过程控制的需要，利用 DCS 所提供的硬件和软件资源，预先将这些硬件设备和软件功能模块组织起来，以完成特定的任务。这种设计过程习惯上称作组态或组态设计。从大的方面讲，DCS 的组态功能主要包括硬件组态（又叫配置）和软件组态两个方面。基本配置是给系统一个配置信息，如系统的各种站的个数、它们的索引标志、每个控制站的最大点数、最短执行周期和内存容量等。应用软件的组态则比较丰富，主要包括以下几个方面。

（1）控制回路的组态。

控制回路的组态在本质上就是利用系统提供的各种基本的功能模块来构成各种各样的

实际控制系统。目前各种不同的 DCS 提供的组态方法各不相同，归纳起来有指定运算模块连接方式、判定表方式、步骤记录方式等。指定运算模块连接方式是通过调用各种独立的标准运算模块，用线条连接成多种多样的控制回路，最终自动生成控制软件，这是一种信息流和控制功能都很直观的组态方法。判定表方式是一种纯粹的填表形式，只要按照组态表格的要求，逐项填入内容或回答问题即可，这种方式很利于用户的组态操作。步骤记入方式是一种基于语言指令的编写方式，编程自由度大，各种复杂功能都可通过一些技巧实现，但组态效率较低。另外，由于这种组态方法不够直观，因此往往对组态工程师的技术水平经和组态经验有较高的要求。

（2）实时数据库生成。

实时数据库是 DCS 中最基本的信息资源，这些实时数据由实时数据库存储和管理。在 DCS 中，建立和修改实时数据库记录的方法有多种，常用的方法是用通用数据库工具软件生成数据库文件，系统直接利用这种数据格式进行管理或采用某种方法将生成的数据文件转换为 DCS 所要求的格式。

（3）工业流程画面的生成。

DCS 是一种综合控制系统，它必须具有丰富的控制系统和检测系统的画面显示功能。显然，不同的控制系统，需要显示的画面是不一样的。总的来说，结合总貌、分组、控制回路、流程图、报警等画面，以字符、棒图、曲线等适当的形式表示出各种测控参数、系统状态，是 DCS 组态的一项基本要求。此外，根据需要还可显示各类变量目录画面、操作指导画面、故障诊断画面、工程师维护画面和系统组态画面。

（4）历史数据库的生成。

所有 DCS 都支持历史数据存储和趋势显示功能，历史数据库通常由用户在不需要编程时，通过屏幕编辑编译技术生成一个数据文件，该文件定义了各历史数据记录的结构和范围。历史数据库中的数据一般按组划分，每组内的数据类型、采样时间一样。在生成时对各数据点的有关信息进行定义。

（5）报表生成。

DCS 的操作站的报表打印功能也是通过组态软件中的报表生成部分进行组态的，不同的 DCS 在报表打印功能方面存在较大的差异。一般来说，DCS 支持如下两类报表打印功能：一是周期性报表打印，二是触发性报表打印，用户可根据需要和喜好生成不同的报表形式。

9.1.5 集散控制系统的特点

集散控制系统采用了先进的计算机控制技术和分级分散式的体系结构，与常规控制系统、集中式计算机控制系统相比，它具有很多特点。

1. 适应性和扩展性

集散控制系统在结构上采用了常规控制系统的模块化设计方法，无论是硬件还是软件都可以根据实际应用的需要灵活地加以组合。DCS 采用的是积木化硬件组装式结构，如果要扩大或缩小系统的规模，只需按要求在系统配置中增加或拆除部分单元即可，而系统不会受到任何影响。DCS 还为用户提供了丰富的功能软件，用户只需按要求选用即可，大大减少了用户的开发工作量。对于小规模的生产过程，可以只用一两个过程控制站或数据采集站，配以简单的人机接口装置，即可实现生产过程的直接数字控制。对于大规模的生产过程，可以采用几十个甚至上百个过程控制站、数据采集站及各种实现优化控制任务的高层计算站和运行员操作站、工程师工作站等人机接口设备，组成一个具有管理和控制功能的大型分级计算机控制系统，这一点，集中式计算机控制系统是无法做到的。一个按照小规模生产过程设计的集中式计算机控制系统，由于主机存储容量、运算速度和带外部设备能力等诸多因素的限制，很难把它应用于大规模生产过程中。一个按照大规模生产过程设计的集中式计算机控制系统，如果将其用于小规模的生产过程，则会造成巨大的浪费。模块化设计方法带来的另一个优点是系统的扩展性。集散控制系统可以随着生产过程的不断发展，逐渐扩充系统的硬件和软件，以达到更大的控制范围和更高的控制水平。集散控制系统的可扩展性具有两个明显的特征：一是它的递进性，即在扩充新的控制范围或控制功能时，并不需要摒弃已有的硬件和软件；二是它的整体性，即集散控制系统在扩展时，并不是让新扩充的部分形成一个与原有部分毫无联系的孤岛，而是通过通信网络把它们联系起来，形成一个有机的整体。这两个特征对于现代化的大型工业生产过程来说尤为重要。

2. 控制能力

常规控制系统的控制功能是通过硬件实现的，因而要改变系统的控制功能，就要改变硬件本身，或者改变硬件之间的连接关系。在集散控制系统中，控制功能主要是由软件实现的，因此它具有高度的灵活性和完善的控制能力。它不仅能够实现常规控制系统的各种控制功能，而且还能完成各种复杂的优化控制算法和各种逻辑推理及逻辑判断。它不但保持了数字控制系统的全部优点，而且还解决了集中式计算机控制系统由于功能过于集中所造成的可靠性太低的问题。它的控制能力是常规控制系统不可比拟的。

3. 人机联系手段

集散控制系统具有比常规控制系统更先进的人机联系手段，其中最重要的一点，就是采用了 CRT 图形显示和键盘操作。人机联系按照信息的流向分为"人—过程"联系和"过程—人"联系。在常规控制系统中，"人—过程"联系是通过各种操作器、定值器、开关和按钮等设备实现的，运行人员可以通过这些设备调整和控制生产过程；"过程—人"联系是通过各种显示仪表、记录仪表、报警装置、信号灯等设备实现的，运行人员可以通过它们了解生产过程的运行情况。这些传统的人机联系设备都是安装在控制盘或控制台上的，当生产过程的规模比较大、复杂程度比较高时，这些设备的数量就会迅速增加，甚至达到令人无法应付的程度。一台 600MW 的发电机组，如果采用常规控制系统，其控制盘的长度竟能达到 10m 以上。在如此庞大的监视和操作面中，想要迅速、准确地找到需要监视和操作的对象是比较困难的，也容易出错。这种情况反映了常规控制系统的人机联系手段的双向分散这一弱点。

在集散控制系统中，由于采用了 CRT 显示和键盘操作技术，人机联系手段得到了根本的改善。"过程—人"的信息直接显示在 CRT 屏幕，运行人员可以随时调取他关心的显示画面来了解生产过程中的情况，同时，运行人员还可以通过键盘输入各种操作命令，对生产过程进行干预。由此可见，在集散控制系统中所有的过程信息都被"浓缩"在 CRT 屏幕上，所有的操作过程也都"集中"在键盘上。因此，集散控制系统的人机联系手段是双向集中的。除上述特点之外，集散控制系统还具有人机联系一致性比较好的特点，键盘操作可以使许多操作过程得到统一，而遵循统一的操作规律是防止误操作的有力措施。

4. 可靠性

可靠性是 DCS 发展的生命，要保证 DCS 的高可靠性主要有三种措施：一是广泛应用高可靠性的硬件设备和生产工艺；二是广泛采用冗余技术；三是在软件设计上广泛实现系统的容错技术、故障自诊断技术和自动处理技术等。当今，大多数集散控制系统的平均无故障工作时间（Mean Time Between Failure，MTBF）可达几万甚至几十万小时。DCS 的高可靠性体现在系统结构、冗余技术、自诊断功能、抗干扰措施和高性能的部件。

（1）集散控制系统比以往任何一种控制系统的可靠性都要高，主要是由于系统采用了模块化结构，每个过程控制站仅控制少数控制回路，个别回路或单元故障不会影响全局，而且元器件的高度集成化和严格的筛选也有效地保证了控制系统的可靠性。

（2）集散控制系统广泛采用各种冗余技术，如电源、通信系统、过程控制站等都采用了冗余技术。尽管常规控制系统也可以采用某种冗余措施，但由于某故障判断和系统都不易处理，所以常规控制系统的冗余往往只限于变送器或操作器。集散控制系统由于采用了计算机控制技术，因此上述问题很容易得到解决。

（3）集散控制系统采用软件模块组态方法形成各种控制方案，取消了常规控制系统中各种模块之间的连接导线，因此，大大地减少了由连接导线和连接端子所造成的故障。

5. 可维修性

常规控制系统的可维修性和稳定性较差，又缺少必要的诊断功能，所以维修工作十分困难。集中式计算机控制系统的可维修性比常规控制系统要好一些，但由于它有一个庞大的、相互关联十分密切的系统，所以也要求维修人员具有较高的技术水平。集散控制系统的可维修性明显优于上述两类系统，它采用少数几种统一设计的标准模，每一种模件包含的硬件也比较简单。因为整个系统的控制功能不是由一台计算机包揽，而是由许多微处理机分别完成的，每台微处理机只担负着少量的控制任务，因此对它的要求并不是很高。另外，集散控制系统采用了比较完善的在线故障诊断技术，大多数系统的故障诊断定位准确度都可以达到模件级。通过各种人机接口设备，运行员或工程师能够迅速发现系统设备故障的性质和地点，并且可以在不中断被控过程的情况下更换故障模件。

6. 安装费用

控制系统的安装费用主要包括电缆、导线的安装敷设费用和控制室、电子设备室的建筑费用。常规控制系统的安装费用比较高，这是因为由变送器、传感器和执行器到控制系统机柜之间需要很长的电缆，各种模块之间也要通过导线的连接组成不同的控制方案。另外，各种机柜和控制盘、控制台也要占用大量的建筑空间。在集散控制系统中，控制方案的实现主要靠软件功能块的连接，因此大大地减少了模件之间的接线。过程控制站可以采用地理分散的方式安装在被控过程的附近，这样就大大地减少了变送器、传感器和执行器与控制系统之间的连接电缆，不仅节省了导线、电缆的安装敷设费用，而且减少了控制系统在中央控制室所占用的空间。集散控制系统的安装工作量仅为常规控制系统的 30%～50%，而控制室建筑面积仅为常规控制系统的 60%左右。采用集散控制系所取得的经济效益是十分显著的。由于集散控制系统具有以上特点，所以它代表了当前计算机控制系统发展的主流和方向。目前，国外新建工厂和老厂改造几乎毫无例外地采用了集散控制系统，我国近期由国外引进的系统大多也采用集散控制系统。随着集散控制系统在研究、制造、推广和应用等方面的不断深入发展,它必将在工厂热工过程自动化中发挥更大的作用。

9.1.6 DCS 中的先进控制技术

DCS 在控制上的最大特点是依靠各种控制、运算模块的灵活组态,可实现多样化的控制策略以满足不同情况下的需要,使得单元组合仪表实现起来相当烦琐与复杂的命题变得简单。随着企业提出的高柔性、高效益的要求,以经典控制理论为基础的控制方案已经不能适应,在以多变量预测控制为代表的先进控制策略的提出和成功应用之后,先进过程控制受到了过程工业界的普遍关注。需要强调的是,广泛应用各种先进控制与优化技术是挖掘并提升 DCS 综合性能最有效、最直接,也是最具价值的发展方向。

在实际过程控制系统中,基于 PID 控制技术的系统占 80%以上,PID 回路在实现装置平稳、高效、优质运行中起到了举足轻重的作用。各 DCS 厂商都以此作为抢占市场的有力竞争砝码,开发出各自的 PID 自整定软件。另外,根据 DCS 的控制功能,在基本的 PID 算法基础上,可以开发各种改进算法,以满足实际工业控制现场的各种需要,诸如带死区的 PID 控制、积分分离的 PID 控制、微分先行的 PID 控制、不完全微分的 PID 控制、具有逻辑选择功能的 PID 控制等。

与传统的 PID 控制算法不同,基于非参数模型的预测控制算法是通过预测模型预估系统的未来输出状态,采用滚动优化策略计算当前控制器的输出的。根据实施方案的不同,有各种算法,如内模控制、模型算法控制、动态矩阵控制等。目前,实用预测控制算法已引入 DCS,如 IDCOM 控制算法软件包已广泛应用于加氢裂化、催化裂化、常压蒸馏、石脑油催化重整等实际工业过程。此外,还有霍尼韦尔国际公司的 HPC,横河电机(中国)有限公司的 PREDICTROL,霍尼韦尔国际公司在 TDC-3000LCN 系统中开发的基于卡尔曼滤波器的预测控制器,等等。这类预测控制器不是单纯把卡尔曼滤波器置于以往预测控制之前进行噪声滤波,而是把卡尔曼滤波器作为最优状态推测器,同时进行最优状态推测和噪声滤波。

先进控制算法还有很多。目前,国内、外许多控制软件公司和 DCS 厂商都在竞相开发先进控制和优化控制的工程软件包,希望在组态软件中嵌入先进控制和优化控制策略。

9.1.7 集散控制系统的发展及趋势

在过去二十几年中,集散控制系统已经经历了四代变迁,系统功能不断完善,可靠性不断提高,开放性不断增强。集散控制系统的发展主要体现在以下几个方面。

1. 集散控制系统的体系结构

传统的集散控制系统采用水平分散式或层次分散式的系统结构,其基本思想是通过功能分散来实现危险分散,提高系统的可靠性。最近的研究焦点集中在自律分散上,并提出了自律分散系统的定义,阐述了自律可控性和自律可协调性的概念。自律可控性是指任何一个子系统故障时,其余子系统的控制器可随意控制系统的各个状态变量。自律可协调性是指任何一个子系统故障时,其余子系统的控制器可协调各控制器彼此不同的控制目标。满足以上两点的系统即为自律分散系统。自律分散系统在发生局部故障时,其余子系统的功能并不下降。而传统的层次分散系统中,上位子系统故障时,下位子系统之间不能协调。但因下位子系统保存着局部信息,可进行局部控制,即具有自律可控性,但不具备自律可

协调性。传统水平分散系统中的部分系统不工作时，残留的子系统间可进行协调。但因不工作的子系统丧失了功能，不能与其余子系统进行信息交换，其余子系统也不能对其进行控制，故具有自律可协调性，不具备自律可控性。集中式系统因只有一个控制器，因此既无自律可控性，也无自律可协调性。

2. 集散控制系统的网络结构

传统的集散控制系统多采用制造商自行开发的专用计算机网络。网络的覆盖范围上至用户的厂级管理信息系统，下至过程控制站的 I/O 子系统。随着网络技术的不断发展，集散控制系统的上层将与国际互联网 Internet 融合在一起，而下层将采用现场总线通信技术，使通信网络延伸到现场，最终实现以现场总线为基础的底层网 Infranet、以局域网为基础的企业网 Intranet 和以广域网为基础的互联网 Internet 所构成的三网融合的网络架构。三网融合促进了现场信息、企业信息和市场信息的融合、交流与互动，使基自动化、管理自动化和决策自动化有机地结合在一起，实现了三者的无缝集成（Seamless Integration）。它可以更好地实现企业的优化运行和最佳调度，并且能在更大的范围内支持企业的正确决策，给企业创造更多的经济效益。

3. EIC 综合技术

在以往的过程控制系统中，电气控制装置 E（Electric）、仪表控制装置 I（Instrument）和计算机控制装置 C（Computer）是作为彼此独立的系统，进行分别设计和安装的。目前，这种情况已不再适应当今技术发展的需要了。采用 EIC 综合技术把电气控制、仪表控制和计算机控制等功能统一由集散控制系统完成是今后的发展方向。这就要求集散控制系统具有能同时实现这些控制所需要的软、硬件资源，并要有符合这些系统惯例的编程组态方法。要在微处理机一级采用并行处理技术，在系统级提高信息吞吐能力，还要求控制系统可支持各种面向控制问题的语言（Problem Oriented Language，POL），如用于电机控制系统的阶梯图语言、实现多品种过程管理控制（Master Sequence Controller，MSCR）的语言等。采用 EIC 综合技术的集散控制系统可在过程控制站内实现某个子系统需要的全部电机、仪表及计算机控制功能，如电机的连锁控制及保护、阀门监视及故障诊断等。

4. 人机接口技术

工业图形显示系统（Industrial GraphicDisplay System，IGS）是最常用的人机接口设备之一。IGS 目前正向着高速度、高密度、多画面、多窗口和大屏幕的方向发展，它的硬件趋向于采用专用器件，以达到更高的响应速度，如采用 CRT 专用的 32 位精简指令集计算机（Reduced Instruction Set Computer，RISC）、采用多处理器并行处理或设置专用积压画面存储器等，使 IGS 响应速度达到以前的两倍。以往工业生产过程中专用的工业电视、音响报警等设备将逐渐消失，运行人员在操作站上不但能了解生产过程中的实时数据，而且还能看到现场设备的运行情况，听到现场设备的运行声音，得到运行支援系统的语音提示。

5. 标准化、通用化技术

集散控制系统的另一个重要的发展方向是大量采用标准化和通用化技术。集散控制系统中的硬件平台、软件平台、组态方式、通信协议、数据库等各方面都将采用标准化和通用化技术。例如，现在许多集散控制系统的厂家都推出了基于 PC 机和 Windows 98、Windows 2000、Windows XP 和 Windows NT 平台的运行员操作站，这不仅降低了系统造价，提供了更完善的系统功能,而且便于运行人员学习和掌握使用方法。另外,许多系统都采用了(OLE for Process Control,OPC)技术,使得各种不同厂家的产品能十分方便地交换信息,其他,如组态方法,不少厂家都在向国际电工委员会发布的 IEC1131-3 标准靠拢,使用户不必再花费很多精力去学习各种不同集散控制系统的组态方法。标准化、通用化技术的全面使用可以赋予用户更大的系统集成自主权,用户可根据实际需要选择不同厂商的设备连同软件资源一并连入控制系统,达到最佳的系统集成,这将会大大提高集散控制系统的开放程度,显著地减少系统的制造、开发、调试和维护成本,为用户提供更广阔的选择空间,同时也为集散控制系统开辟更广泛的应用前景。

6. 智能化

DCS 系统在提高工业控制的自动化水平的同时,也在随着科学技术的不断发展,特别是数据通信技术的发展,不断提高其智能化水平,各种人工智能功能也会逐渐实现,如 DCS 系统的自学习控制功能、远距离诊断功能等。目前,某些集散控制系统已经能够提供人工智能技术开发平台,或者通过第三方软件公司提供专家系统外壳、模糊控制外壳和神经网络外壳。有很多人工智能设备已经在 DCS 系统中得到应用,如 PID 控制器、传感器、变送器及执行器等。仪表技术向数字化、智能化、网络化方向发展,工业控制设备的智能化、网络化发展,可以促使过程控制的功能进一步分散下移,实现真正意义上的全数字、全分散控制。另外,由于这些智能仪表的精度高、重复性好、可靠性高,并具备双向通信和自诊断功能等特点,致使系统的安装、使用和维护工作更为方便。未来的集散控制系统中,将逐渐采用人工智能研究成果。

9.1.8 DCS 技术的优点与缺点

DCS 技术的优势较多,主要体现在以下 4 个方面。

(1)DCS 技术能对多个被控过程进行运行控制,可有效降低设备运行时的故障率。DCS 技术使控制功能较为分散,因此更能够明确各自的控制工作。另外,DCS 技术还可提高 DPU(分散处理单元)设备的逻辑控制能力,以此来表明 DCS 技术的高可靠性。

(2)DCS 技术能在各种设备及系统中应用,能实现各系统间的信息交互,并且还能满足各个运行系统扩容的要求,在提高系统运行稳定性和扩展性中的作用重大。

(3)DCS 技术对用户行业的理解决定了其方案的适用性。这一情况使得 DCS 供应商提供的产品更适合某些行业,而不是所有行业,因此供应商通常会有一个或数个较强的行业,但同时在一些行业里较难有突破。

(4)DCS 技术具有分散性,各 DPU 控制任务较为单一,如果 DCS 系统某个节点出现问题,操作者能快速找出问题所在,并及时进行维护,将故障有效排除,这将有利于保证 DCS 控制系统的稳定运行。

尽管 DCS 技术存在较多优势,但也有一些不足,具体表现在两个方面。

(1)工业现场使用的阀门、变送器及各类仪表大部分是模拟仪表,以模拟量操作为主,由于不具备数字信息传输功能,因此在进行计算机网络管理时,有可能会出现问题,从而严重影响整个网络管理的合理性。

(2)通常不同厂家生产的 DCS 系统运行模式、组态软件、运行参数都有很大差异,如果不能有效解决这一问题,有可能会导致全厂 DCS 系统无法组网或应用受限。且 DCS 系统开放性有限，在进行数据信息交互转换时，需要通过其他仪器设备进行，如此一来，将增加 DCS 系统的运行成本，影响 DCS 系统的发展。

总之，DCS 的出现是工业控制的一个里程碑，它在 30 多年的应用发展中取得了辉煌的成绩。目前，DCS 已逐渐进入稳定成熟期。然而，"信息孤岛"这一缺点在很大程度上还制约着 DCS 的应用和发展，由于 DCS 厂家品牌多，通信技术复杂，互联兼容性差，安装调试和服务成本高，在自动控制领域孕育了下一代网络化控制系统。20 世纪 80 年代，一种新型的计算机控制系统——现场总线控制系统登上了工业自动化的历史舞台。

9.2 现场总线控制系统

现场总线是顺应智能现场仪表而发展起来的一种开放型的数字通信技术，其发展初衷是用数字通信代替一对一的 I/O 连接方式，把数字通信网络延伸到工业过程现场。根据 IEC 和美国仪表协会 ISA 的定义，现场总线是连接智能现场设备和自动化系统的数字式、双向传输、多分支结构的通信网络，它的关键标志是能支持双向、多节点、总线式的全数字通信。

随着现场总线技术与智能仪表管控一体化（仪表调校、控制组态、诊断、报警、记录）的发展，这种开放型的工厂底层控制网络构造了新一代的网络集成式全分布计算机控制系统，即现场总线控制系统（Field Control System，FCS）。FCS 作为新一代控制系统，采用了开放式、标准化的通信技术，突破了 DCS 采用专用通信网络的局限，同时还进一步变革了 DCS 中集散的系统结构，形成了全分布式系统架构，把控制功能彻底下放到现场。所以，现场总线实现了现场底层设备之间及现场设备与外界的信息交换，它彻底地解决了 DCS 的"信息孤岛"这一难题，优越于 DCS，因此 FCS 取代 DCS 的过程控制层，即最底层通信网络是必然的趋势。

9.2.1 现场总线控制系统概述

生产过程控制在经历了自动控制、集中控制与分散控制之后，随着控制技术、计算机技术、通信技术及网络技术的快速发展，20 世纪 80 年代出现的基于现场总线的控制系统在近几年内日趋完善。现场总线技术自推广以来，已经在全世界范围内应用于冶金、汽车制造、石油化工等许多领域。在"互联网+"的时代背景下，现场总线技术以其开放性、数字化、双向传输、多站通信等独特优势脱颖而出，在集成电路、工业控制、仪器仪表、测试检测、通信互联等领域得到了极为广泛的应用，成为了工业种类控制系统实现智能化、网络化、分散化的重要技术支撑。自动控制领域和仪器仪表领域更是由于现场总线技术的出现而发生了革命性的变化。现场总线技术实现了控制功能的底层化，优化了传统的工业控制系统原理和结构，在各工业领域起到了不可替代的作用。

现场总线技术以其高速、可靠、布线简单、费用低廉等优点得到了越来越广泛的应用，特别是在制造业自动化、过程控制自动化、电力、楼宇、铁路交通等方面。现场总线技术将专用微处理器置入传统的测量控制仪表，使它们各自具有了数字计算和数字通讯能力，采用可进行简单连接的双绞线等作为总线，把多个测量控制仪表连接成网络系统，并按公开、规范的通信协议，在位于现场的多个微机化测量控制设备之间及现场仪表与远程监控计算机之间实现数据传输与信息交换，形成各种适应实际需要的自动控制系统。现场总线控制系统的出现，将会给自动化领域带来又一次革命，其深度和广度将超过过去任何一次，从而开创自动化的新纪元。

现场总线控制系统是控制技术、仪表工业技术和计算机网络技术三者的结合，具有现场通信网络、现场设备互连、互操作性、分散的功能块、通信线供电和开放式互连网络等技术特点。这些特点不仅保证了它完全可以适应工业界对数字通信和自动控制的需求，而且使它与 Internet 互连构成不同层次的复杂网络成为可能，这些特点也代表了今后工业控制体系结构发展的一种方向。现场总线控制凭借其开放性、双向传输性、数字化等优势，在过程控制中获得了很好的应用成效，为过程控制的智能化、网络化及分散化发展提供了最基础的技术支持。过程控制中的总线控制应用实现了计算机技术、通信技术及控制技术的有效结合，形成了比较完善的控制模式，有效提高了控制效果，推动了各行各业的快速发展和经济进步。

现场总线控制通过数字信号的传输，使得一条通信线缆上能够通过技术手段实现多个现场设备的互连，不再需要通过 A/D、D/A 等 I/O 组件完成现场控制，只需要通过使用相应的工艺对现场控制的设备进行添加，并把现场仪表按照就近原则与原来的通信线缆进行连接即可，不需要另外添加组件，简单方便。

总之，现场总线就是把控制系统最基础的现场设备变成网络节点连接起来，实现自下而上的全数字化通信，可以认为是通信总线在现场设备中的延伸，把企业信息沟通的覆盖范围延伸到了工业现场，FCS 的关键要素有三点。

（1）FCS 的核心是总线协议，即总线标准。采用双绞线、光缆或无线电方式传输数字信号，减少大量导线，提高了可靠性和抗干扰能力。FCS 从传感器、变送器到调节器一直是数字信号，这就使得我们可以很容易地处理更复杂、更精确的信号，同时数字通信的纠错功能可检出传输中的误码。接在该通信网络上的设备（即网络节点）之间的通信是双向的，这使得现场信号到控制系统由传统的多点单向多线并行传输变为多点双向一线串行传输，从而大大减少了现场接线电缆，降低了电缆材料成本和配线成本。当然，实现双向信号传输还需要现场设备是智能型的。

（2）FCS 的基础是数字智能现场装置控制功能下放到现场仪表中，控制室内仪表装置主要完成数据处理、监督控制、优化控制、协调控制和管理自动化等功能。接在现场总线上的设备之间只要遵从相同的通信协议，不管它们是否出自同一供货商，都可以直接通过现场总线交换信息。现场总线将控制功能及故障诊断功能分散到各个智能型现场设备中，因而，不再依赖常规控制系统或 DCS 进行集中控制。

（3）FCS 系统的本质是信息处理现场化，对于一个控制系统，无论是采用 DCS 还是采用现场总线，系统需要处理的信息量是一样多的。实际上，采用现场总线后，可以从现场得到更多的信息。现场总线系统的信息量不仅没有减少，反而增加了，而传输信息的线缆却大大减少了。这就要求一方面要大大提高线缆传输信息的能力，另一方面要让大量信息在现场就地完成处理，减少现场与控制机房之间的信息往返。而且现场总线的供电特性及本质安全特性决定了现场总线除了传输信息，还可以为现场仪表设备供电，并且可用于易燃、易爆环境中。这些优势对于 DCS 来说是无法比拟的。

9.2.2 现场总线控制系统构成

现场总线控制系统由于采用了智能现场设备，把控制功能直接置于现场设备中，各输入输出模块置入现场设备，从而使现场设备具有了通信能力，现场的测量变送仪表可以与阀门等执行机构直接传送信号，实现彻底的分散控制。采用数字信号替代模拟信号，因而可实现一对电线上传输多个信号（包括多个运行参数值、多个设备状态、故障信息），同时为多个设备提供电源，且在现场设备外不再需要 A/D 或 D/A 转换部件。

FCS 具有多种结构形式，归纳起来主要有以下两种方式：

（1）由现场设备和操作站所构成的结构形式。
（2）由现场设备、控制站和操作站所构成的结构形式。

由现场设备和操作站所构成的结构形式如图 9-8 所示。

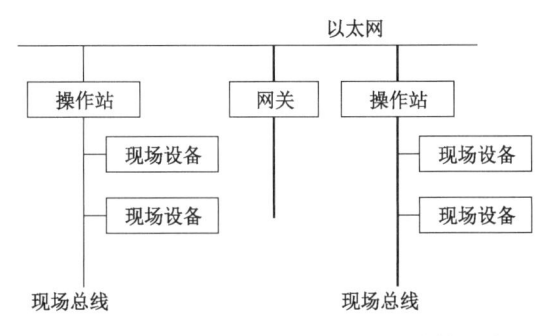

图 9-8 现场设备和操作站所构成的结构形式

该结构形式的 FCS 没有专门的控制站，所有控制功能及故障诊断功能都分散在智能型现场设备中进行；操作站通过插在机箱内的现场总线接口模块与现场智能型设备进行通信，操作人员在操作站上对现场设备进行操作和监视。

将挂接在总线上并作为网络节点的智能设备连接在一起，构成工作站—现场总线智能仪表（设备）两层结构的控制系统，如图 9-9 所示。

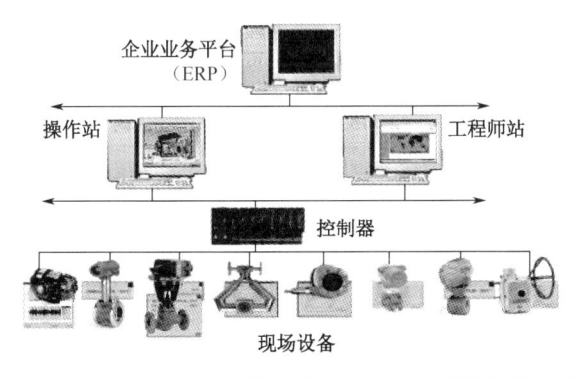

图 9-9 工作站—现场总线智能仪表（设备）两层结构的控制系统

现场总线控制系统是应用在现场层的一种全新的分布式控制系统，除了控制单元，还包括人机接口/终端、执行器、传感器和各种复杂的驱动系统，此外智能传感器测量转换器、驱动系统和控制设备的使用正在逐渐增加。由于不同的自动化层对通信系统的要求大不相同，因此使用按照层划分的不同层的子系统的组合要比使用单个通用总线更适合。根据不同的自动化层的要求，使用了不同的通信系统，如图 9-10 所示。

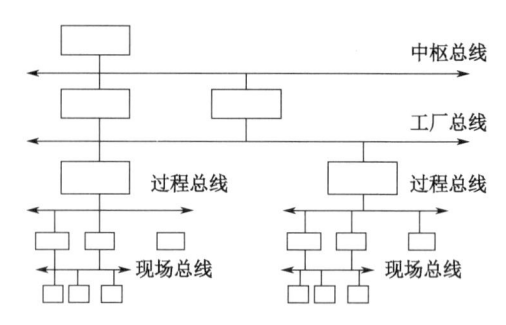

图 9-10 现场总线控制通信系统

现场层实现了生产过程现场设备装置之间的互联互通，并使生产过程的控制与更高的管理层紧密连接在一起。现场总线控制系统中的输入输出节点虽然有许多不同的类型，但在应用中最常用的是 24V DC 的 2 线、3 线传感器或机械触点，适合直接安装在现场。另一个节点是端子式节点，独立的输入/输出端子块安装在 DIN 导轨上，并连接着一个总线耦合器，该总线直流耦合器是连接总线的网关。这种类型的节点是开放式的结构，其防护等级为 IP20，必须安装在机箱中。端子式输入/输出系统包括许多种开关量与模拟量输入/输出模块，以及串行通讯、高速计数与监控模块。端子式输入/输出系统可以独立使用也可以结合使用。而节点地址连接一个辅助电源，该电源用于驱动电磁阀和其他的电器设备。通过将辅助电源与总线电源分开可以极大地降低总线信号中的干扰。另外，大部分总线节点可以诊断出电器设备中的短路状态并报告给主控器，即使发生短路也不会影响整个系统的通讯。普通传感器等现场装置可以通过将输入输出模块连接到现场总线系统工程中，也可以单独装入总线通讯接口，连接到总线系统中。采用现场总线的最大优点是提高了现场级的设备诊断、配置功能及网络的管理和维护。

现场总线控制系统由测量系统、控制系统、管理系统、通信网络等部分组成，而通信部分的硬件与软件是它最有特色的部分。它的软件是系统的重要组成部分，控制系统的软件有组态软件、维护软件、仿真软件、设备软件和监控软件等。首先，选择开发组态软件、控制操作人机接口软件，通过组态软件完成功能块之间的连接，并选定功能块参数进行网络组态。其次，在网络运行过程中对系统实时采集数据、进行数据处理、计算。最后，优化控制及逻辑控制报警、监视、显示、报表等。

现场总线的测量系统：

其特点为多变量高性能的测量，使测量仪表具有计算能力等更多功能，由于采用数字信号，因而具有分辨率高、准确性高、抗干扰和抗畸变能力强等特点，同时还具有仪表设备的状态信息，可以对处理过程进行调整。

设备管理系统：

可以提供设备自身及过程的诊断信息、管理信息、设备运行状态信息（包括智能仪表）、厂商提供的设备制造信息。例如 Fisher-Rousemount 公司，推出 AMS 管理系统，它安装在主计算机内，由它完成管理功能，可以构成一个现场设备的综合管理系统信息库，在此基础上实现设备的可靠性分析和预测性维护，将被动的管理模式变为预测性的管理维护模式。AMS 软件是以现场服务器为平台的 T 型结构，在现场服务器上支撑模块化、功能丰富的应用软件为用户提供一个图形化界面。

总线系统计算机服务模式：

客户机/服务器模式是较为流行的网络计算机服务模式。服务器表示数据源（提供者），应用客户机则表示数据使用者，它从数据源获取数据，并进一步进行处理。客户机运行在 PC 机或工作站上。服务器运行在小型机或大型机上，它使用双方的智能、资源、数据来完成任务。

数据库：

它能有组织地、动态地存储大量有关数据与应用程序，实现数据的充分共享、交叉访问，具有高度的独立性。工业设备在运行过程中的参数连续变化，数据量大，操作与控制的实时性要求很高。因此就形成了一个可以互访操作的分布关系及实时性的数据库系统，市面上成熟的供选用的有关系数据库中的 Oracle、Sybase、Informix、SQL Server；实时数据库中的 Infoplus、PI、OnSpec 等。

网络系统的硬件与软件：

网络系统硬件有系统管理主机、服务器、网关、协议变换器、集线器，用户计算机及底层智能化仪表。网络系统软件有网络操作软件，如：NetWare，LAN Manager，Vines，服务器操作软件如 Linux，OS/2，Windows NT。应用软件数据库、通信协议、网络管理协议等。

现场总线技术顺应了当今自动控制技术发展的"智能化、数字化、信息化、网络化、分散化"的主流，使传统的控制系统无论在结构上还是在性能上都出现了巨大的飞跃，是未来微灌应用自动控制技术发展的方向。但是现场总线控制系统目前还处在发展过程中，现场总线控制的技术标准、现场总线仪表和控制设备的智能化等方面还不是十分完善，进入市场的成熟的智能化现场设备和仪表还不是很多，且与常规设备相比价格仍然较贵，因此目前在微灌领域的应用还处于初始阶段。

9.2.3 现场总线的通信协议和标准化

如图 9-11 所示，给出了现场总线相应的物理结构。与开放系统互连参考模型（Open System Interconnect，OSI）相比，现场总线的物理结构只涉及物理层、数据链路层和应用层，并且每个协议层各自完成功能，在这些层之间报文被解析。

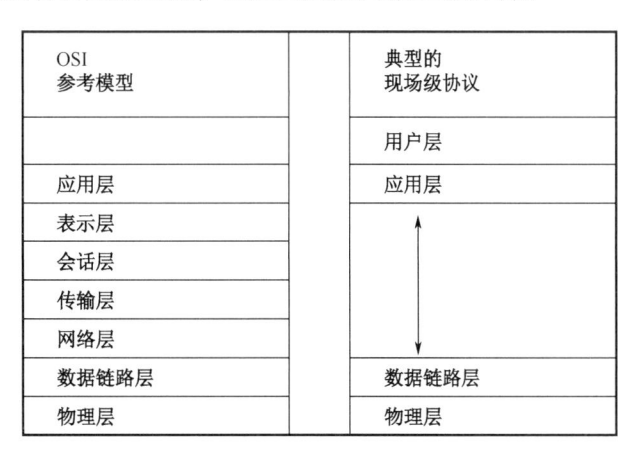

OSI 参考模型	典型的现场级协议
	用户层
应用层	应用层
表示层	
会话层	
传输层	
网络层	
数据链路层	数据链路层
物理层	物理层

图 9-11 现场总线通信协议的物理结构

在数据链路实体中，建立、维护和拆除相应的物理连接、确保数据的完整性是数据链路层的主要功能，何时与谁进行相应的对话等也是通过数据链路层来决定的，并且数据链路层不负责解释传输的数据，只负责传递物理层和上一层之间的数据。应用层通常分为两个子层，其中一个为用户层提供服务，另一个与数据链路层进行连接，其功能主要表现为：对现场总线的命令、响应、数据及事件信息等进行控制。在应用层之上就是用户层，通常情况下，用户层通常是一些数据和信息查询软件等，通过用户层将通信命令传送到应用层。

现场总线技术至今尚未形成完整统一的国际标准，目前已开发出了几十种现场总线，到目前为止，工业现场广泛应用的现场总线技术包括 FF 基金会现场总线、CAN 总线、Lonworks 协议、DeviceNet 协议、PROFIBUS 总线标准、HART 总线和 WorldFIP 等，它们各有各的优势，分别在不同的行业中受到关注。

1. 基金会现场总线

按照基金会总线组织的定义，FF 总线是一种全数字、串行、双向传输的通信系统，是一种能连接现场各种现场仪表的信号传输系统，其最根本的特点是专门针对工业过程自动化而开发的，在满足要求苛刻的使用环境、本质安全、总线供电等方面都有完善的措施。为此，有人称 FF 总线为专门为过程控制设计的现场总线，在过程自动化领域应用较为广泛，具有较好的发展前景。

FF 总线网络通过商用交换机或路由器就可以连接到 Internet 上，只要拥有相应的客户端软件和相应的权限，用户在任何地方都可以通过 Internet 对生产过程进行远程系统组态、调试和故障诊断。FF 总线采用单点型、总线型、树型和菊花链型四种结构，其中总线型采用主干电缆再分出多根分支电缆，每根分支电缆上接一台现场设备；树型是在主干电缆上，由一个端点分出多个分支；菊花链型只有主干电缆，即现场设备都接在主干电缆上。在实际应用中这四种结构可混合使用，如图 9-12 所示。

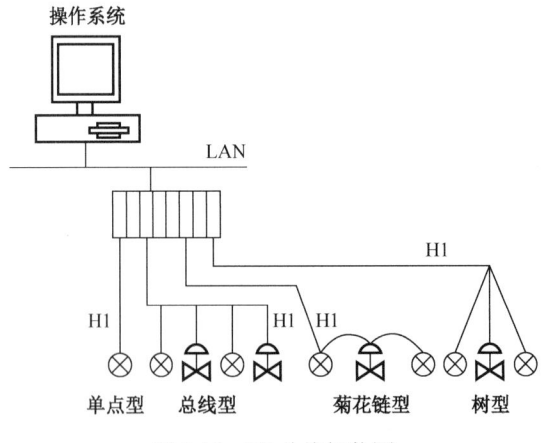

图 9-12 FF 总线拓扑图

2. PROFIBUS 现场总线

PROFIBUS 共包括 PROFIBUS-FMS、PROFIBUS-DP 和 PROFIBUS-PA 三个兼容系列，是一个完整的标准体系，来自于欧洲和德国的现场总线标准。FMS 定义了物理层、数据链路层、应用层和用户接口，物理层提供了光纤和 RS485 两种传输技术。DP 定义了物理层、数据链路层和用户接口，其中的物理层和数据链路层与 FMS 中的定义完全相同，二者采用了相同的传输技术和统一的总线控制协议（报文格式）。PA 主要应用于过程控制领域，相当于 FF 的 H1 总线，它可支持总线供电和本质安全，当使用分段耦合器时，PA 装置能很方便地连接到 DP 网络上。

PROFIBUS 现场总线是世界上应用最广泛的现场总线技术之一，既适合于自动化系统与现场 I/O 单元的通信，也可用于直接连接带有接口的各种现场仪表及设备。PROFIBUS 现场总线具有传输方式多样、传输速率高、传输距离远、多站点通信等优点。DP 和 PA 的完美结合使得 PROFIBUS 现场总线在结构和性能上优越于其它现场总线。

图 9-13 为 PROFIBUS-DP 现场总线应用网络结构。

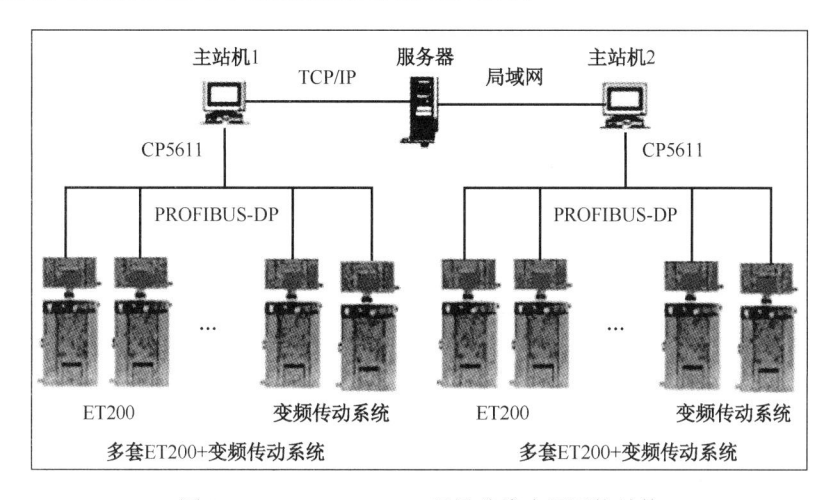

图 9-13　PROFIBUS-DP 现场总线应用网络结构

3. CAN 总线

CAN（Controller Area Network）总线又被称为控制器局域网，是 ISO 国际标准之一，主要应用于离散控制领域。CAN 总线技术具有抗干扰、速度快、扩展性强的优点。CAN 总线支持点对点、一点对多点及广播模式通信等，并且借助优先级设定其节点，在一定程度上各节点可以随时发送信息。在汽车内部测量，以及执行部件之间的数据通信协议中，CAN 总线技术应用最早。

如图 9-14 所示，给出了相应的 CAN 总线网络拓扑结构。根据 ISO 11898 的相关规定，在信息传输媒介方面，CAN 总线采用双铰线，在网络终端阻抗方面，CAN 总线取 120Ω±12Ω。传输速率通常情况下决定着最大直接通信距离，比较典型的值为：40m 时 1Mbps；1000m 时 50kbps。

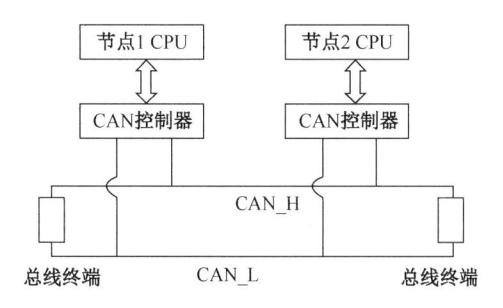

图 9-14　CAN 总线网络拓扑结构

CAN 总线采用非破坏性总线仲裁技术，对媒体按照节点信息的优先级依次进行访问，在一定程度上满足了实时控制的需要。信息帧传输过程中为短帧结构，其优点是传输时间短，具有较强的抗干扰能力。

4. LonWorks 协议

该协议是 echelon、东芝公司、摩托罗拉等公司推出的面向对象的协议，其传输速度快、距离远，主要应用于智能监控、智能家居、楼宇自动化、工业过程控制等领域。具备通信和控制功能的 Neuron 芯片是 LonWorks 技术的核心。完整的 LonWorks 的 LonTalk 通信协议是通过 Neuron 芯片来实现的。

5. DeviceNet 协议

该协议是在 CAN 总线技术的基础上发展而来的，它是一种开放的网络互联标准，为不同的设备互联提供了极大的方便。

6. HART 协议

HART（Highway Addressable Remote Transducer）协议的主要贡献是为模拟系统向数字系统的转变提供了最新的思路，该总线技术支持采取多点广播和点对点主从应答等方式进行通信。该协议的功能是在现场智能仪表和控制室设备之间进行相应的通信，在现有模拟信号传输线上实现数字信号通信是 HART 协议的特点。

此外，全球工业领域应用较广的现场总线技术还有 CC-Link、WorldFIP、P-NET、ControlNet、INTERBUS、LonWorks、SwiftNet 等。

归纳起来，P-NET 和 SwiftNet 是用于有限领域的专用现场总线，ControlNet、PROFIBUS、WorldFIP 和 INTERBUS 是由 PLC 为基础的控制系统发展起来的现场总线；在楼宇自控领域，LonWorks 和 CAN 总线具有一定的优势；在过程自动化领域，过渡型的 HART 协议也将是近期内智能化仪表主要的过渡通信协议。相比较而言，FF 和 PROFIBUS 是过程自动化领域中最具竞争力的现场总线，它们得到了众多著名自动化仪表设备厂商的支持，也具有相当广泛的应用基础。

9.2.4 现场总线控制系统的特点

现场总线是建立在现场仪表之间、现场仪表与控制器等设备之间，实现全数字化、双向、串行、多变量通信的计算机网络。而现场总线控制系统是基于现场总线，将通信标准统一的智能仪表和控制器挂在总线上，通过数字量的双向传递来完成显示、调节、逻辑运算、保护等功能的控制系统。由此可以明确得出现场总线控制系统有以下特点。

1. 控制精度提高

传统集散控制系统的信号有开关量、脉冲信号等，其控制精度为±0.5%。现场总线控制系统双向传递的信号均为数字信号，消除了传统集散控制系统中 A/D 和 D/A 转换，以及模拟信号在传输中受到干扰而产生的精度损失，控制系统精度高，可以达到±0.1%。

2. 节省大量电缆

现场总线控制系统采用总线传输，能够大大降低电缆的使用率，节省许多传统通信线路的端子和线缆，使系统更加简洁。现场总线控制系统的每段都可以带几个到几十个智能仪表设备，彻底改变了传统的 DCS 系统点对点的多电缆连接方式，而变成双绞电缆/光纤电缆总线数字化通信的连接方式，必然会带来电缆数量、敷设工作量和校线调试工作量的大大减少。工艺系统分布越广，节省电缆的优势越能得到体现。

3. 控制系统全数字化

现场总线控制系统最本质的优势是使控制系统全数字化。通过数字通信代替传统的4～20mA 模拟信号和开关信号。现场总线上连接的测控设备均采用微机芯片，最低层的仪表、执行器、开关马达等能向系统提供详尽的参数、诊断等信息，同时管理人员也可通过现场总线对低层设备进行各种设置。改变了设备检修管理传统被动的维护方式，现场总线智能设备可以提供大量的信息（如故障诊断、远程校准等方面的信息），利用这些信息来指导操作维修人员进行远程管理设备的维护工作，如智能电表、智能执行器、智能电机校准、状态分析等，可迅速及时发现问题并进行处理，减少测控设备故障造成的不安全事故，从而提高生产运行的安全性和可靠性，同时也能够有效降低操作维修人员的劳动强度，提高工作效率。现场总线技术的全数字化通信特点还特别适用于纠错和信息防撞的设计，进一步提高多点双向通信的可靠性。

4. 彻底实现分散控制

现场总线控制系统可以把传统控制站的功能块分散地分配给现场仪表，构成一种全分布式的控制系统体系结构，控制功能可以实现彻底下放到就地设备，现场设备自身就可以完成自动控制的基本功能，实现信息处理现场自治，使得主站功能与重要性相对减弱，实现了彻底的分散控制，从根本上改变了现有的 DCS 集中与分散相结合的集散控制系统体系，简化了系统结构，提高了系统可靠性。现场总线控制系统集数据采集、自治控制及现场设备维护、调整、管理于一身，还有节省电缆和减少工程量等优点。

5. 标准化和开放性

现场总线为开放式互连网络，既可与同层网络互连，也可与异层网络互连，既可与同一厂商的设备相连，又可与不同厂商的设备相连，使控制系统的软、硬件配置可以更加灵活。开放系统把系统集成的权利交给了用户，用户可按自己的需要和对象把来自不同供应商的产品组成大小随意的系统，而且不同厂家性能类似的设备可以进行互连互换，实现即接即用，使现场总线控制系统的集成更加方便快捷。另外，现场总线还具备很强的网络拓扑适应性，还能综合应用多种传输介质为工业控制提供服务。

6. 智能化与自治性

现场总线控制系统使用的设备多数都具有智能化或半智能化的特点，现场总线控制系统通过引入微处理器可以将常规的控制任务下移至控制现场，而不再局限于专门的控制室。现场总线设备能处理各种参数，运行状态信息及故障信息，具有较高的智能，利用这些设备的输入、输出、补偿及运算和控制功能对生产现场实施总线控制，现场总线设备之间都具有独立的控制回路，现场总线控制无须在控制站对其进行信号处理、输入、输出或分析计算等。仅靠现场设备就可完成自动控制的基本功能，并可随时诊断设备的运行状态。即使在网络故障的时候，也能独立工作，极大地提高了整个系统的可靠性。并且现场总线仪表可以摆脱传统仪表功能单一的制约，可以在一个仪表中集成更多功能，做成集运算、控制、检测为一体的变送控制器，实现多回路、多变量的控制。现场总线仪表具有较强的运算能力和通信能力，提高了对于各种参数、信号的处理能力，并能够提供运行控制信息，便于运行人员更好的掌握设备的运行生产状况。

总之，现场总线最突出的特点是标准化、开放化、成本低、数字化、互操作性好和控制分散，它通常处于控制设备和生产区域之间，承担着多点通信、信号数字化和串行传输等任务。传统控制系统的信号与电缆一一对应，信号单向传输。数字化工厂需要大量现场实时数据，会使的信号成倍增长，传统难以承担"信息爆炸"的重负。现场总线技术不仅能够提供数据，而且能够提供设备状态、诊断及历史统计数据。这些数据通过通信线传送到控制器、数据库，不受电缆和距离的限制。现场总线技术使现场设备与控制器间实现信号双向传输，这样就能够对设备远程维护、管理。现场总线控制系统具有较强的环境适应能力，作为工厂网络底层的现场总线，是专门为在现场环境中工作而设计的，可以在恶劣环境下正常工作。具有较强的抗干扰能力，可采用两线制实现供电与通信，并可满足安全防爆要求。

9.2.5 现场总线控制的发展现状

现场总线技术起源于国外，也最先在国外的工业现场得到了高效应用。早在 20 世纪 90 年代，Smar 公司就将当时的多种智能仪表、PROFIBUS-PA 设备和可编程控制器等先进技术应用于工业现场，其中以 SYSTEM302 现场总线控制系统在世界发电市场的应用最为成功，一度成为当时最先进的现场总线控制系统。2002 年，德国尼德豪森电厂中大量采用了西门子 PROFIBUS 总线技术和产品，实现了全机组控制系统的数字化和智能化。

科技发展到如今，世界上存在的现场总线有几十种，每一种总线在不同领域都有相应的应用情况。例如，在石油、化工、医药等领域的过程控制主要施用的现场总线为 FF、PROFIBUS-PA；在建筑领域、农业及交通等领域施用的现场总线通常为 LonWorks、PROFIBUS-FMS、DeviceNet；在加工制造行业的现场总线施用频率较高的是 PROFIBUS-DP，等等，在不同的领域会有相应适当的现场总线，很多现场总线为了能够深入到更多的市场，还会选择努力成为国家或当地的标准。例如，德国的现场总线标准就是 PROFIBUS，法国也有自己的现场总线标准 WorldFIP。从目前的现状来看，现场总线情况要能够实现通讯技术，对于仪表的开发也要引起重视，还有网络的优化，总线的兼容等都是需要解决的问题。

经过半个世纪的发展，我国的现场总线技术经历了从引进、模仿到自主研发的漫长历程，目前基本走向了成熟，在石油、化工、冶金等领域已得到广泛应用。但是在一些像电力等工艺较复杂的行业，现场总线的应用还不够成熟，还有很大的发展空间，主要原因是电力生产过程过于复杂，目前在用的很多电力生产设备都与现场总线技术不兼容，还需要进一步改革和更新才能得到更好地应用。随着电力企业改革的深化，我国主要发电企业已开始应用现场总线技术，如华能玉环电厂就在废水处理和锅炉补给水处理等辅控系统中大量使用了最先进的 PROFIBUS 现场总线，并配备了相关控制软件，形成了一整套功能完备的现代化控制体系。

现场总线控制系统主要结合了计算机网络技术、自动化技术、仪表技术及制造技术等，对现场总线的控制和发展有重要的作用。随着网络技术的不断发展，使现场控制能够发挥更加重要的作用。系统控制正在向智能化、网络化趋势发展，并在发展中有源源不断的新技术补充，对于更好的发挥现场总线控制技术有重要的帮助。需要对分布式实时系统进行更深一步的探究，涉及结构状况、实时通信、系统容错等，因素较多，对于现场总线实现更强大的可靠性和实时性及应用的安全性有一定的影响。

9.2.6 现场总线控制在过程控制中的应用

在过程控制中，应用现场总线控制可以将其控制功能分散到不同的现场设备仪表上，从而将控制风险进行分散，即使生产过程中的某台设备或控制设备仪表出现了故障或损害，也不会对整体的过程控制造成严重影响，不会影响其他现场总线控制设备的正常使用和功能实现。与传统的过程控制实现相比，现场总线控制的应用可以在控制设备之间形成独立的控制回路，实现不同控制设备的功能自治，以此来减少过程控制回路中产生的信息。同时，现场总线控制系统中传递的信息都是数字信号，取缔了以往的 D/A 和 A/D 转换过程，从而改善了过程控制的环境和操作，有效解决了过程控制系统应用过程中参数反馈量过大造成的控制滞后性和延时性问题。现场总线控制系统的设计和应用都是通过数字信号完成的，信息传递过程中出现误差的概率比较小，可以有效改善过程控制系统中信号模拟的传输环境，更加适应工业生产复杂且恶劣的环境，具有较高的抗干扰性和适应性，符合现代工业生产的发展趋势。

现场总线控制系统在过程控制中的广泛应用可以同时使用多台现场总线控制设备，针对同一台过程控制设备，实现对过程控制复杂参数的有效处理和传递，同时，不需要在控制站内处理各个控制回路之间的协调问题。另外，现场总线控制系统的应用减少了过程控制对所需的安全栅、隔离器、连接电缆等配件的使用量，极大地节省了过程控制设备的安装和维护费用，也节省了工业生产现场的空间，经济性和实用性都得到了很大提升。

目前已有数百家成功运用现场总线技术进行产品的开发，同时涉及的领域也是十分广泛的，如自动控制领域、电力的生产、传输等领域。

1. 电力发电

发电厂是一个大型、复杂、快速而又相当精密的控制对象。例如，汽轮机虽很庞大，但对其制造精度的要求一点也不低于世界上最为精密的瑞士机械手表的精度要求。发电厂许多设备的响应速度都是以毫秒来计算的。正因为如此，电站运行控制对于新型控制系统及新技术有着强烈的渴望。随着我国电力体制改革的深化，各种先进技术被不断应用于发电现场，其中 PROFIBUS 现场总线就是典型代表之一。现场总线技术是建立数字电厂和智能电网的重要技术之一，在我国发电领域中得到了广泛的应用。我国一些大型发电厂通过现场总线技术使发电设备的控制进一步分散化，通过对 PROFIBUS 通信主站的建立，形成了一套功能完备的 PROFIBUS 发电厂现场总线控制系统。现场总线可以布置在电厂的机组主辅控车间中，使 DCS、监控设备和故障诊断模块互通互连。在电厂的应用中，现场总线无论是在网络结构、控制方式、可靠性方面还是在发电效率方面都很好地满足了我国发电厂的技术要求。

2. 汽车制造

在重型汽车制造领域，驱动桥壳的生产现场控制是一道非常关键的工艺，生产线中主要有工业机器人、伺服启动器、变频器等受控设备，实际生产中经常采用 PROFINET 总线对其进行整体控制。基于 PROFINET 现场总线的驱动桥壳生产控制系统具有效率高、精度高、系统简洁、运维方便、节省成本等特点，使系统中的各个加工设备之间实现了自由通信，设备运行所需的运行参数、工艺卡片、维护信息等都可以存储在上位机中，从而通过 PROFINET 总线实现了全生产过程的自动化控制。

3. 水泥工业

水泥工业是国民经济支柱产业之一，随着经济社会对水泥需求量的进一步增加，水泥生产企业也必然走向自动化生产的道路。在信息技术的推动下，水泥生产领域的生产控制系统也逐渐向智能化、数字化和网络化方向发展。现场总线作为一项前沿技术被引进水泥工业中，使得水泥生产的现场设备层、控制层和管理层的信息传输、参数监控和故障检测等工作变得更加快捷方便。现场总线技术在水泥工业中的应用改变了传统的模拟控制方式，控制站与现场控制器之间由光缆连接，而控制器又通过耦合器与现场总线仪表通信，现场控制器和各 I/O 站采用 PROFIBUS-DP 进行通信，耦合器和现场总线仪表之间采用 PROFIBUS-PA 进行通信，节省了大量线缆的费用和维护成本，提高了生产效率。

4. 锅炉控制

锅炉在很多工业领域都有着重要的地位，而锅炉的可靠运行主要依赖于锅炉机组控制系统的可靠性，锅炉控制一般可以分为过程控制和辅机控制。国内的锅炉过程控制以采用西门子过程控制系统为主，同时，配备 STEP7 V5.2 编程软件和 WinCC6.0 监控软件。而下位机监控系统则可以由操作站和工程师站采用以 PROFIBUS-DP 和 PROFIBUS-PA 为现场总线的控制系统。为了提高系统的可靠性，还可以采用西门子冗余系统的设计方法，将现场总线网络也设计为冗余 PROFIBUS，保证仪表总线随时可以可靠地连接到 PROFIBUS-PA 仪表上。

5. 矿井监控

近年来，矿井现场事故频发，保证矿井生产现场的安全性已成为相关企业安全生产的重中之重。而基于 PROFIBUS-DP 标准的煤矿井下胶带监控系统正是高效的安全措施之一。系统通常由上位机、PROFIBUS-DP 主站、PROFIBUS-DP 从站和大量现场设备构成，其中总线的作用是实现所有现场设备的互连。通过 ET200 通信模块与 PROFIBUS-DP 相连以实现分布式 I/O 系统，采用集成了 PROFIBUS-DP 现场总线接口的 PLC 装置实现对现场设备的控制。PROFIBUS 网络通过 MPI 驱动程序采集数据，经过软件运行后进行动态显示并反馈给现场设备，通过 PID 等环节使系统稳定运行。

现场总线技术致力于实现不同厂商设备之间的无缝互连。经过多年发展，现场总线技术出现了许多不同的分支，不同的现场总线技术之间采用的标准并不完全一致，而各自关注的领域也不尽相同，因此，它们的发展也必然会呈现出不同的特点。根据目前的发展形势不难预测，多种现场总线技术并存是现场总线技术未来几十年的发展趋势之一，并且各种现场总线技术都将在相应的领域得到长足的发展。现场总线技术将在工业网络中进一步延伸，同时统一各种现场总线的标准也将被逐渐提上议事日程。另外，在信息技术的影响下，现场总线与工业以太网技术相结合已是不可扭转的局面。

9.2.7 现场总线控制在过程控制中应用的注意事项

现场总线控制在过程控制中应用时，它所使用的设备仪表均具有智能化和数字化的特

点，对一些生产工艺比较落后、生产设备比较老旧的工厂来讲，全面更换新工艺、抛弃老旧设备是十分巨大的挑战。全面更换先进的智能化和数字化设备需要高昂的费用，对企业的发展和经营都会造成一定影响，为企业带来巨大的经济压力。然而，不更换老旧设备，又无法全面且有效地应用现场总线控制，控制效率和质量都会受到影响，也不利于企业的发展和生产。现场总线控制系统在具体应用的时候，要注意观察连接现场总线控制设备的底层线路，总线不能出现冗余，否则会影响现场总线控制设备底层总线的可靠性和安全性，不利于连续运行设备的过程控制。为了增强现场总线控制系统的通信能力，实现管理层和底层设备之间的信息频繁交换，需要针对控制规模大、控制点比较分散的情况，有针对性地使用集散控制系统，借助其强大的控制功能实现工业生产的过程控制。同时，要不断提高现场总线控制设备的抗干扰能力，加大对现场总线控制智能化设备的管理软件研发力度，优化其操作界面和控制功能，进而提高其实用性和稳定性。

现场总线在实际应用中应注意的问题如下。

（1）系统的最大特点也是取代常规仪表的最大成功点是信息集中，危险分散。现场总线一对双绞线上可挂接多个控制设备，不仅节省了安装费用，而且连线简单、维护工作量少。同时这条现场总线的任何闪失都将殃及这条双绞线上的全部节点，所以在设计时若应用到现场总线，建议避开重要的监测点和涉及控制、联锁的节点。

（2）生产运行需要大量人机数据交换，特别是装置开停车期间、生产波动、报警等非常规状态下，更是需要大量信息指令快捷、畅通地上传下达，所以必须给现场总线的通信容量留有充分的余地，并选择技术成熟的产品，同时要和供应商深入地沟通、了解。

（3）虽然现场总线技术的发展与之配套使用的数字化、智能化现场仪表为控制系统带来了许多新意，使维护仪表的工作量减低，但同时越来越先进的仪表设备的出现必然需要更便捷的维护工具。如何先将设备本身的问题排除，再去查找真正问题的症结亦是需要考虑的问题。

现场总线控制在过程控制中的应用需要结合过程控制的特点及自身的应用优势，不断改变传统的过程控制理念、创新过程控制技术和方法，将不同的现场总线控制技术有机结合，有针对性地应用到过程控制中。现场总线控制的应用要充分发挥自身的合理性和先进性，为过程控制提供基本的技术支持，从而有效提高过程控制的效率和质量，更好地完成过程控制任务，促进行业发展与经济进步。

9.2.8 现场总线控制系统的不足和未来发展

现场总线控制系统相对于传统 DCS 控制系统而言，具有很多优点，但也存在缺点，现场总线控制系统受到设备和技术等多方面因素的影响，现场总线控制的时效性、通用性、环境适应性及控制性等均会受到一定的影响。现将其缺点归纳如下。

（1）施工要求较高，对主干电缆和分支电缆的长度都有要求。

（2）对维护设施的要求相应提高，如带到现场的电动维护设备有一定的防爆要求，甚至对于临时给接线箱开孔都要拿到装置外进行，例如：在本涂料项目中，订货的接线箱开孔少了需要临时开孔，按照现场要求，不能在装置内进行，只能拿到厂区外开孔。

（3）当一个网段出现故障后，特别是仪表短路后，由于维护人员无法直观判断是哪台仪表发生故障，所以必须检查该网段的所有仪表。

(4) 在工程设计方面，要求同一回路的设备尽量分配在同一个网段中，而当工程较大时，可能同一回路的设备不一定在同一平面或区域，这也可能会对现场仪表配线图的绘制带来一定的困难。

(5) 现有的防爆规定限制了总线长度和总线上所挂设备的数量，进而限制了现场总线节省电缆、节省施工材料的优点的发挥。

(6) 现场总线控制设备需要通过总线与总控制设备进行连接，总线的通信速率直接影响了现场总线控制的时效性和数据传播，尤其是当总线上连接了过多控制仪表或控制距离过远时，总线的通信速率会受到巨大影响，现场总线控制的实时性无法得到有效保障。

(7) 现场总线控制系统的开发都具有一定的针对性，并不是面向每个行业的，这也造成了现场总线控制系统的实际应用具有一定的局限性。

(8) 现场总线控制系统中使用的各种控制仪表设备等都需要安装在生产现场，使用环境比较恶劣，对设备仪表的环境适应能力要求很高。

在某些场合中，FCS 还无法提供 DCS 已有的控制功能。由于软硬件水平的限制，其功能块的功能还不是很强，品种也不够齐全；用现场仪表还只能组成一般的控制回路，如单回路、串级、比例控制等控制回路，对于复杂的、先进的控制回路还无法在仪表中实现，对于单回路内有多输入、多输出的情况缺乏好的解决方案。

在工程应用方面，现场总线会成为工业应用领域中控制系统的主流选择，这不仅是因为它可以节省投资且维护方便，更重要的是它能够提供作为控制领域的底层信息。另外，主流现场总线将会占领越来越多的市场份额，而处于劣势地位或后续研发力量跟不上的现场总线将会被淘汰。对于今天这样多种标准总线共存的混乱局面，寻求一种统一的、成本低廉的总线将会成为未来的发展趋势。由于工业控制实时性、确定性的特点，计算机通信系统不可能替代现场总线，但工业以太网最终会成为一个特定的角色，虽然不一定能完全取代现场总线技术，但可能是一种廉价的、能用于工业控制现场的总线系统。

9.3 现场总线控制系统 FCS 和集散控制系统 DCS 的比较

从结构上看，DCS 实际上是"半分散""半数字"的系统，而 FCS 采用的是一个"全分散""全数字"的系统架构。现场总线技术具有高性能和高可靠性，现场总线控制系统与传统的集散控制系统有许多不同点。

9.3.1 信号的传输方式不同

DCS 大多为模拟数字混合系统，尚未形成从测控设备到操作控制计算机的完整网络，在技术上有很大的局限性。由于采用单一信号传输，因此可靠性差、互操作性差，不能很好地对现场设备进行实时控制。FCS 的信号传输实现了全数字化，是一种分步式的网络自动化系统，其基础是现场总线，其通信可以从最底层的传感器和执行器直到最高层，形成了从测控设备到操作控制计算机的数字通信网络，更重要的是它还可以对现场装置进行远程诊断、维护和组态。

9.3.2 通信协议不同

DCS 由于采用独家封闭的通信协议，各厂家的产品互不兼容，因此给用户的系统集成和应用造成了不便。也就是说，不同厂家的设备不能互连在一起，系统和外界之间的信息交换难于实现。这样的用户就成了一个个"信息孤岛"，从而制约了信息的集成化。FCS 采用的是一套标准的通信协议，FCS 是全开放的系统，其技术标准也是全开放的，FCS 的现场设备具有互操作性，装置互相兼容，因此用户可以选择不同厂商、不同品牌的产品，达到最佳的系统集成。通俗的说，测控设备和控制系统采用的是同一种公用的、数字化的语言，它们之间可以进行良好的沟通，从而使设备之间的互操作变得方便、快捷。

9.3.3 DCS 和 FCS 结构不同

如图 9-15 所示，DCS 采用了多级分层网络结构、点对点的接线方式。它集多种功能于一台计算机上，无论是软件系统还是硬件系统，都显得十分庞大。多种功能往往需要多实时任务去完成，因而效率不高。FCS 用一根通信电缆同时连接多台设备，它废弃了 DCS 中的 I/O 单元和控制站，把控制功能下放到现场设备，形成真正分散在现场的完整控制系统，做到了彻底的分散控制，系统扩展也变得十分容易，使系统的灵活性、自治性和可靠性都提高了。

变送器 ─ 控制器的I/O接口 ─ 执行器　　　变送控制器 ─ 执行器
DCS的三层典型结构　　　　　　　　　　　FCS的二层典型结构

图 9-15 DCS 和 FCS 结构比较图

FCS 系统能够将 PID 的控制功能装入到执行器与变送器当中，大大缩短了控制周期。使用 DCS 可以达到每秒 2~5 次，而采用 FCS 可以达到每秒 10~20 次，进而有效地完善调节的性能。

9.3.4 DCS 和 FCS 结构可靠性不同

（1）从传输方式上分析：DCS 的模拟信号传输不仅精度低，而且易受干扰。作为传统的自封闭式的信息交互和共享，DCS 使设备成为了"信息孤岛"，现场底层传感器和数据采集器之间的信号传输采用的是模拟信号，抗干扰能力差。FCS 采用了智能化与数字化，与模拟信号相比，它从根本上提高了测量与控制的准确度，减少了传送误差，受干扰的频率低，实时性很强。DCS 只接收现场仪表单一的模拟信号，即使采用了 HART 协议，也不能做到随时诊断，它的通信方式是主从式通信，通信层次比较多。如果每一次的通信速率都很快，那么通信延时应与响应延时相匹配。为了获得较为迅速的通信响应，每一层允许的通信最大延时时间都比较短，有可能发生信号传输的层次跳跃，即从下层取得的数据难以返回上层。FCS 在信息的传输中随时可以把自身的信号帧发给计算机，能够察觉设备中的隐患并及时排除故障。

（2）从结构上分析：FCS 将 DCS 的三层典型结构简化成了二层结构，减少了设备数量。由于系统的结构简单化，设备与连线减少，现场仪表内部功能加强，因而减少了信号的往返传输，提高了系统的工作可靠性。DCS 是采用一条信息线路进行信息传输的。如果该条线路瘫痪，那么所有监控的数据将全部丢失。I/O 控制卡一旦损坏，会影响到多个回路。FCS

利用多台计算机数据实行实时监控，网络中的计算机的关系不是主从的而是平等的，并且系统可以实现扩充与升级。FCS 不采用冗余的 I/O 卡，而采用现场总线安全栅，如果现场设备或导线遭到破坏，最多影响到 1～2 个回路，避免了 DCS 损坏 I/O 卡时影响若干回路的情况，使控制彻底分散，因而每个回路的自治性很好。此外，由于它的设备标准化和功能模块化，因而还具有设计简单、易于重构等优点。

9.3.5　DCS 与 FCS 的成本不同

由于 FCS 省去了大量的硬件设备、电缆和电缆安装辅助设备，节约了大量的安装和调试费用，所以它的造价要远低于 DCS。

（1）投资费用不同：FCS 的硬件数量远远少于 DCS，还可以用工控 PC 机作为操作站，省略了 DCS 中昂贵的控制站，从而节省了一大笔投资。另外，随着控制站与 I/O 柜的取消，控制室的面积也大大减小了；

（2）安装费用不同：DCS 的现场底层传感器和数据采集器之间采用了一对一的物理连线，所以布线的面积很大，导致现场作业量很大。FCS 避免了 DCS 中冗余的电缆，实现了简单的接线，即一对双绞线或一条电缆上就可以挂接多个设备。如果需要新增测控设备，那么在原有的电缆上就近挂载就可以了，省去了增设新电缆的麻烦；

（3）维护费用不同：DCS 传输的是 4～20mA 的模拟信号，用户往往需要猜测设备或传感器的好坏及设备不当所造成的限幅，从而使准确度降低。FCS 的数字通信含有大量的诊断信息，用户可以方便的查询所有设备的运行，能够及时发现潜在的故障并消除隐患。同时系统的结构简化了，维护起来省时省力。

总之，DCS 一般多为模拟数字混合系统，FCS 则是分步式网络自动化系统。DCS 采用的是独家封闭的通信协议，而 FCS 采用的是标准的通信协议。DCS 属于多级分层网络结构，FCS 则为分散控制结构。故 FCS 比传统 DCS 性能好，准确度高，误码率低。FCS 相对于 DCS 组态简单，由于结构、性能标准化，更加便于安装、运行和维护。

FCS 系统比 DCS 系统更好地体现了"信息集中，控制分散"的思想。与传统的 DCS 相比，FCS 系统具有高度的分散性，它可以由现场设备组成自治的控制回路。由于 DCS 的不彻底的开放性，不同厂家的产品不能互换、互联，限制了用户的选择。而 FCS 具有开放性，遵循公开统一的技术标准，可实现设备的互操作性和互换性。

每种控制系统都有它的特色和长处，所以在一定时期内，DCS 和 FCS 相互融合的程度可能会大大超过相互排斥的程度。现场总线技术自出现就与 DCS 密不可分，DCS 的进步伴随着现场总线的发展。将现有的大量 DCS 完全由 FCS 取代很不现实，FCS 取代 DCS 将是一个漫长的过程。在这一过程中，会出现一些过渡型的系统结构，如在 DCS 中以 FCS 取代 DCS 中的某些子系统，用户将现场总线连接到独立的现场总线网络服务器，服务器配有 DCS 中连接操作站的上层网络接口，与操作站直接通信。在 DCS 的软件系统中可增添相应的通信与管理软件，这样不需要对原有控制系统作结构上的重大变动。再如，在地理上分散的多组独立的闭环控制应用中，现场总线仪表和执行器之间可以直接进行数据交换，无需独立的 DCS 上层控制器就可以在当地完成闭环控制，大大降低了系统的造价。在这种应用中，DCS 结构发生较大的变化，可以认为 DCS 已经转变为 FCS。

因此应更多地考虑 FCS 与 DCS 的集成，一方面保留了 DCS 丰富的监控、协调管理功

能，另一方面也发挥了 FCS 网络化、分散化控制的优势，从而提高生产过程的综合自动化水平。现场总线是企业的底层数字通信网络，是连接微机化仪表的开放系统。随着科技水平的日益提高，多种现场总线技术已经在各自的领域发挥了优势，显示了强大的生命力。现场总线使现场仪表与控制系统和控制室实现了网络互连和全分散、全数字化、智能、双向、多变量、多点、多站的通信，改变了传统上运用的 4~20mA 的模拟信号标准，是工业控制系统全数字化的一个变革。尽管 DCS 克服了模拟仪表控制系统中模拟信号精度低的缺陷，提高了系统的抗干扰能力分布式的控制系统体系结构，有力地克服了集中式数字控制系统对控制器处理能力和可靠性要求高的缺陷，但是其对控制器本身要求很高，必须具有足够的处理能力和极高的可靠性，当系统任务增加时，控制器的效率和可靠性将急剧下降。

FCS 是一个开放的、完全分布式的和智能控制的系统，但传统 DCS 系统已经被使用了几十年，已经发展成为一个实用的、可靠性高的系统，能满足当前控制的基本要求。从经济上考虑，完全抛弃掉原来的 DCS 而换成全新的 FCS 系统并不合算；从技术上考虑，虽然 FCS 采用的技术比较先进，但近年来 DCS 在可靠性、开放性、标准化方面也有很大的进步。随着它们各自的发展，都有向对方靠拢的趋势。现在的 DCS 把现场总线技术包容了进来，对过去的 DCS 的 I/O 控制站进行了彻底的改造。第四代的 DCS 既保持了其可靠性高、高端信息处理功能强的特点，也使得底层真正实现了分散控制。

DCS 当前正面临着 FCS 技术的挑战。尽管现场总线的国际标准不理想，但是作为一种技术趋势已经不可阻挡了。目前各家公司都采用将自己的 DCS 和各种现场总线协议通过接口设备实现连接，虽然在一个系统里，同一种现场总线的不同厂家的现场仪表与 DCS 之间、不同类型现场总线之间的可互操作性问题还时有发生，但目前 FCS 在国际上已经有超过 4000 个系统在运行，有的系统节点已达到 1000 个以上的规模。在我国已经投入运行的现场总线系统也已经接近 100 个，可以说，它已经进入了实用时期。

尽管 FCS 技术的优点较多，但在实际应用中完全应用 FCS 技术的情况较少，主要是由于开放具备现场总线接口的设备成本高，以数字式总线仪表取代传统仪表的花费较高。尽管现场总线标准已形成，但标准太多，且各标准间的兼容性太差，如果想达到完全统一，还需一定时间。DCS 现场控制站的组态控制适合应用在一些复杂的工艺中，可组态复杂先进的控制策略，这是 FCS 技术无法比拟的。DCS 技术工程师不仅要借助 FCS 技术的先进性，还要符合工程实际需求，因此需要在 DCS 中融入 FCS 技术，进行结构转换，即从控制柜中分离 DCS I/O 模块，移到现场，实现通信与数据采集，复杂的控制策略由 DCS 控制，简单的控制则下放到现场，如此一来就能形成 FCS 和 DCS 混合控制系统。

当前，各种形式的现场总线协议并存于控制领域。考虑到统一的开放式现场总线协议标准制定的长期性和艰巨性，传统 DCS 的退出将是一个渐进过程。在一段时期内，会出现几种现场总线共存、同一生产现场有几种异构网络互连通讯的局面。但是，发展共同遵从统一的标准规范、真正形成开放式互连系统是大势所趋。FCS 会成为 DCS 大构架下的重要分支，而不是 FCS 一定会取代 DCS。对大型石油化工装置控制系统来讲，选择一套大构架下的 DCS 控制系统，重要的控制、联锁回路选择硬线点对点连接方式，非重要回路选择总线通信方式。由于非重要回路可以减少相应的保护性配置，因而其综合回路价格比可以降下来。

思考题

1. 什么是集散控制系统？
2. 集散控制系统的特点是什么？
3. 与仪表控制系统相比，集散控制系统有哪些优点和缺点？
4. 集散控制系统与计算机直接控制相比，有哪些共同点和不同点？
5. 在集散控制系统中，现场控制站的任务是什么？依靠什么设备去完成这些任务？
6. 什么是集散控制系统的现场组态？
7. 操作站的软件有哪些特点？它与工程师站的软件相比，有哪些共同点和不同点？
8. 现场总线的基本定义？
9. 现场总线控制系统的技术特点？
10. FCS 相对于 DCS 具有哪些优越性？

第 10 章 过程控制工业应用实例

10.1 燃机的水冷系统介绍

燃机的水冷系统是整个燃机系统长期稳定运行的一个重要环节，其控制质量直接关系到发动机系统的安全。目前，某公司现有的水冷却控制主要依靠人工实现，操作人员通过感官判断被控变量偏离给定值的程度，根据经验调节阀门的开度或电机的转速，因此目前控制质量的好坏主要取决于工人的技能经验，存在劳动强度大、工作效率低、控制精度低、调节时间过长、输出变量不稳定等不足，大大降低了控制效率，增加了人工成本。为了保证控制的稳定性、准确性、快速性，减少因人工操作的不足，提高控制效率，降低劳动强度，研究自动控制系统迫在眉睫。

10.2 燃机的水冷系统结构

燃机的水冷系统中冷模降温模块网络拓扑结构如图 10-1 所示。

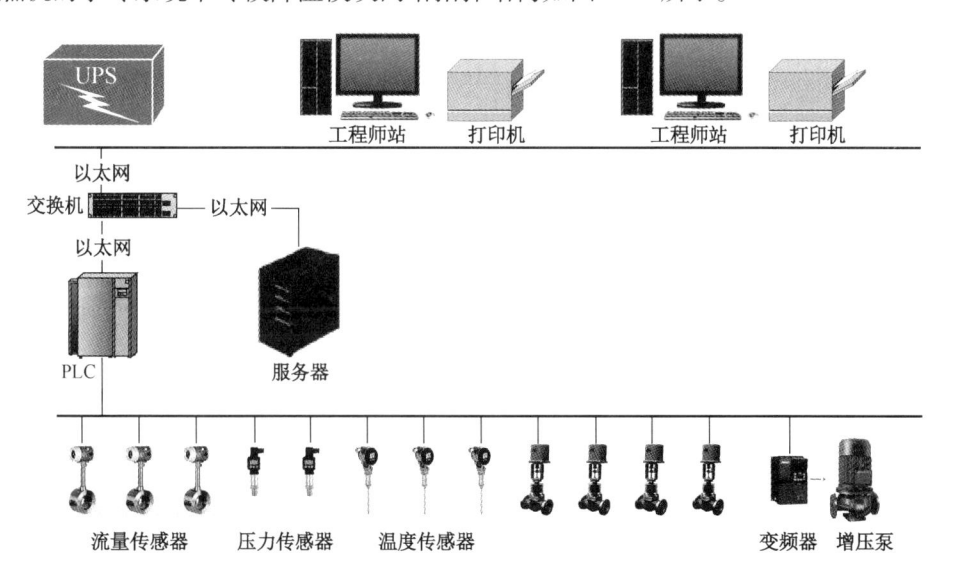

图 10-1 冷模降温模块网络拓扑结构

该系统由温度传感器 T_x、流量传感器 Q_x、压力传感器 P_x、换热器、电磁阀 M_x、电动调节阀、手动调节阀、增压泵、止回阀等设备组成，如图 10-2 所示。

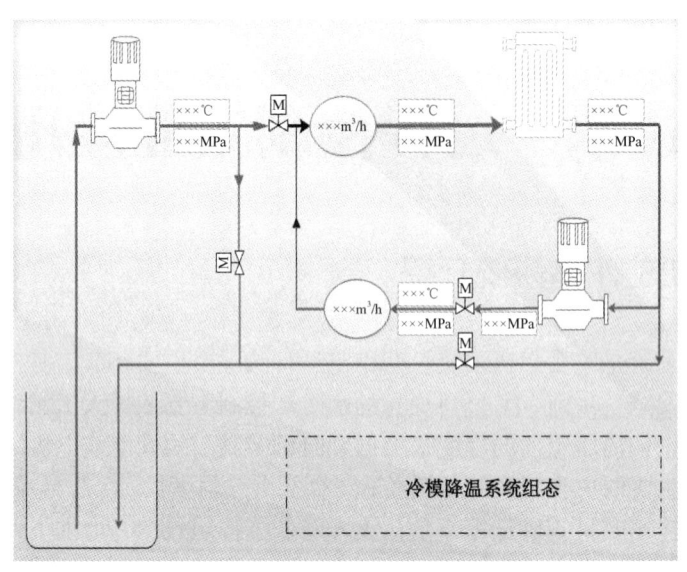

图 10-2 燃机的水冷控制系统组成

10.3 系统建模

10.3.1 影响因素与耦合关系

系统被控目标变量：

（1）目标水流量：S_p 由阀门 M_1 和 M_3 控制，M_3 的控制输出量为 u_3；

（2）目标负荷进水温度：T_p 由入水口温度 T_0、回路温度 T_r 和温度损耗 ΔT_3 控制；

（3）目标主压：P 由阀门 M_1 和 M_2 控制，M_1 和 M_2 的控制输出量分别为 u_1 和 u_2。

各个变量之间的耦合关系：

主压：$P = f(u_1 + u_2)$；

水流量：$S_p = g(u_1 + u_3)$；

负荷进水温度：$T_p = ((T_0 - \Delta T_3) + T_r)/2$。

其中回路温度 T_r 受换热器的输出温度 T_{out}、温度损耗 ΔT_1、ΔT_2，回路水量 Q_1 和废水量 Q_2（换热器的输出 $Q = Q_1 + Q_2$）影响。

扰动因素：

（1）主压阀输入温度 T_0 不确定，受季节和环境影响大；

（2）换热器的输出温度 T_{out} 不确定，受季节和环境影响大；

（3）温度损耗 ΔT_1、ΔT_2 和 ΔT_3 受季节和环境影响大。

10.3.2 问题描述及数学模型

目标函数：

$$\min_u J(t) = \int_0^T \left\| S_p(t) - S_p^* \right\|^2 + \left\| T_p(t) - T_p^* \right\|^2 + \left\| p(t) - p^* \right\|^2 dt$$

约束条件：

$$P(t) = f(u_1(t) + u_2(t))$$
$$S_p(t) = g(u_1(t) + u_3(t))$$
$$T_p(t) = ((T_0(t) - \Delta T_3) + T_r)/2$$
$$T_r = h(T_{out}, \Delta T_1, \Delta T_2, Q_1, Q_2, u_1, u_3)$$

其中约束条件的函数 f、g 和 h 难以精确表达。从上面的分析可以看出，$P(t)$、$S_p(t)$ 和 $T_p(t)$ 都与输入量 u_1、u_2 和 u_3 是耦合关系，可表示为如下形式：

$$[P(t), S_p(t), T_p(t)] = \phi(u_1, u_2, u_3)$$

此外还受到 ΔT_1、ΔT_2、ΔT_3 和 T_{out} 的扰动影响。

10.3.3 问题特性

由现场试车实验获得不同工况，各过程输入特性曲线如图 10-3 所示。

（a）DN200 电动调节阀阀位反馈

（b）DN300 电动调节阀阀位反馈

（c）DN350 电动调节阀阀位反馈

（d）DN400 电动调节阀阀位反馈

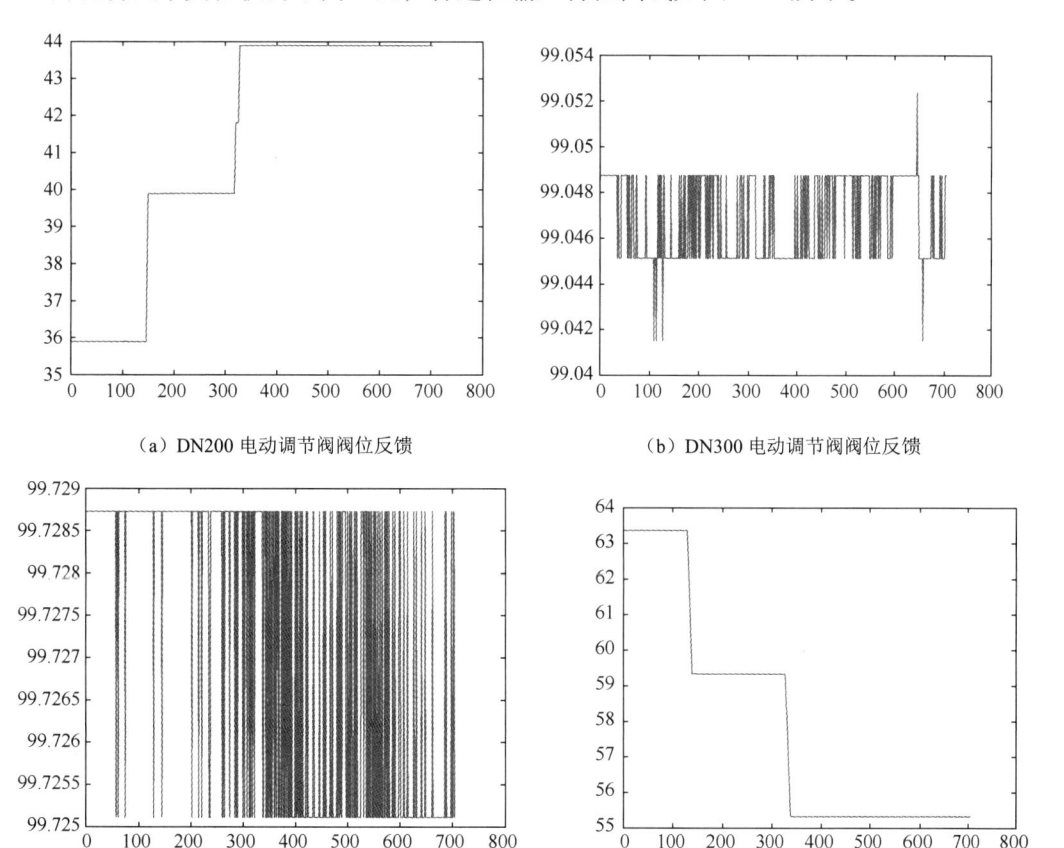

图 10-3　各过程输入特性曲线

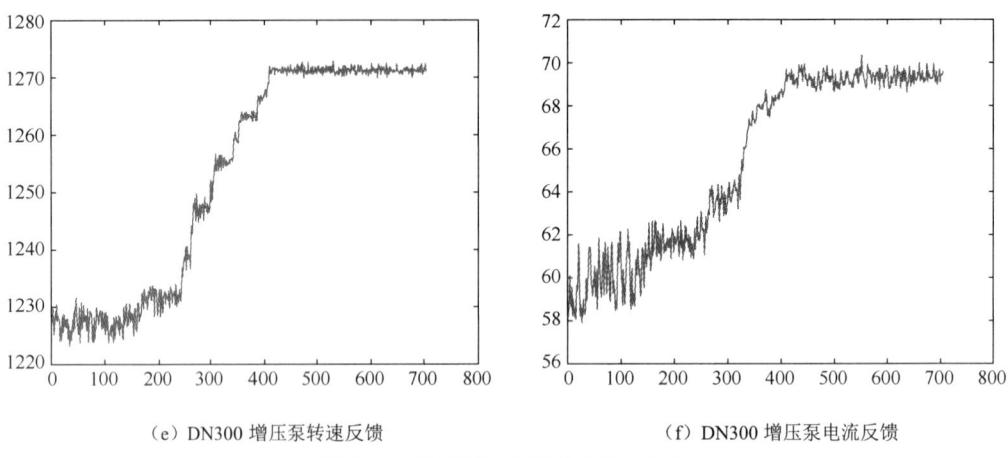

(e) DN300 增压泵转速反馈　　　　　　　　(f) DN300 增压泵电流反馈

图 10-3　各过程输入特性曲线（续）

不同工况下各过程输出特性曲线如图 10-4 所示。

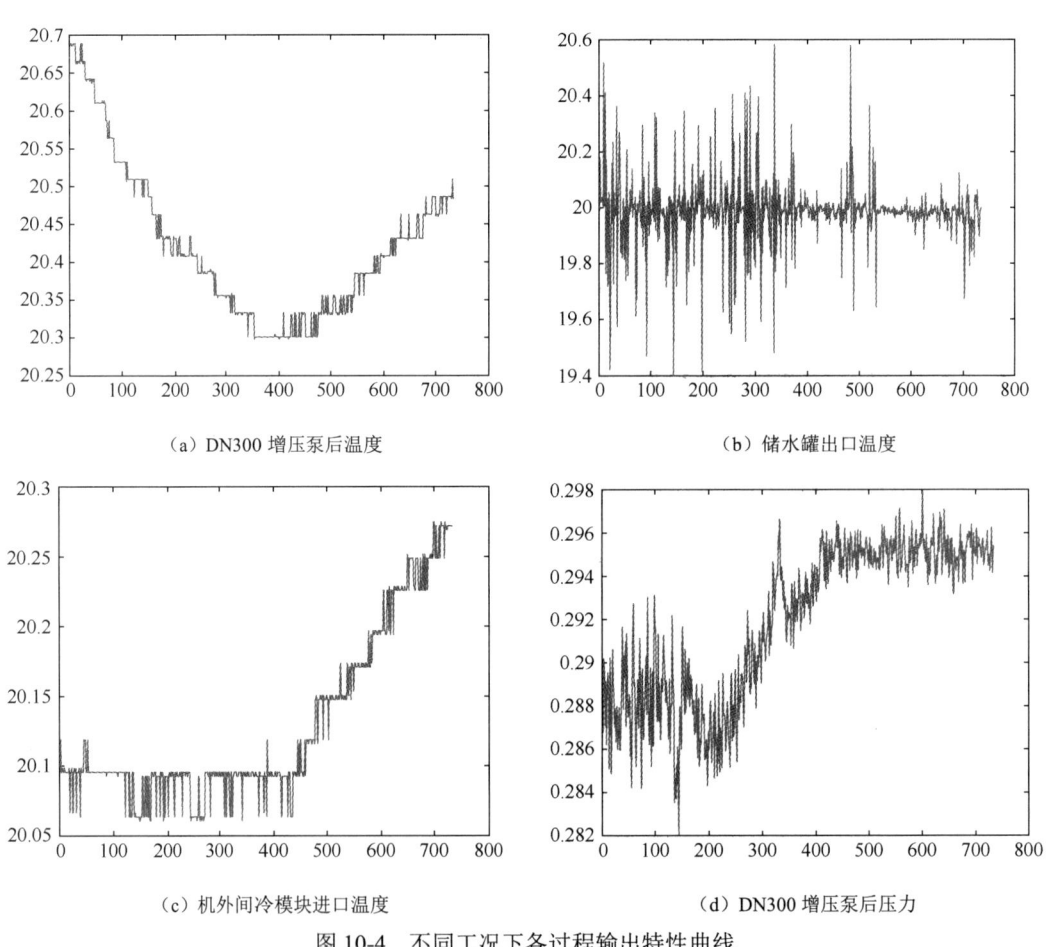

(a) DN300 增压泵后温度　　　　　　　　(b) 储水罐出口温度

(c) 机外间冷模块进口温度　　　　　　　　(d) DN300 增压泵后压力

图 10-4　不同工况下各过程输出特性曲线

(e) DN400 电动调节阀后压力　　　　　　　　(f) 止回阀后压力

(g) 储水罐出口压力　　　　　　　　(h) DN300 电磁流量计流量

(i) DN400 电磁流量计流量

图 10-4　不同工况下各过程输出特性曲线（续）

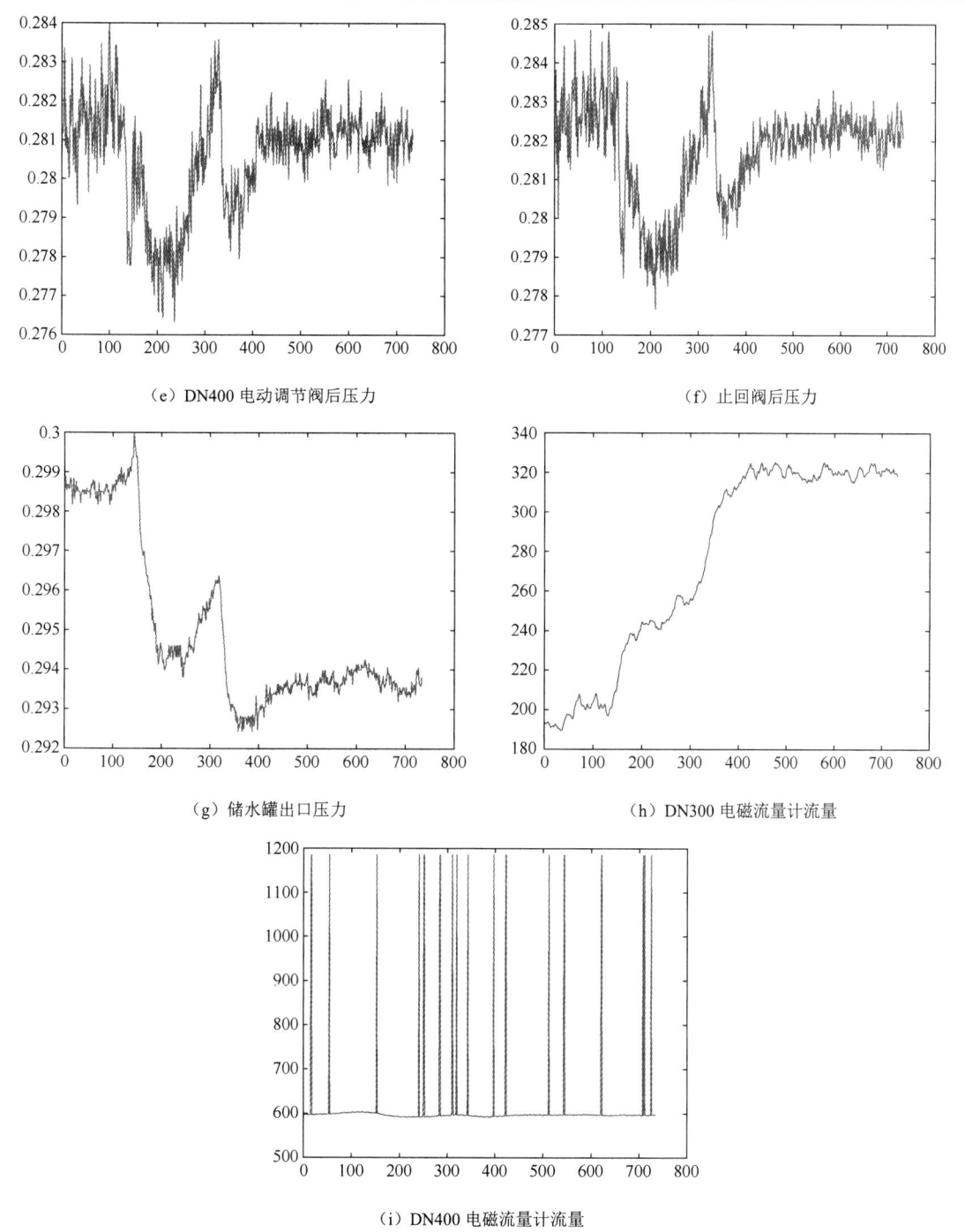

由上述输入输出特性曲线数据可知，此系统是一个多耦合、非线性、时变性大（受环境外界因素干扰大，时常发生变化）、扰动幅值大的多变量系统，变量间呈现非线性、强耦合的特性。

10.4 系统解耦控制策略

燃机的水冷系统各回路之间存在着耦合，为了获得满意的控制效果，必须对该系统进行解耦控制，通过校正输出、输入之间的关系，减弱变量间的相互关联，这是一种较好的解决办法。系统的基础回路共分为 3 个独立的主回路和 5 个辅助回路，如图 10-5 所示。

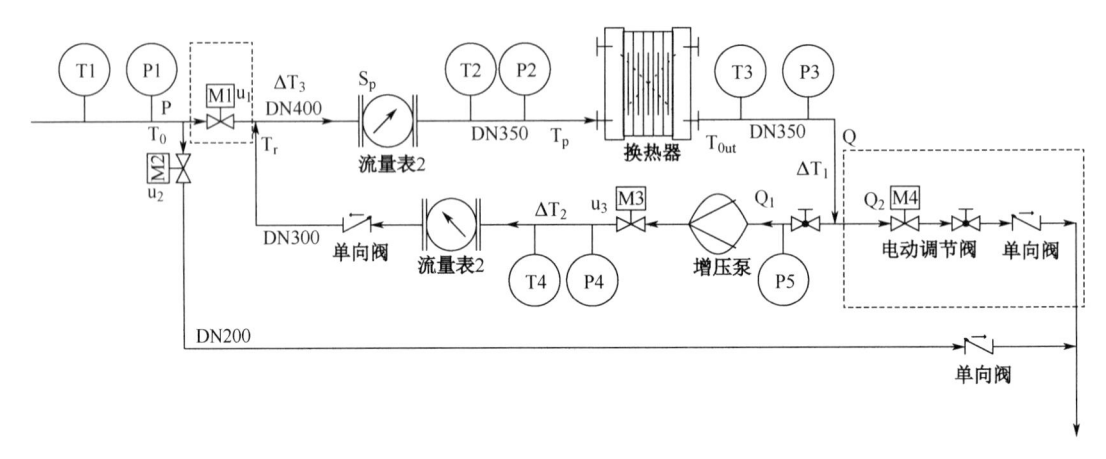

图 10-5 燃机的水冷系统各回路图

具体设计如下：

温度回路：通过二次水流量 u_3 控制间冷模块入水温度 T_2；
压力回路：通过泄压阀 M_2 输出 u_2 控制入水水压 P_1；
流量回路：通过电磁阀 M_1 输出 u_1 控制间冷模块入水流量；
辅助回路 1：通过电磁阀 M_2 辅助控制入水水压 P_1；
辅助回路 2：通过电磁阀 M_4 辅助控制间冷模块入水流量；
辅助回路 3：通过电磁阀 M_3 辅助控制二次水流量；
辅助回路 4：通过增压泵转速辅助控制二次水流量；
辅助回路 5：在不影响主回路的情况下（解耦），通过辅助回路 1—4 实现对流量的调节。

为了正确实现系统的解耦控制，需对各过程通道进行正确辨识，各通道模型的辨识和正确性验证如下。

三入三出模型输入为进水流量调节 u_1、泄压阀压力调节 u_2 和回水流量调节 u_3，输出为换热器入口的流量 F、进水压力和换热器入口温度 T，输入输出数学描述如下：

$$\begin{bmatrix} F \\ P \\ T \end{bmatrix} = \begin{bmatrix} G_{11} & G_{12} & G_{13} \\ G_{21} & G_{22} & G_{23} \\ G_{31} & G_{32} & G_{33} \end{bmatrix} \begin{bmatrix} u_1 \\ u_2 \\ u_3 \end{bmatrix}$$

三入三出系统框图如图 10-6 所示。

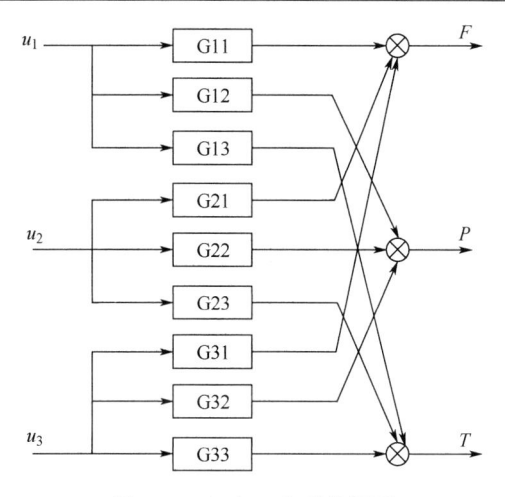

图 10-6 三入三出系统框图

其中待辨识模型为：

$$G(s) = \begin{bmatrix} G_{11} & G_{12} & G_{13} \\ G_{21} & G_{22} & G_{23} \\ G_{31} & G_{32} & G_{33} \end{bmatrix}$$

由现场采集的 704 组试验数据可建立各过程通道数学模型如下。图 10-7 所示为过程 G_{11} 的输入输出曲线。

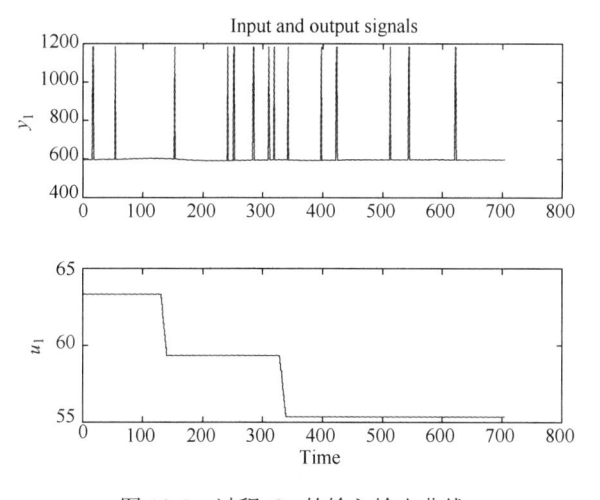

图 10-7 过程 G_{11} 的输入输出曲线

由上述数据可得其传递函数模型如下：

$$G_{11} = \frac{0.7541\,s + 0.002914}{s^2 + 0.08358\,s + 0.0002578}$$

图 10-8 所示为过程 G_{12} 的输入输出曲线。

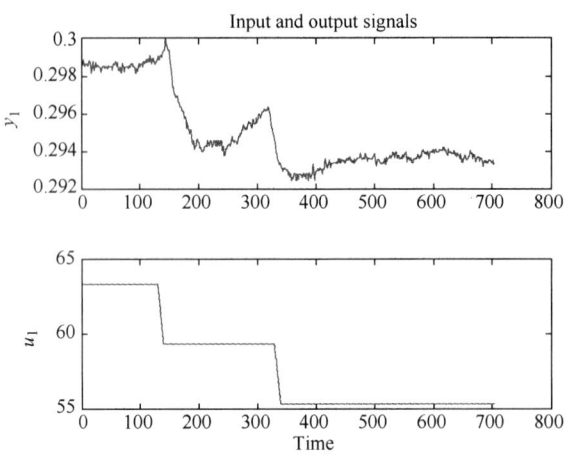

图 10-8 过程 G_{12} 的输入输出曲线

由上述数据可得其传递函数模型如下：

$$G_{12} = \frac{2.009\text{e-}08\,s - 3.537\text{e-}08}{s^2 + 10.27\,s + 0.0002804}$$

图 10-9 过程 G_{13} 的输入输出曲线。

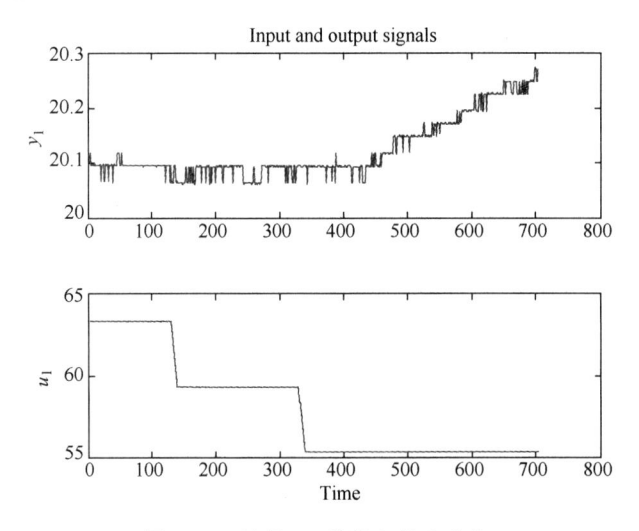

图 10-9 过程 G_{13} 的输入输出曲线

由上述数据可得其传递函数模型如下：

$$G_{13} = \frac{4.721\text{e-}05\,s - 3.809\text{e-}06}{s^2 + 0.2304\,s + 4.309\text{e-}14}$$

图 10-10 所示为过程 G_{21} 的输入输出曲线。

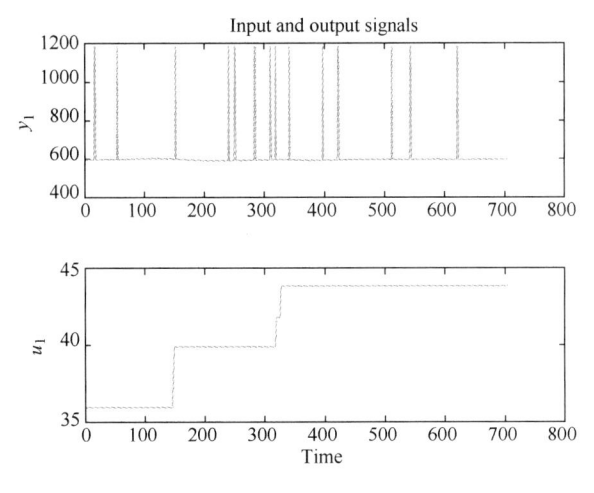

图 10-10 过程 G_{21} 的输入输出曲线

由上述数据可得其传递函数模型如下：

$$G_{21} = \frac{128.2\,s + 0.3503}{s^2 + 8.233\,s + 0.02682}$$

图 10-11 所示为过程 G_{22} 的输入输出曲线。

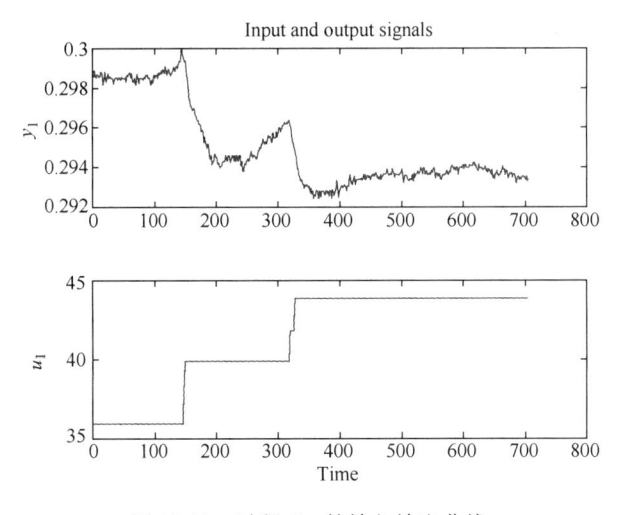

图 10-11 过程 G_{22} 的输入输出曲线

由上述数据可得其传递函数模型如下：

$$G_{22} = \frac{0.3726\,s + 0.001166}{s^2 + 48.44\,s + 0.1836}$$

图 10-12 所示为过程 G_{23} 的输入输出曲线。

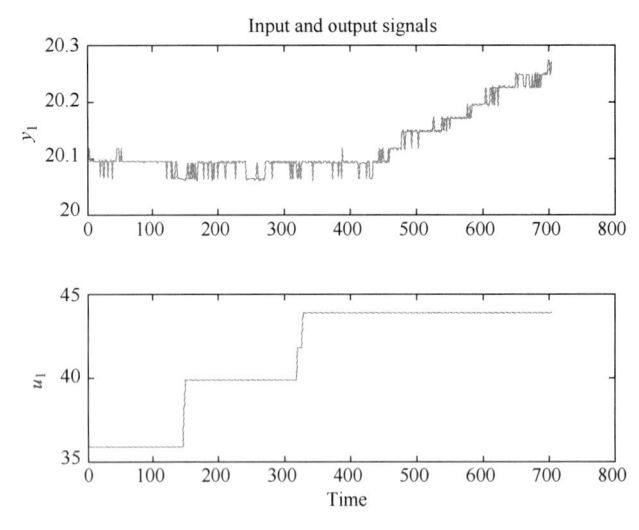

图 10-12　过程 G_{23} 的输入输出曲线

由上述数据可得其传递函数模型如下：

$$G_{23} = \frac{0.743\,s + 0.00235}{s^2 + 1.572\,s + 0.005354}$$

图 10-13 所示为过程 G_{31} 的输入输出曲线。

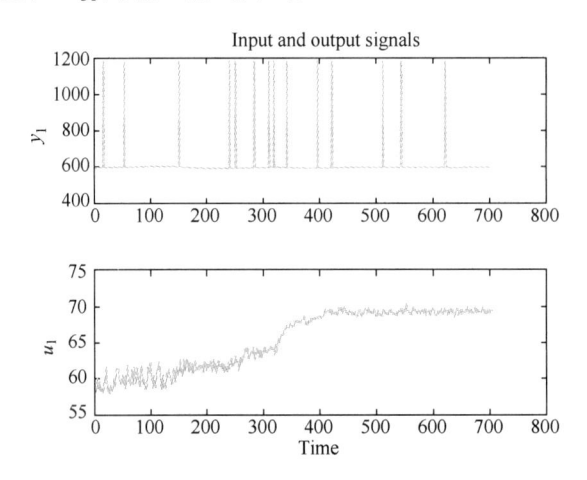

图 10-13　过程 G_{31} 的输入输出曲线

由上述数据可得其传递函数模型如下：

$$G_{31} = \frac{24.65\,s + 0.02572}{s^2 + 2.529\,s + 0.003538}$$

图 10-14 所示为过程 G_{32} 的输入输出曲线。

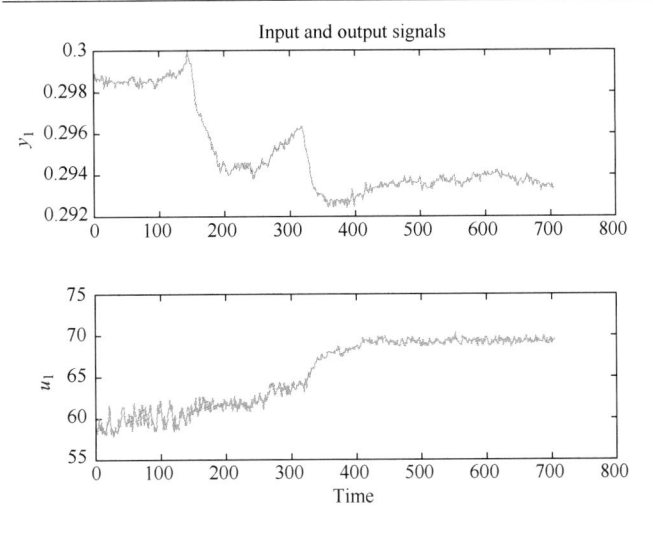

图 10-14 过程 G_{32} 的输入输出曲线

由上述数据可得其传递函数模型如下：

$$G_{32} = \frac{0.0003967\,s + 7.18\text{e-}07}{s^2 + 0.07784\,s + 0.0001874}$$

图 10-15 所示为过程 G_{33} 的输入输出曲线。

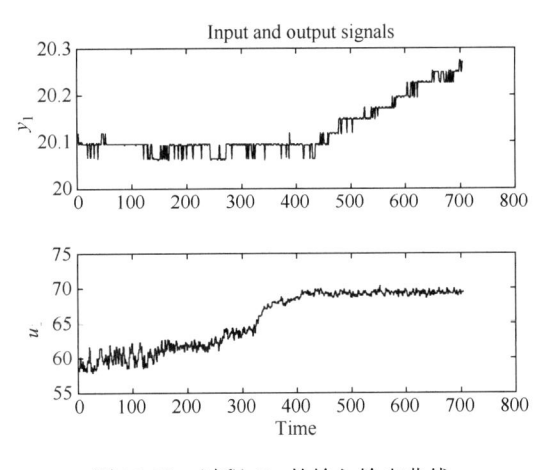

图 10-15 过程 G_{33} 的输入输出曲线

由上述数据可得其传递函数模型如下：

$$G_{33} = \frac{0.354\,s + 0.0006877}{s^2 + 1.189\,s + 0.002565}$$

为了验证所建立的三输入三输出系统模型的正确性，由现场试验采集的 317 组输入数据作为建立的各过程控制通道数学模型的数据源，建立的系统仿真模型如图 10-16 所示。

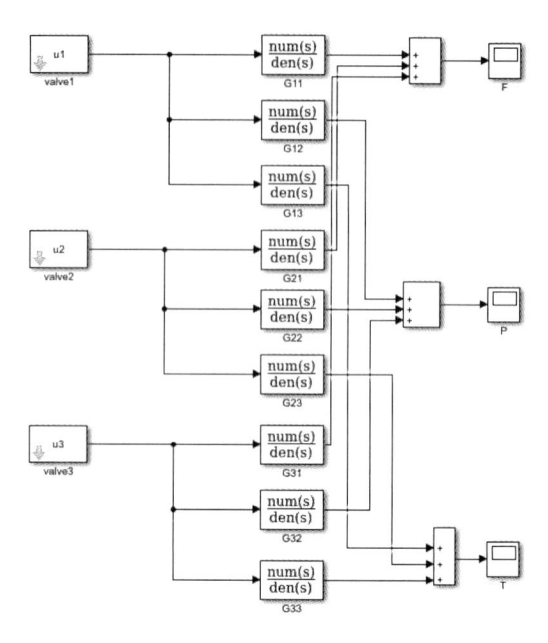

图 10-16　三输入三输出系统仿真模型

得出各被控变量的仿真模型输出结果如图 10-17、10-18、10-19 所示。

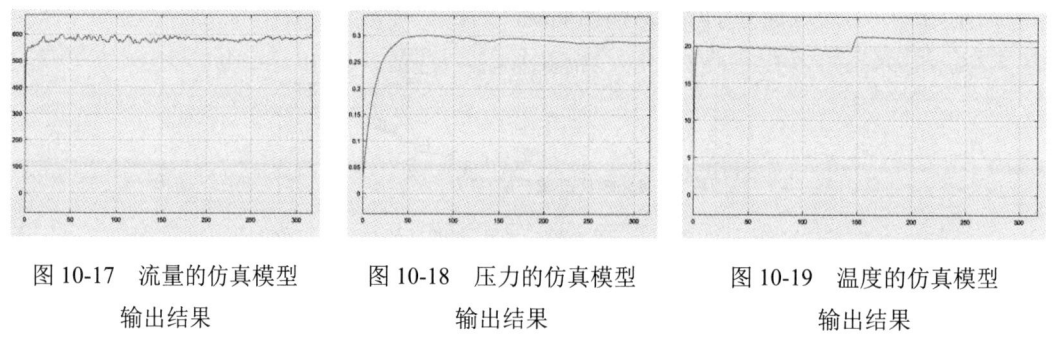

图 10-17　流量的仿真模型输出结果　　图 10-18　压力的仿真模型输出结果　　图 10-19　温度的仿真模型输出结果

实际现场试验输出结果如图 10-20、10-21、10-22 所示。

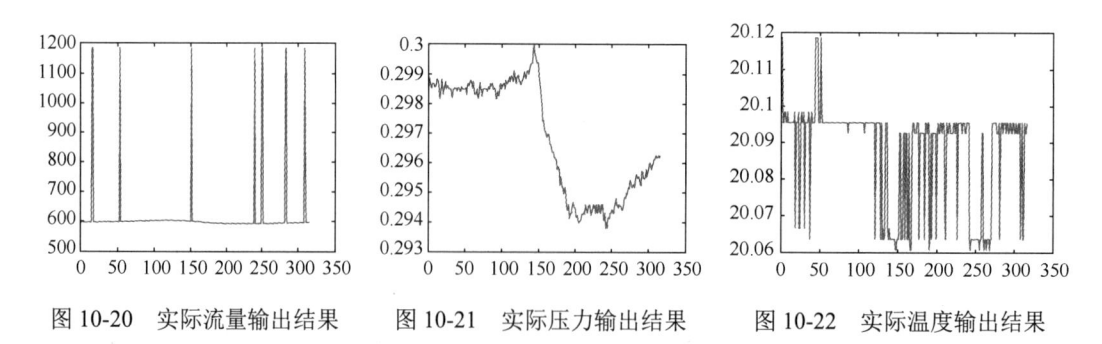

图 10-20　实际流量输出结果　　图 10-21　实际压力输出结果　　图 10-22　实际温度输出结果

由上图可知，各被控变量的仿真模型输出结果和实际输出结果基本一致，则可验证所辨识的三输入三输出模型的正确性，进而可正确地实现该系统的解耦控制。

10.5 系统解耦控制仿真

基于图 10-6 所表示的模型，应用对角矩阵法进行解耦，建立的解耦控制系统如图 10-23 所示。

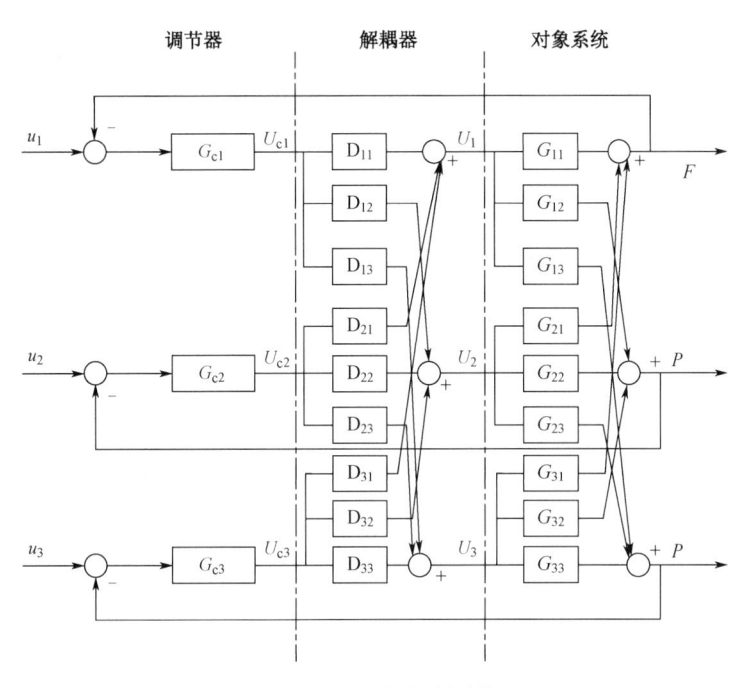

图 10-23 解耦控制系统

对于被控对象，被控量与控制变量具有如下关系：

$$\begin{bmatrix} F \\ P \\ T \end{bmatrix} = \begin{bmatrix} G_{11} & G_{12} & G_{13} \\ G_{21} & G_{22} & G_{23} \\ G_{31} & G_{32} & G_{33} \end{bmatrix} \begin{bmatrix} U_1 \\ U_2 \\ U_3 \end{bmatrix}$$

加入控制系统后，由于控制度量来源于解耦器，所以调节器的输出就是解耦器的输入：

$$\begin{bmatrix} U_1 \\ U_2 \\ U_3 \end{bmatrix} = \begin{bmatrix} D_{11} & D_{12} & D_{13} \\ D_{21} & D_{22} & D_{23} \\ D_{31} & D_{32} & D_{33} \end{bmatrix} \begin{bmatrix} U_{C1} \\ U_{C2} \\ U_{C3} \end{bmatrix}$$

综合上面的关系，如果 G 矩阵的逆存在，那么就可以设计 D 等于它的逆乘以一个对角阵（可以是单位矩阵），这样可以使得一个被控变量仅与一个调节器的输出量之间有关系，而相对其他输出独立，从而达到解耦目的。

各个回路通过解耦算法实现独立控制，控制算法采用增量式 PID，控制器参数通过系统辨识和自适应算法实现参数自整定（针对供水温度的慢时变）。建立的解耦控制系统仿真框图如图 10-24 所示。

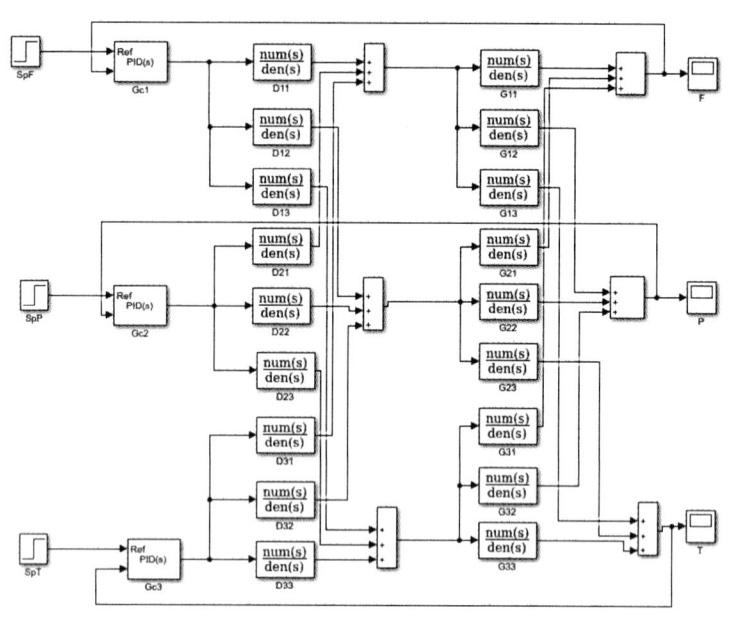

图 10-24 解耦控制系统仿真框图

解耦后，各被控变量的控制效果如图 10-25、10-26、10-27 所示。

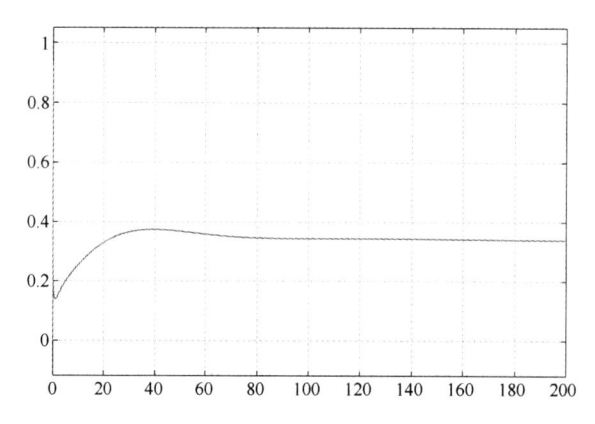

图 10-25 压力控制效果

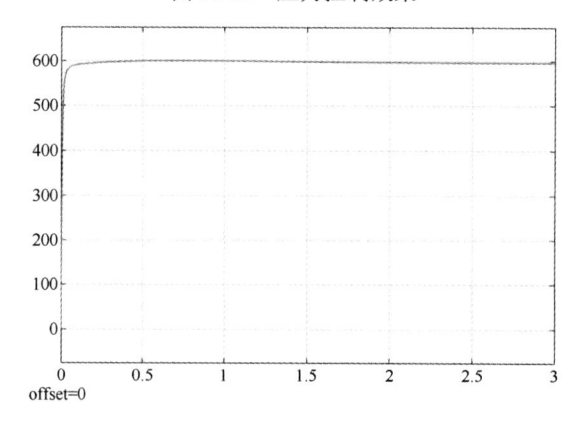

图 10-26 流量控制效果

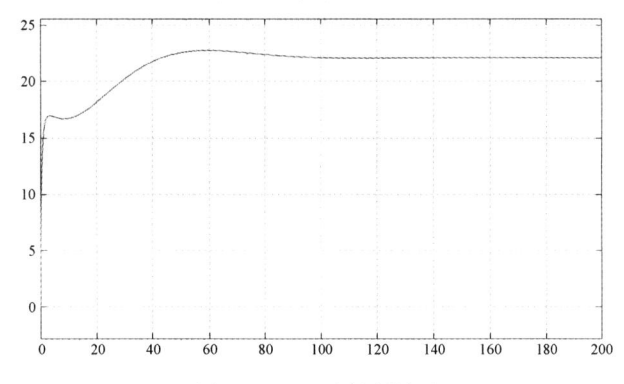

图 10-27 温度控制效果

由上述初步建立的三输入三输出冷模降温系统建模和仿真结果，压力调节时间小于150秒，稳态误差小于1%，最大超调小于0.05Mpa，流量调节时间小于2s，稳态误差小于1%，无超调，温度调节时间小于150秒，稳态误差小于1%，最大超调小于1摄氏度，符合系统技术指标要求。

参 考 文 献

[1] 邵裕森. 过程控制工程[M]. 2版. 北京：机械工业出版社，2011.
[2] 张是勉. 自动检测系统实践[M]. 合肥：中国科技大学出版社，1990.
[3] 王永初. 自动调节系统工程设计[M]. 北京：机械工业出版社，1983.
[4] 陈伯时. 自动控制系统，电力拖动控制[M]. 北京：中央广播电视大学出版社，1988.
[5] 李国勇. 过程控制系统[M]. 3版. 北京：电子工业出版社，2017.
[6] 曹润生，等. 过程控制仪表[M]. 杭州：浙江大学出版社，1987.
[7] 陈远宏. 微处理机控制仪表[M]. 重庆：重庆大学出版社，1988.
[8] 施仁，刘文江. 自动化仪表与过程控制[M]. 北京：电子工业出版社，1991.
[9] 蒋慰孙，俞金寿. 过程控制工程[M]. 北京：中国石化出版社，1988.
[10] 陈来九. 热工过程自动调节原理和应用[M]. 北京：水利电力出版社，1982.
[11] 鲁照权. 过程控制系统[M]. 北京：机械工业出版社，2014.
[12] 黄俊钦. 静、动态数学模型的实用建模方法[M]. 北京：机械工业出版社，1988.
[13] 潘裕焕. 生产过程自动化中的数学模型[M]. 北京：科学出版社，1977.
[14] 高镗年. 热工控制对象动力学[M]. 北京：水利电力出版社，1986.
[15] 潘立登. 化工对象动态特性测试方法[M]. 北京：化学工业出版社，1989.
[16] 涂植英，朱麟章. 过程控制系统[M]. 北京：机械工业出版社，1988.
[17] 任锦堂. 系统辨识[M]. 上海：上海交通大学出版社，1989.
[18] 吕勇哉，等. 前馈调节[M]. 北京：化学工业出版社，1980.
[19] 王树青，等. 工业过程控制工程[M]. 化学工业出版社. 2003. 1.
[20] 沈平. 时间滞后调节系统[M]. 北京：化学工业出版社，1985.
[21] 邵惠鹤. 工业过程高级控制[M]. 上海：上海交通大学出版社，1997.
[22] 王永初. 解耦控制系统[M]. 成都：四川科学技术出版社，1985.
[23] 庞国仲，等. 多变量控制系统实践[M]. 合肥：中国科学技术大学出版社，1990.
[24] 刘晨晖. 多变量过程控制系统解耦理论[M]. 北京：水利电力出版社，1984.
[25] 俞金寿，顾幸生. 过程控制工程[M]. 4版. 高等教育出版社，2012.
[26] 王锦标，方崇智. 过程计算机控制[M]. 北京：清华大学出版社，1989.
[27] 徐用懋，颜伦亮，等. 微机在过程控制中的应用[M]. 北京：清华大学出版社，1989.
[28] 陈来九. 热工过程自动调节原理和应用[M]. 北京：水利电力出版社，1982.
[29] 方崇智，肖德云. 过程辨识[M]. 北京：清华大学出版社，1988.
[30] 郑辑光. 过程控制系统[M]. 北京：清华大学出版社，2012.
[31] 王家祯，电动显示调节仪表[M]. 北京：清华大学出版社，1987.
[32] 周庆海，等. 串级及比值调节[M]. 北京：化学工业出版社，1982.
[33] 邵裕森，巴筱云. 过程控制系统及仪表[M]. 北京：机械工业出版社，1999.
[34] 金以慧. 过程控制[M]. 北京：清华大学出版社，1993.

[35] 潘永湘. 过程控制与自动化仪表[M]. 北京：机械工业出版社，2012.

[36] 何衍庆，黎冰，黄海燕. 工业生产过程控制[M]. 北京：化学工业出版社，2010.

[37] 刘晓玉. 过程控制系统习题解答及课程设计[M]. 武汉：武汉理工大学出版社，2011.

[38] 孙长生. 压水堆核电站过程控制系统[M]. 北京：中国电力出版社，2014.

[39] 王再英. 过程控制系统与仪表[M]. 北京：机械工业出版社，2006.

[40] 孙洪程，李大字，翁维勤. 过程控制工程[M]. 北京：高等教育出版社，2009.

反侵权盗版声明

电子工业出版社依法对本作品享有专有出版权。任何未经权利人书面许可，复制、销售或通过信息网络传播本作品的行为；歪曲、篡改、剽窃本作品的行为，均违反《中华人民共和国著作权法》，其行为人应承担相应的民事责任和行政责任，构成犯罪的，将被依法追究刑事责任。

为了维护市场秩序，保护权利人的合法权益，我社将依法查处和打击侵权盗版的单位和个人。欢迎社会各界人士积极举报侵权盗版行为，本社将奖励举报有功人员，并保证举报人的信息不被泄露。

举报电话：（010）88254396；（010）88258888

传　　真：（010）88254397

E-mail：　dbqq@phei.com.cn

通信地址：北京市万寿路 173 信箱
　　　　　电子工业出版社总编办公室

邮　　编：100036